工厂电气控制技术
（第2版）

主　编　宋庆烁　刘清平

副主编　吴奕林　罗培文　陈学林　胡亚光

北京理工大学出版社
BEIJING INSTITUTE OF TECHNOLOGY PRESS

内 容 简 介

本书紧密结合现场实际，以任务驱动教学法为基础，采用"教、学、做"一体化的教学模式，将基础理论知识、实训操作与设备和电气控制系统的常见故障现象及处理方法等维护操作三者相结合，充分体现了高等职业教育的应用特色和能力本位，突出对人才实践技能、应用能力及创新素质的培养。

本书内容丰富，重点突出，实用性强，主要内容有常用低压电器的拆装、检修及调试，典型电气控制系统和电动机变频调速系统的安装、调试及故障处理，典型生产机械电气控制线路分析、检查及故障处理和电气控制系统的设计。

本书为高等职业教育电气类相关专业的教学用书，也可用作电气从业人员和电工培训教材或自学用书，亦可供有关专业师生、从事现场工作的工程技术人员参考。

版权专有　侵权必究

图书在版编目（CIP）数据

工厂电气控制技术 / 宋庆烁，刘清平主编. —2 版. —北京：北京理工大学出版社，2021.5
ISBN 978–7–5682–9848–3

Ⅰ．①工…　　Ⅱ．①宋…②刘…　　Ⅲ．①工厂–电气控制–高等职业教育–教材
Ⅳ．①TM571.2

中国版本图书馆 CIP 数据核字（2021）第 095534 号

出版发行 / 北京理工大学出版社有限责任公司		
社　　址 / 北京市海淀区中关村南大街 5 号		
邮　　编 / 100081		
电　　话 / （010）68914775（总编室）		
（010）82562903（教材售后服务热线）		
（010）68944723（其他图书服务热线）		
网　　址 / http://www.bitpress.com.cn		
经　　销 / 全国各地新华书店		
印　　刷 / 三河市天利华印刷装订有限公司		
开　　本 / 787 毫米×1092 毫米　1/16		
印　　张 / 18.5	责任编辑 / 钟　博
字　　数 / 415 千字	文案编辑 / 钟　博
版　　次 / 2021 年 5 月第 2 版　2021 年 5 月第 1 次印刷	责任校对 / 周瑞红
定　　价 / 72.00 元	责任印制 / 施胜娟

图书出现印装质量问题，请拨打售后服务热线，本社负责调换

前　言

　　本书根据教育部的职业教育教学改革精神，结合示范性高等职业院校项目化课程改革实践，按照企业用人岗位职业需求对课程内容进行组织和重构，以学生就业为导向，以任务驱动教学法为基础，淡化理论、加强应用、联系实际、突出特色，在内容和编写思路上力求体现高职高专院校培养生产一线高技能人才的要求，力争达到重点突出、概念清楚、层次清晰、深入浅出、学以致用的目的。

　　本书最大的特点是以项目为载体，每个项目都以实际的工作任务引入，讲述与之对应的相关基础理论知识，然后进行相关的实训操作，最后进行设备和电气控制系统的常见故障现象及处理方法等维护操作，将基础理论知识、实训操作和维护操作三者相结合，既有实训操作内容和维护操作内容，又有为之服务的基础理论知识，有利于学生牢固掌握常用低压电器和电气控制系统的安装与调试及线路故障排除的实践技能和必需的理论知识。

　　本书是编者在多年从事电气控制技术的教学、培训以及科研的基础上编写的，知识内容丰富，重点突出，应用技能针对性强，可作为高等职业教育电气类相关专业的教学用书，也可用作电气从业人员和电工培训教材或自学用书，亦可供有关专业师生、从事现场工作的工程技术人员参考。全书共分为 5 个项目，包括"常用低压电器的拆装、检修及调试""典型电气控制系统的安装、调试及故障处理""电动机变频调速系统的安装、调试及故障处理""典型生产机械电气控制线路分析、检查及故障处理"和"电气控制系统的设计"。

　　本书由江西电力职业技术学院宋庆烁、刘清平担任主编，由吴奕林、罗培文、陈学林、胡亚光担任副主编。江西江特电气集团有限公司刘干新为本书编写提供了有效建议与参考资料。

　　在本书的编写过程中，作者参考了多位同行业专家的著作和相关文献，在此向这些同志和参考文献的作者们表示衷心的感谢。限于篇幅及编者的业务水平，加之时间仓促，书中难免存在缺点和不足之处，竭诚希望同行和读者赐予宝贵的意见。

编　者

目 录

项目一　常用低压电器的拆装、检修及调试

项目描述

低压电器广泛应用工业生产、人们的日常生活。本项目介绍低压电器类型，包括开关电器、主令电器、熔断器、接触器、低压断路器、继电器等常见的六类低压电器设备，电工工具和电工仪表，理解它们的工作原理、掌握其操作过程和维护要点。

本项目主要包括以下 7 个任务：

任务 1　低压电器的基础知识；

任务 2　开关电器的认知与检测；

任务 3　主令电器的认知与检测；

任务 4　熔断器的认知与检测；

任务 5　接触器的认知与检测；

任务 6　低压断路器的认知与检测；

任务 7　继电器的认知与检测。

任务 1　低压电器的基础知识

任务目标

（1）理解电器及低压电器的概念。

（2）熟悉电磁式低压电器的基本知识。

（3）熟练掌握电磁机构的常见故障现象、故障原因及维修方法。

知识储备

电器指能够按外界施加的信号或要求，手动或自动地接通或断开电路，断续或连续地改变电路参数，对电路或非电对象进行切换、控制、保护、检测和调节的电气器件或设备。

低压电器一般是指在交流 50 Hz、额定电压 1 200 V、直流额定电压 1 500 V 及以下的电路中起通断、保护、控制或调节作用的电器产品。由于在大多数用电行业及人们的日常生活中一般使用低压设备，采用低压供电，而低压供电的输送、分配和保护以及设备的运行和控制是靠低压电器来实现的，因此低压电器的应用十分广泛。常见的低压电器如图 1.1.1 所示。

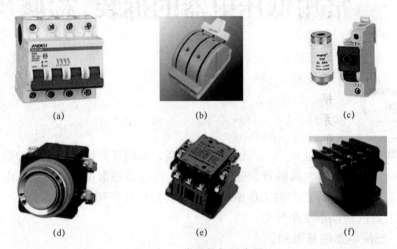

(a)   (b)   (c)

(d)   (e)   (f)

图 1.1.1 常见的低压电器

（a）低压断路器；（b）开启式负荷开关；（c）低压熔断器；（d）按钮；（e）交流接触器；（f）中间继电器

一、低压电器概述

1. 低压电器的分类

低压电器种类繁多，可按其动作方式、用途及执行机构进行分类。

1）按动作方式分类

按动作方式，低压电器可分为以下两类：

（1）手动电器。依靠外力（如人工）直接操作才能完成任务的电器称为手动电器。如刀开关、按钮和转换开关等。

（2）自动电器。依靠指令或电器本身参数变化或外来信号（如电、磁、光、热等）变化就能自动完成接通、分断电路任务的电器称为自动电器，如接触器、继电器等。

2）按用途分类

按用途，低压电器可分为以下两类：

（1）低压保护电器。这类电器主要在低压配电系统及动力设备中起保护作用，以保护电源、线路或电动机，如熔断器、热继电器等。

（2）低压控制电器。这类电器主要用于电力拖动控制系统，要求在系统发生故障的情况下能及时可靠地动作，而且寿命要长，如接触器、继电器、控制按钮、行程开关、主令控制器和万能转换开关等。

有些电器具有双重作用，如低压断路器既能控制电路的通断，又能实现短路、欠压及过载保护。

3）按执行机构分类

按执行机构，低压电器可分为以下两类：

（1）电磁式电器。利用触点的接通和分断来通断电路的电器称为电磁式电器，如接触器、低压断路器等。

（2）非电量控制电器。靠外力或非电物理量的变化而动作的电器称为非电量控制电器，如刀开关、行程开关、按钮、速度继电器、压力继电器和温度继电器等。

2. 低压电器的基本组成

低压电器一般由两个基本部分组成。一是感受部分，其功能是感受外界输入的信号，作出有规律的反应，并通过转换、放大、判断，使执行部分动作，输出相应的指令，实现控制的目的。对于自动电器来说，感受部分大都由电磁机构组成，而对于手动电器来说，感受部分通常是操作手柄。二是执行部分，其功能是根据指令执行电路的接通、切断等任务，如触点系统、灭弧系统。

由于电磁式电器在低压电器中占有非常重要的地位，在电气控制线路中应用广泛，类型较多，而且各类电磁式电器的工作原理和结构基本相同，因此，下面重点介绍电磁式电器的基础知识。

3. 低压电器的作用

常用低压电器的作用见表 1.1.1。

表 1.1.1　常用低压电器的作用

编号	类别	作　用
1	刀开关	主要用于不频繁地接通和分断电路
2	主令电器	主要用于发布控制命令，改变控制系统的工作状态
3	熔断器	主要用于电路短路保护，也用于电路的过载保护
4	接触器	主要用于远距离频繁控制负载，切断带负载电路
5	断路器	主要用于电路的过载、短路、欠压和失压保护，也可用于不需要频繁接通和断开的电路
6	继电器	主要用于控制电路，将被控量转换成控制电路所需电量或开关信号
7	转换开关	主要用于电源切换，也可用于负载通断或电路切换
8	启动器	主要用于电动机的启动
9	电磁铁	主要用于起重、牵引、制动等场合
10	控制器	主要用于控制回路的切换

3. 电磁机构的作用、组成及分类

1）电磁机构的作用

电磁机构的主要作用是将电磁能量转换成机械能量，将电磁机构中吸引线圈的电流转换成电磁力，带动触点动作，完成通断电路的控制。

2）电磁机构的组成

电磁机构由吸引线圈、铁芯（静铁芯）、衔铁（动铁芯）、铁轭、空气隙等组成，其中吸引线圈和铁芯是静止不动的，只有衔铁是可动的。

3）电磁机构的分类

根据磁路形状、衔铁运动方式以及线圈接入电路的方式不同，电磁机构可分成多种形式和类型。不同形式和类型的电磁机构可构成多种类型的电磁式电器。

（1）按磁路形状和衔铁运动方式分类。

按磁路形状和衔铁运动方式，电磁机构可分为以下 5 类：

① U 形拍合式。其结构特点是：铁芯制成 U 形，而衔铁的一端绕棱角或转轴作拍合运动。U 形拍合式电磁机构若如图 1.1.2（a）所示，则主要用于直流电磁式电器（如直流接触器和直流继电器），其铁芯和衔铁均由工程软铁制成；U 形拍合式电磁机构若如图 1.1.2（b）所示，则主要应用于交流电磁式电器，其铁芯和衔铁均由电工钢片叠成，而衔铁绕转轴转动。

② E 形拍合式和 E 形直动式。其结构特点是：铁芯和衔铁均制成 E 形，线圈套装在中间铁芯柱上，且均由电工钢片叠成。这两种形式的电磁机构均用于交流电磁式电器。E 形拍合式电磁机构如图 1.1.2（c）所示，主要用于 60 A 及以上的交流接触器中；E 形直动式电磁机构如图 1.1.2（d）所示，主要用于 40 A 及以下的交流接触器和交流继电器。

③ 空心螺旋式。其结构特点是：电磁机构中没有铁芯，而只有线圈和圆柱形衔铁，且衔铁在空心线圈内作直线运动，如图 1.1.2（e）所示。这种形式的电磁机构主要用于交流电流继电器和交流时间继电器。

④ 装甲螺管式。其结构特点是：在空心线圈的外面罩以用导磁材料制成的外壳，而圆柱形衔铁在空心线圈内作直线运动，如图 1.1.2（f）所示。这种电磁机构常用于交流电流继电器。

⑤ 回转式。其结构特点是：铁芯用电工钢片叠成后制成 C 形，衔铁是 Z 形转子，两个可串联或并联的线圈分别绕在铁芯开口侧的铁芯柱上，如图 1.1.2（g）所示。这种电磁机构主要应用于供配电系统中的交流电流继电器。

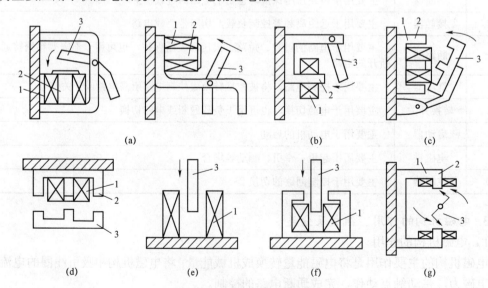

图 1.1.2　常用电磁机构的形式

1—线圈；2—铁芯；3—衔铁

（2）按线圈在电路中的接入方式分类

按线圈在电路中的接入方式，电磁机构可分为以下两类：

① 串联电磁机构。电磁机构的线圈是串联在电路中的，这种接入方式的线圈称为电流线圈，具有这种电磁机构的电器都属于电流型电器，如图 1.1.3（a）所示。串联电磁机构的特点是：衔铁动作与否取决于线圈中电流的大小，而线圈中电流的变化不会引起衔铁的动作。按电路中电流的种类又可把串联电磁机构分为直流串联电磁机构和交流串联电磁机构。为了不影响电路中负载的端电压和电流，通常要求串联电磁机构的线圈匝数少，导线截面积大，以取得较小的线圈内阻。

② 并联电磁机构。电磁机构的线圈是并联在电路中的，这种接入方式的线圈又称为电压线圈，具有这种电磁机构的电器均属于电压型电器，如图 1.1.3（b）所示。并联电磁机构的特点是：衔铁动作与否取决于线圈两端电压的大小，直流并联电磁机构衔铁的动作不会引起线圈中电流的变化，但对于交流并联电磁机构，衔铁的动作会引起线圈阻抗的变化，从而会引起线圈中电流的变化。实验证明，对于 U 形电磁机构，衔铁打开时线圈中的电流值为衔铁闭合后的 6～7 倍，E 形电磁机构可达 10～15 倍。线圈中的允许电流值通常是按衔铁闭合后的电流值设计的，因此线圈一旦有电而衔铁由于某种原因不能闭合或操作频繁时，极易引起线圈过热甚至烧坏，这也是交流电压型电器比直流电压型电器易损坏的原因之一。

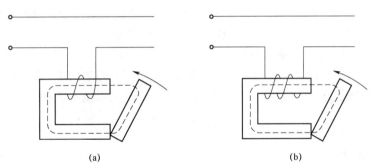

(a)　　　　　　　　　　　　　　(b)

图 1.1.3　电磁机构中线圈接入电路的方式

（a）串联电磁机构；（b）并联电磁机构

4. 电磁机构的特性

电磁机构的工作状态常用吸力特性和反力特性来衡量，二者的配合关系将直接影响电磁式电器的工作可靠性。

1）电磁机构的吸力特性

电磁机构的吸力特性是指吸力与气隙的关系，其曲线如图 1.1.4 所示。

电磁吸力由电磁机构产生，衔铁在吸合时，电磁吸力必须始终大于反力，衔铁复位时要求反力大于电磁吸力。因此，电磁吸力是决定电磁机构能否可靠工作的一个重要参数。

当电磁机构的气隙 δ 较小，磁通分布比较均匀时，电磁机构的吸力 $F_{吸力}$ 可近似地按式（1.1.1）求得：

$$F_{吸力} = \frac{1}{2\mu_0} B^2 S \qquad (1.1.1)$$

式中 $\mu_0 = 0.4\pi \times 10^{-6}$ H/m（空气磁导率）；

S—极靴面积，当 S 为常数时，$F_{吸力}$ 与 B^2 成正比。

2）电磁机构的反力特性

电磁机构的反力特性是指转动部分的静阻力与气隙的关系，它与阻力、弹簧力、摩擦阻力以及衔铁自身重力有关

（1）直流电磁机构的电磁吸力特性。

对于具有电压线圈的直流电磁机构，因为外加电压和线圈电阻不变，故流过线圈的电流为常数，与磁路的气隙大小无关。根据磁路定律 $\varPhi = \dfrac{IN}{R_m} \propto \dfrac{1}{R_m}$，有：

$$F_{吸力} \propto \varPhi^2 \propto \left(\frac{1}{R_m}\right)^2 \tag{1.1.2}$$

从而可以推出 $F_{吸力}$ 与气隙 δ 的关系为：

$$F_{吸力} = \frac{1}{2}(IN)^2 \mu_0 S \frac{1}{\delta^2}[N] \tag{1.1.3}$$

从式（1.1.3）可以看出，当固定线圈通以恒定直流电流时，其电磁力 $F_{吸力}$ 仅与 δ^2 成反比，故吸力特性为二次曲线形状，如图 1.1.4 中曲线 1 所示。衔铁闭合前后吸力很大，且气隙越小，吸力越大，但衔铁吸合前后吸引线圈的励磁电流不变，故直流电磁机构适用于运动频繁的场合，且衔铁吸合后电磁吸力大，工作可靠。

（2）交流电磁机构的电磁吸力特性。

与直流电磁机构相比，交流电磁机构的吸力特性有较大的不同。交流电磁机构多与电路并联使用，当外加电压 U 及频率为常数时，忽略线圈电阻压降，则

$$U(\approx E) = 4.44 f \varPhi N \tag{1.1.4}$$

式中　U——线圈电压，V；

　　　E——线圈感应电动势，V；

　　　f——线圈电压的频率，Hz；

　　　N——线圈匝数；

　　　$\varPhi$——气隙磁通，Wb。

当外加电压 U、频率 f 和线圈匝数 N 为常数时，气隙磁通 $\varPhi$ 也为常数，由式（1.1.4）可知电磁吸力 $F_{吸力}$ 也为常数，即交流电磁机构的吸力与气隙无关。实际上，考虑衔铁吸合前后漏磁的变化时，$F_{吸力}$ 随 δ^2 的减小而略有增加，如图 1.1.4 中曲线 2 所示。

对于交流并联电磁机构，在线圈通电而衔铁尚未吸合的瞬间，吸合电流随 δ 的变化成正比变化，为衔铁吸合后的额定电流的很多倍，U 形电磁机构可达 5～6 倍，E 形电磁机构可达 10～15 倍。若衔铁卡住不能吸合，或衔铁频繁动作，交流励磁线圈很可能因电流过大而烧毁。所以，在可靠性要求较高或要求频繁动作的控制系统中，一般采用直流电磁机构，而不采用交流电磁机构。

3）吸力特性与反力特性的配合

电磁机构中的衔铁除受电磁吸力作用外，同时还受到与电磁力方向相反的作用力。这些反作用力包括弹簧力、衔铁自身重力、摩擦阻力等。电磁系统的反作用力与气隙的关系

称为反力特性，图 1.1.4 中，曲线 3 即反力特性曲线。

为了使电磁机构能正常工作，在整个吸合过程中，吸力必须始终大于反力，即吸力特性曲线始终处于反力特性曲线的上方，如图 1.1.4 所示。但吸力不能过大或过小，吸力过大，动、静触头接触时以及衔铁与铁芯接触时的冲击力也大，会使触头和衔铁发生弹跳，导致触头熔焊或烧毁，影响电器的机械寿命。吸力过小，会使衔铁运动速度降低，难以满足高操作频率的要求。因此，吸力特性与反力特性必须配合得当。在实际应用中，可调整反力弹簧或触头初压力以改变反力特性，使之与吸力特性良好配合。

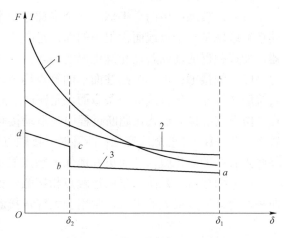

图 1.1.4　吸力特性和反力特性
1—直流电磁机构的吸力特性；2—交流电磁机构的吸力特性；
3—反力特性

4）短路环

电磁机构在工作中，衔铁始终受到反作用弹簧、触点弹簧等反作用力 $F_{反力}$ 的作用。在电磁机构的使用过程中，尽管电磁吸力的平均值大于 $F_{反力}$，但在某些时候 $F_{吸力}$ 仍会小于 $F_{反力}$。当 $F_{吸力} < F_{反力}$ 时，衔铁开始释放，当 $F_{吸力} > F_{反力}$ 时，衔铁又被吸合，周而复始，从而使衔铁产生振动，发出噪声，还会造成电器结构松散、寿命缩短，同时使触点接触不良，易于熔焊和烧损。因此，必须采取措施抑制振动和噪声。

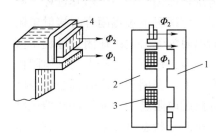

图 1.1.5　交流电磁铁的短路环
1—衔铁；2—铁芯；3—线圈；4—短路环

解决该问题的具体办法是在铁芯端部开一个槽，在槽内嵌入铜环，称为短路环（或分磁环），如图 1.1.5 所示。当励磁线圈通入交流电后，在短路环中就有感应电流产生，该感应电流又会产生一个磁通。短路环把铁芯中的磁通分为两部分，即不穿过短路环的 Φ_1 和穿过短路环的 Φ_2，短路环的作用使 Φ_1 和 Φ_2 产生相移，这两个磁通不会同时过零，而由这两个磁通产生的合成电磁吸力变化较为平坦，使合成吸力始终大于反作用力，从而消除了振动和噪声。

5. 电接触

电磁式电器的执行元件是触点，而电磁式电器正是通过触点的动作来接通和断开被控电路的。电接触是指触点在闭合状态下的动、静触点完全接触，而且有工作电流通过。电接触情况的好坏直接影响触点的工作可靠性和使用寿命，而影响电接触工作情况的主要因素是触点接触电阻的大小。接触电阻大时，易使触点发热而温度升高，从而使触点易产生熔焊现象，这样既影响电器工作的可靠性，又缩短了触点的使用寿命。触点的接触电阻不仅与触点的接触形式有关，还与接触压力、触点材料及触点表面状况等有关。

1）触点的接触形式

触点的接触形式有 3 种，即点接触、线接触和面接触，如图 1.1.6 所示。

（1）点接触：由两个半球或一个半球与一个平面形触点构成，如图 1.1.6（a）所示。其接触区域是一个点或面积很小的面，允许通过的电流很小，所以它常用于较小电流的电器，如接触器的辅助触点和继电器的触点。

（2）线接触：由两个圆柱面形的触点构成，也称为指形触点，如图 1.1.6（b）所示。其接触区域是一条直线或一条窄面，允许通过的电流较大，常用于中等容量接触器的主触点。由于这种接触形式在通断过程中是滑动接触的（如图 1.1.7 所示），因此在接通时，接触点按 A→B→C 的顺序变化；断开时，接触点按 C→B→A 的顺序变化，这样能够自动清除触点表面的氧化膜，从而更好地保证触点的良好接触。

（3）面接触：是两个平面形触点相接触，如图 1.1.6（c）所示。其接触区域有一定的面积，允许通过很大的电流，常用于大容量接触器的主触点。

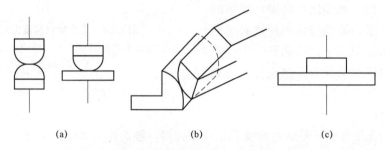

（a）   （b）   （c）

图 1.1.6　触点的 3 种接触形式

（a）点接触；（b）线接触；（c）面接触

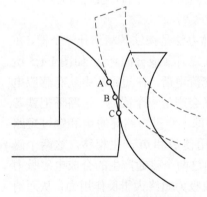

图 1.1.7　指形触点的接触过程

2）接触电阻

触点有 4 种工作情形，即闭合状态、断开过程、断开状态和闭合过程。在理想情况下触点闭合时接触电阻为零；触点断开时接触电阻为无穷大；在闭合过程中接触电阻由无穷大瞬时变为零；在断开过程中接触电阻由零瞬时变为无穷大。实际上，在闭合状态时耦合触点间有接触电阻存在，而且接触电阻过大可能导致被控电路压降过大或电路不通；在断开状态时要求触点间有一定的绝缘电阻，若绝缘电阻较小，就可能导致触点击穿放电，从而使被控电路导通；在闭合过程中有触点弹跳现象，可能破坏触点的可靠闭合；在断开过程中可能产生电弧，进而使触点不能可靠断开。

3）影响接触电阻的因素及减小接触电阻的方法

触点表面是凸凹不平的，电流的导通是通过大量的非均匀分布的微观面来实现的，而微观面的尺寸、数目和分布与触点的形状、接触压力、材料性能、温度等因素有关，其中最重要的一个因素是触点压力。触点压力的增加可以使接触面积增大，从而使接触电阻减小，为此，常在动触点上安装一个触点弹簧，以增加触点压力。

材料的电阻系数越小，接触电阻越小。在金属中银的电阻系数最小，但铜的价格低，实际中常在铜基触点上镀银或嵌银，以减小接触电阻。

在空气中触点表面被氧化而形成表面膜电阻，触点温度升高会加速氧化的进程。由于金属本身的电阻系数比一般金属氧化物的电阻系数小，因此一旦金属表面生成氧化物，其会使接触电阻增大，严重时会使触点间形成绝缘而导致电路不通。银的氧化物电阻系数与纯银的电阻系数较接近，因此，在小容量的电器中常采用银或镀银触点。而在大容量电器中，可采用具有滑动作用的指形触点，因为它能在闭合过程中磨去氧化膜，从而使清洁的金属接触面良好接触，以增强触点的导电性。此外，触点上的尘垢也会影响其导电性，因此，当触点表面聚集了尘垢以后，需用无水乙醇或四氯化碳揩拭干净。如果触点表面被电弧烧灼而出现烟熏状，也要采用上述方法进行处理。

6. 电弧

1）电弧的产生

电弧是在触点分断电流瞬间，在触点间的气隙中产生的。触点的断开过程是逐步进行的，开始时接触面积逐渐减小，接触电阻随之增加，温度随之升高。实践经验表明，当触点所切断的电路电压在 10～20 V 范围内，电流在 80～100 mA 范围内时，触点间即可产生电弧。

2）电弧的特点

电弧的主要特点是外部有白炽弧光，内部有很高的温度和密度很大的电流。

3）电弧的危害

电弧的危害主要有两方面：一方面是烧蚀触点，缩短电器寿命和降低电器工作的可靠性；另一方面是使分断时间延长，严重时引起火灾或其他事故。因此，在电路中应采取适当的措施熄灭电弧。

4）灭弧的措施

（1）迅速增加电弧长度。

（2）使电弧与流体介质或固体介质接触，加强冷却和去游离作用，加快电弧熄灭。

二、常用电工工具及电工仪表的使用

1. 测电笔

测电笔又称电笔，是电工常用的工具，有钢笔式和螺丝刀式两种。测电笔由氖管、电阻、弹簧和探头等组成，如图 1.1.8 所示。

使用时，必须用手指触及笔尾的金属部分，并使氖管小窗背光且朝向使用者，以便观测氖管的亮暗程度，防止光线太强造成误判断，其使用方法如图 1.1.8 所示。

当用测电笔测试带电体时，电流经带电体、测电笔、人体及大地形成通电回路，只要带电体与大地之间的电位差超过 60 V，测电笔中的氖管就会发光。测电笔检测的电压范围为 60～500 V。

注意事项如下：

（1）使用前，必须在有电源处对测电笔进行测试，以证明该测电笔确实良好。

（2）验电时，应使测电笔逐渐靠近被测物体，直至氖管发亮，不可直接接触被测体。

（3）验电时，手指必须触及笔尾的金属体，否则带电体也会被误判为非带电体。

（4）验电时，要防止手指触及笔尖的金属部分，以免造成触电事故。

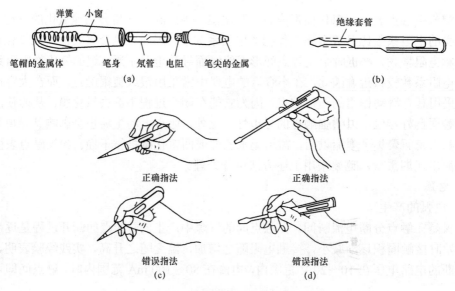

图1.1.8 低压测电笔及其使用方法

（a）钢笔式；（b）螺丝刀式；（c）钢笔式测电笔的用法；（d）螺丝刀式测电笔的用法

2. 电工刀

电工刀是用来剖削电线线头、切割木台缺口、削制木槽的专用工具，其外形如图1.1.9所示。

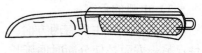

图1.1.9 电工刀的外形

在使用电工刀时，应注意以下几点：

（1）不得用于带电作业，以免触电。

（2）应将刀口朝外剖削，并注意避免伤及手指。

（3）削导线绝缘层时，应使刀面与导线成较小的锐角，以免割伤导线。

（4）使用完毕，随即将刀身折进刀柄。

3. 螺丝刀

螺丝刀又名"起子"，按照功能和头部形状可以分为"一"字形和"十"字形，如图1.1.10所示。

按握柄材料的不同，螺丝刀又可分为木柄和塑料柄两类。

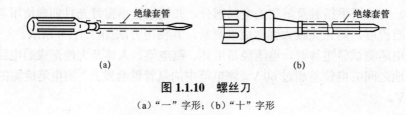

图1.1.10 螺丝刀

（a）"一"字形；（b）"十"字形

使用螺丝刀时，应注意以下几点：

（1）螺丝刀较大时，除大拇指、食指和中指要夹住握柄外，手掌还要顶住柄的末端以防旋转时滑脱。

（2）螺丝刀较小时，用大拇指和中指夹住握柄，同时用食指顶住握柄的末端用力旋动。

（3）螺丝刀较长时，用右手压紧握柄并转动，同时左手握住中间部分（不可放在螺钉周围，以免将手划伤），防止螺丝刀滑脱。

（4）带电作业时，手不可触及螺丝刀的金属杆，以免发生触电事故。

（5）作为电工，不应使用金属杆直通握柄顶部的螺丝刀。

（6）为防止金属杆触及人体或邻近带电体，金属杆应套上绝缘套管。

4．钢丝钳

钢丝钳在电工作业中用途广泛，钳口可用来弯绞或钳夹导线线头，齿口可用来紧固或起松螺母，刀口可用来剪切导线或钳削导线绝缘层，侧口可用来铡切导线线芯、钢丝等较硬的线材。钢丝钳的构造和使用方法如图 1.1.11 所示。

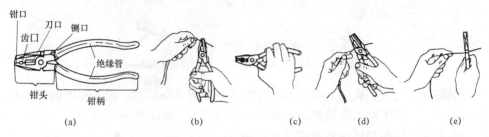

图 1.1.11 钢丝钳的构造和使用

（a）构造；（b）弯绞导线；（c）紧固螺母；（d）剪切导线；（e）铡切钢丝

使用钢丝钳时应注意以下两点：

（1）使用前，应检查钢丝钳绝缘是否良好，以免带电作业时造成触电事故。

（2）在带电剪切导线时，不得用刀口同时剪切不同电位的两根线（如相线与零线、相线与相线等），以免发生短路事故。

5．尖嘴钳和斜口钳

尖嘴钳因其头部尖细，适合在狭小的工作空间操作，如图 1.1.12（a）所示。

尖嘴钳可用来剪断较细的导线，夹持较小的螺钉、螺帽、垫圈、导线等，也可用来对单股导线整形（如平直、弯曲等）。若使用尖嘴钳带电作业，应检查其绝缘是否良好，并在作业时使金属部分不要触及人体或邻近的带电体。

斜口钳又叫断线钳，其头部偏斜，专用于剪断较粗的金属丝、线材及电线电缆等，如图 1.1.12（b）所示。对粗细不同、硬度不同的材料，应选用大小合适的斜口钳。

6．剥线钳

剥线钳是专用于剥削较细导线绝缘层的工具，如图 1.1.13 所示。

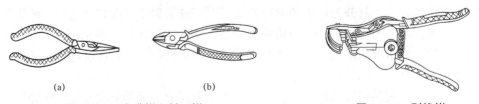

图 1.1.12 尖嘴钳和斜口钳
（a）尖嘴钳；（b）斜口钳

图 1.1.13 剥线钳

使用剥线钳剥削导线绝缘层时，先将要剥削的绝缘长度用标尺定好，然后将导线放入相应的刀口中（比导线直径稍大），再用手将钳柄一握，导线的绝缘层即被剥离。使用剥线钳时，不允许用小咬口剥大直径导线，以免咬伤导线芯；不允许将剥线钳当钢丝钳使用。

7. 活络扳手

活络扳手的钳口可在规格所定范围内任意调整大小，用于旋动螺杆螺母，如图 1.1.14 所示。

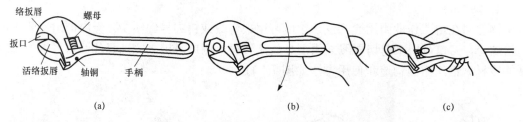

图 1.1.14　活络扳手

（a）构造；（b）扳大螺母握法；（c）扳小螺母握法

使用活络扳手时，不能反方向用力，否则容易扳裂活络扳唇，也不准用钢管套在手柄上作加力杠使用，更不准用作撬棍撬重物或当手锤敲打。旋动螺杆、螺母时，必须把工件的两侧平面夹牢，以免损坏螺杆或螺母的棱角。

8. 万用表

万用表是一种常用的多功能、多量程的便携式测量仪表，它可以用来测量直流电压、直流电流、交流电压、电阻等。因此，万用表在电气设备的安装、维修及调试等工作中的应用十分广泛。

万用表分为指针式和数字式，目前数字式万用表已成为主流，因为其灵敏度高、准确度高、显示清晰、便于携带、使用简单。图 1.1.15 所示为常用数字式万用表的外形。万用表主要由表头、测量线路和转换开关组成。表头是万用表进行各种测量的公用部分。测量线路是万用表的关键部分，其作用是将各种不同的被测电量转换成磁电系表头能直接测量的直流电流，一般万用表包括多量程直流电流表、多量程直流电压表、多量程交流电压表、多量程欧姆表等几种测量线路。转换开关配合万用表中测量不同电量和量程的要求，对测量线路进行变换，用于选择万用表测量的对象及量程。

1）使用前后的检查与调整

在使用万用表进行测量前后，应进行下列检查、调整：

（1）使用万用表前应认真阅读有关的使用说明书，不同类型万用表的面板略有不同，应熟悉电源开关、量程开关、插孔、特殊插孔的作用。

（2）开机时，应先打开万用表的电源开关（电源开关置于"ON"位置），再将量程转换开关置于电阻挡，对万用表进行使用前的检查：将两表笔短接，显示屏应显示"0.00"；将两表笔开路，显示屏应显示"1"。以上两个显示都正常时，表明该表可以正确使用，否则不能使用。

注意：如果量程转换开关置于其他挡，两表笔开路时，显示屏将显示"0.00"。

（3）检测前应估计被检测量的范围，尽可能选用接近满度的量程，这样可提高检测精度。如果预先不能估计被检测量的大小，可从最高量程挡开始测，逐渐减小到合适的量程位置。

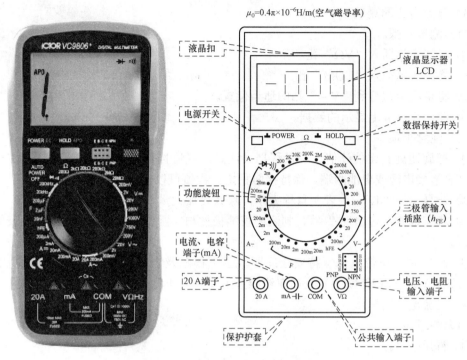

图 1.1.15 常用数字式万用表的外形

当检测结果只显示"1",其他位均消失时,表明被测量超出所在挡范围,应选择更高一挡量程。

(4)当误用交流电压挡去测量直流电压或者误用直流电压挡去测量交流电压时,显示屏将显示"000"或低位上的数字出现跳动。

(5)数字式万用表在刚检测时,显示屏的数值会有跳数现象,这属于正常现象。应当待显示数值稳定后再读数。不能以最初跳动变化中的某一数值当作检测值读取。

(6)使用结束后,对于没有自动关机功能的万用表应将电源开关拨至"OFF"位置(关闭)。长期不用时,应取出电池。

2)电阻的测量

(1)测量步骤。

① 首先将红表笔插入"VΩ"孔将黑表笔插入"COM"孔。

② 将量程旋钮打到"Ω"量程挡的适当位置。

③ 分别用红、黑表笔接到电阻两端金属部分读出显示屏上显示的数据。

(2)注意事项。

① 首先应断开被测电路的电源及连接导线。若连在电路中测量,将损坏仪表。若在路测量,将影响测量结果。

② 合理选择量程挡位,尽可能选用接近满度的量程。

③ 测量时表笔与被测电路应接触良好。双手不得同时触及表笔的金属部分,以防将人体电阻并入被测电路造成误差。

④ 正确读数并计算出实测值。切不可用欧姆挡直接测量微安表头、检流计、电池内阻。

3）直流电压的测量

（1）测量步骤。

① 将红表笔插入"VΩ"孔。

② 将黑表笔插入"COM"孔。

③ 将量程旋钮打到"V−"挡的适当位置。

④ 读出显示屏上显示的数据。

（2）注意事项。

① 把旋钮旋到比估计值大的量程挡（注意：直流挡是"V−"，交流挡是"V∼"），接着把表笔接电源或电池两端，保持接触稳定。数值可以直接从显示屏上读取。

② 若显示为"1."，则表明量程太小，那么要加大量程后再测量。

③ 若在数值左边出现"−"，则表明表笔极性与实际电源极性相反，此时红表笔接的是负极。

④ 测量时应与带电体保持安全间距，手不得触及表笔的金属部分。测量高电压时500∼2 500 V），应戴绝缘手套且站在绝缘垫上使用高压测试笔进行测量。

4）交流电流的测量

（1）测量步骤。

① 断开电路。

② 将黑表笔插入"COM"孔，将红表笔插入"mA"或者"20 A"孔。

③ 将功能旋转开关打至"A∼"挡（交流），并选择合适的量程。

④ 断开被测线路，将数字万用表串联入被测线路，被测线路中电流从一端流入红表笔，经万用表黑表笔流出，再流入被测线路。

⑤ 接通电路。

⑥ 读出显示屏上显示的数据。

（2）注意事项。

① 电流测量完毕后应将红表笔插回"VΩ"孔。

② 如果使用前不知道被测电流范围，将功能开关置于最大量程并逐渐下降。

③ 最大输入电流为 200 mA，过量的电流将烧坏保险丝，应再更换，20 A 量程无保险丝保护，测量时间不能超过 15 s。

9. 钳形电流表

钳形电流表是一种不需断开电路就可直接测量电路交流电流的携带式仪表，在电气检修中使用非常方便，应用相当广泛，如图 1.1.16 所示。

1）使用方法

钳形电流表最基本的功能是测量交流电流，虽然准确度较低（通常为 2.5 级或 5 级），但因在测量时无须切断电路，因此使用仍很广泛。如需进行直流电流的测量，则应选用交直流两用钳形电流表。

使用钳形电流表测量前，应先估计被测电流的大小以合理选择量程。使用钳形电流表时，被测载流导线应放在钳口内的中心位置，以减小误差。钳口的接合面应保持接触良好，若有明显噪声或表针振动厉害，可将钳口重新开合几次或转动手柄。在测量较大电流后，为减小剩磁对测量结果的影响，应立即测量较小电流，并把钳口开合数次。测量较小电流时，为使读数较准确，在条件允许的情况下，可将被测导线多绕几圈后再放进钳口进行测量（此时的实际电流值应为仪表的读数除以导线的圈数）。

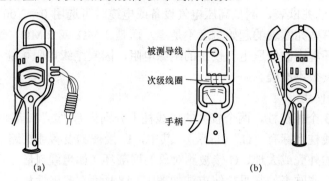

图 1.1.16　钳形电流表
（a）外形；（b）使用方法

被测导线
次级线圈
手柄

使用时，将量程开关转到合适位置，手持胶木手柄，用食指勾紧铁芯开关，以便于打开铁芯。将被测导线从铁芯缺口引入铁芯中央，然后放松食指，铁芯即自动闭合。被测导线的电流在铁芯中产生交变磁通，表内感应出电流，即可直接读数。

在较小空间内（如配电箱等）测量时，要防止钳口张开引起相间短路。

2）注意事项

（1）使用前应检查外观是否良好，绝缘有无破损，手柄是否清洁、干燥。

（2）测量时应戴绝缘手套或干净的线手套，并注意保持安全间距。

（3）测量过程中不得切换挡位。

（4）钳形电流表只能用来测量低压系统的电流，被测线路的电压不能超过钳形电流表所规定的使用电压。

（5）每次测量只能钳入一根导线。

（6）若非必要，一般不测量裸导线的电流。

（7）测量完毕后应将量程开关置于最大挡位，以防下次使用时疏忽大意造成仪表的意外损坏。

10. 兆欧表

兆欧表又叫摇表、绝缘电阻测量仪等，是一种测量电气设备及电路绝缘电阻的仪表，其外形如图 1.1.17 所示。

兆欧表主要由 3 个部分组成：手摇直流发电机、磁电式流比计及接线桩（L、E、G）

1）兆欧表的选用

兆欧表的选用主要考虑两个方面：一是电压等级；二是测量范围。

测量额定电压在 500 V 以下的设备或线路的绝缘电阻时，可选用 500 V 或 1 000 V 的兆欧。测量额定电压在 500 V 以上的设备或线路的绝缘电阻时，可选用 1 000～2 500 V 的兆欧表。测量瓷瓶时，应选 2 500～

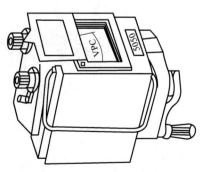

图 1.1.17　兆欧表的外形

5 000 V 的兆欧表。

兆欧表测量范围的选择主要考虑两方面：一方面，测量低压电气设备的绝缘电阻时可选用 0～200 MΩ 的兆欧表，测量高压电气设备或电缆时可选用 0～2 000 MΩ 的兆欧表；另一方面，因为有些兆欧表的起始刻度不是零，而是 1 MΩ 或 2 MΩ，这种兆欧表不宜用来测量处于潮湿环境中的低压电气设备的绝缘电阻，因其绝缘电阻可能小于 1 MΩ，造成仪表无法读数或读数不准确。

2）兆欧表的使用

兆欧表上有 3 个接线柱，两个较大的接线柱上分别标有"E"（接地）、"L"（线路），另一个较小的接线柱上标有"G"（屏蔽）。其中，L 接被测设备或线路的导体部分，E 接被测设备或线路的外壳或大地，G 接被测对象的屏蔽环（如电缆壳芯之间的绝缘层上）或不需测量的部分。兆欧表的常见接线方法如图 1.1.18 所示。

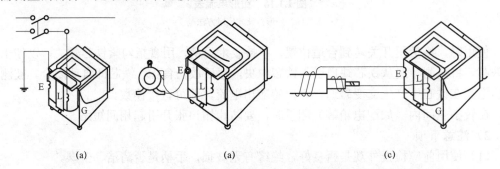

| (a) | (a) | (c) |

图 1.1.18　兆欧表的常见接线方法
（a）测量线路绝缘电阻；（b）测量电动机绝缘电阻；（c）测量电缆绝缘电阻

（1）测量前，要先切断被测设备或线路的电源，并将其导电部分对地进行充分放电。用兆欧表测量过的电气设备，也须进行接地放电，才可再次测量或使用。

（2）测量前，要先检查兆欧表是否完好。将接线柱 L、E 分开，由慢到快摇动手柄约 1 min，使兆欧表内发电机转速稳定（约 120 r/min），指针应指在"∞"处。再将接线柱 L、E 短接，缓慢摇动手柄，指针应指在"0"处。

（3）测量时，兆欧表应水平放置平稳。在测量过程中，不可用手触及被测物的测量部分，以防触电。

兆欧表的操作方法如图 1.1.19 所示。

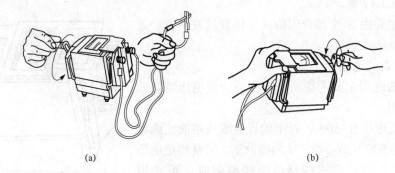

(a)　　　　　　　　　　　　　　　(b)

图 1.1.19　兆欧表的操作方法
（a）校试兆欧表的操作方法；（b）测量时兆欧表的操作方法

3）使用注意事项

（1）兆欧表与被测物间的连接导线应采用绝缘良好的多股铜芯软线，而不能用双股绝缘线或绞线，且连接线不得绞在一起，以免造成测量数据不准。

（2）摇动手柄的转速要均匀，不可忽快忽慢地使指针不停地摆动。

（3）在测量过程中，若发现指针为零，说明被测物的绝缘层可能被击穿短路，此时应停止摇动手柄。

（4）测量具有大电容的设备时，读数后不得立即停止摇动手柄，否则已允电的电容将对兆欧表放电，有可能烧坏兆欧表。

（5）温度、湿度、被测物的有关状况等对绝缘电阻的影响较大，为便于分析比较，记录数据时应反映上述情况

（6）兆欧表要定期检验，检验时直接测量有确定值的标准电阻，检查其测量误差是否在规定范围内。

实训操作：电工仪表（万用表、钳形电流表、兆欧表）的认识与使用

一、实训目的

（1）能正确使用万用表测量电阻、交流电压、直流电压和直流电流。

（2）能正确使用钳形电流表测量交流电流。

（3）能正确使用兆欧表测量电气设备的绝缘电阻。

二、所需的工具、材料

实训器材清单见表 1.1.2。

表 1.1.2　实训器材清单

序号	设备	数量
1	1.5 kW 三相异步电动机	1 台
2	2.5 mm² 导线	若干
3	单相调压器	1 台
4	电阻	若干
5	万用表	1 块
6	钳形电流表	1 块
7	500 V 兆欧表	1 块
8	电工工具	1 套

三、实训前的准备

（1）观察万用表、兆欧表、钳形电流表的面板，明确各部分的名称与作用。

（2）选择万用表、钳形电流表的转换开关，明确转换开关各挡位的功能。

（3）调节万用表、钳形电流表的机械调零旋钮，将指针调准在零位。

（4）观察万用表、兆欧表、钳形电流表的表盘，明确各标度尺的意义和最大量程。

（5）学会指针在不同位置时的读数方法。

四、实训步骤

1. 用万用表测量电阻

（1）取 3 个不同的电阻，分别测量单个电阻的电阻值，并将测量数据记录在表 1.1.3 中。注意在测量时要根据阻值大小调整电阻挡量程，并且每次转换量程后都要重新欧姆调零。

（2）将电动机接线盒内的绕组各线头连接片拆开，分别测量 U1U2、V1V2、W1W2 这 3 对绕组的直流电阻值，并将测量数据记录在表 1.1.3 中。

表 1.1.3　数据记录表

	电阻的测量			电动机定子绕组阻值的测量		
测量项目	R_1	R_2	R_3	R_{u1u2}	R_{v1v2}	R_{w1w2}
电阻标称值						
万用表量程						
测量值						

2. 用钳形电流表测量电流

（1）将钳形电流表拨到合适的挡位，然后将电动机的一相电源线放入钳形电流表钳口中央，在电动机合上电源开关启动的同时观察钳形电流表的读数变化，将测量结果填入表 1.1.4。

（2）将电动机的电源开关合上，电动机空载运转，用万用表的交流电压挡检测电压是否达到电动机的额定工作电压。将钳形电流表拨到合适的挡位，将电动机电源线逐根放入钳形电流表钳口中，分别测量电动机的三相空载电流，将测量结果填入表 1.1.4。

表 1.1.4　测量结果

电动机		钳形电流表		启动电流		空载电流	
型号	功率	型号	规格	量程	读数	量程	读数

3. 用兆欧表测量绝缘电阻

（1）切断电动机电源，拆除电源线，将电动机接线盒内接线柱上的连接片拆除。

（2）用兆欧表测量电动机三相绕组相间绝缘电阻值和对地绝缘电阻值，将测量数据填入表 1.1.5，并判断绝缘电阻是否合格。

表 1.1.5　测量结果

电动机	型号			接法	额定功率/kW	额定电压/V	额定电流/A
绝缘电阻/ MΩ	U–V 之间	U–W 之间	V–W 之间	U 相对地	V 相对地	W 相对地
绝缘是否合格							

4. 注意事项

（1）用兆欧表测量低压电动机绝缘电阻，测得数值在 0.5 MΩ 及以上为合格，否则需干燥处理。

（2）电动机底座应固定好，合上电源开关应作安全检查，运行中若电动机声音不正常或有过大的颤动，应立即将电动机电源关闭。

（3）电动机短时间内多次连续启动会使电动机发热，因此应集中注意力观察启动瞬间的电流值，尽量一次实验成功，测量完毕立即将电源关断。

五、评分表

评分表见表 1.1.6。

表 1.1.6　"电工仪表（万用表、钳形电流表、兆欧表）的认识与使用"评分表

项目	技术要求	配分	评分细则	评分记录
电气元件识别	正确识别电气元件	20	电气元件识别错误，每个扣 5 分	
			电气元件型号识别错误，每个扣 3 分	
			电气元件规格识别错误，每个扣 2 分	
数据测量	正确测量出数据	50	数据错误，每个扣 5 分	
回答问题	正确回答 3 个问题	30	回答错误，每个扣 10 分	

维护操作

各种低压电气元件在正常状态下使用或运行，都有各自的机械寿命和电气寿命，即自然磨损。操作不当、过载运行、日常失修等都会加速电气元件的老化，缩短使用寿命。一般电磁式电器，通常由触点系统、电磁机构和灭弧装置等组成，这部分元件长期使用或使用不当，可能会发生故障而影响电器的正常工作。

一、触点的故障及维修

触点是有触点低压电器的主要部件，它担负着接通和分断电路的作用，也是低压电

中比较容易损坏的部件。触点的常见故障有触点过热、烧毛、磨损和熔焊等情况。

1. 触点过热

（1）通过动、静触点间的电流过大。任何低压电器的触点都必须在其额定电流下运行，否则触点就会因电流过大而发热。造成触点电流过大的原因有：系统电压过高或过低、用电设备超负载运行、电器触点容量选择不当、故障运行等。

（2）动、静触点间的接触电阻变大。接触电阻是所有电接触形式的一个重要参数，只有低值而稳定的接触电阻，才能保证电接触工作的可靠性。动、静触点闭合时，接触电阻的大小关系到触点间的发热程度。造成触点间接触电阻变大的原因有：触点压力不足、触点表面接触不良。应加强对运行中触点的维护和保养，及时清除触点表面的氧化物，增加光洁度。

2. 触点磨损

触点在使用过程中，其厚度越用越小，这就是触点的磨损。触点的磨损有两种：一种是电磨损，是触点间电弧或电火花的高温使触点金属汽化和蒸发所造成的；另一种是机械磨损，是触点闭合时的撞击及触头接触面的相对滑动摩擦所造成的。当触点接触部分磨损至原有厚度的 2/3 或 3/4 时，应更换新触点。另外触点超行程不符合规定，也应更换新触点。若发现触点磨损过快，应查明原因。

3. 触点烧毛或熔焊

触点在闭合或分断时产生电弧，在电弧的作用下，在触点表面形成许多凸出的小点，而后小点面积扩大，这就是烧毛。若触点烧毛，应用整形锉整修。

动、静触点接触面熔化后被焊在一起而断不开的现象，称为触点熔焊。造成触点熔焊的常见原因有：选用不当、触点容量太小、负载电流过大、操作频率过高、触点弹簧损坏、初压力减小。触点熔焊后，只能更新触点，同时还要找出触点熔焊的原因并予以排除。

二、电磁机构的故障及维修

1. 衔铁噪声大

（1）动、静铁芯上的端面接触不良或有污垢。前者要在细纱布上磨平端面，使之接触面在 80% 以上，后者要用汽油或四氯化碳清洗。

（2）铁芯上的短路环断裂。按原样更换或将断裂处焊接上。

（3）电源电压太低。提高电源电压到额定值。

（4）铁芯卡住不能完全吸合。此时不仅噪声大，而且线圈中电流增大、温度升高，如不及时处理，将会烧毁线圈。找出铁芯卡住的原因，使铁芯完全吸合，即可消除噪声。

2. 线圈的故障及其处理

（1）线圈匝间短路。更换新的线圈即可。

（2）动、静铁芯不能完全吸合。处理方法同上。

（3）电源电压低，吸力不足而使衔铁振动。应调整电压到额定值。

（4）操作频繁。要降低接触器闭合和断开频率，以免产生频繁的大电流冲击。

3. 衔铁吸不上

当交流线圈接通电源后，衔铁不能被铁芯吸合时，应立即切断电源，以免线圈被烧毁使衔铁吸不上。

主要原因有：动铁芯被卡住、弹簧反力过大、电源电压太低等。

4. 衔铁不释放

当线圈断电后，衔铁不释放，此时应立即断开电源开关，以免发生意外事故。

主要原因有：触点弹簧压力过小、触点熔焊、机械可动部分被卡阻、转轴锈蚀或歪斜、反力弹簧损坏、铁芯端面有油污和尘垢钻着、E 形铁芯的剩磁增大等。

三、灭弧装置的故障及维修

（1）灭弧罩受潮，可设法烘干。

（2）灭弧罩破碎，可更换新的灭弧罩。

（3）灭弧线圈匝间短路，可更换新线圈。

（4）灭弧栅片脱落或损坏，可用铁板制作灭弧栅片予以更换。

任务 2　开关电器的认知与检测

任务目标

（1）熟悉刀开关、负荷开关、组合开关的结构、原理、图形符号和文字符号。

（2）熟悉刀开关、负荷开关、组合开关的常用型号、用途、注意事项。

（3）熟练掌握刀开关、负荷开关、组合开关的拆装、常见故障及维修方法。

知识储备

常用的开关电器如图 1.2.1 所示。

一、刀开关

1. 刀开关概述

刀开关又称闸刀开关或隔离开关，它是手控电器中最简单而使用又较广泛的一种低压电器。刀开关在电路中的作用是：隔离电源，以确保电路和设备维修的安全；分断负载，如不频繁地接通和分断容量不大的低压电路或直接启动小容量电机。

1）刀开关的结构

刀开关的典型结构如图 1.2.2 所示，它由手柄、触刀、静插座、铰链支座和绝缘底板组成。

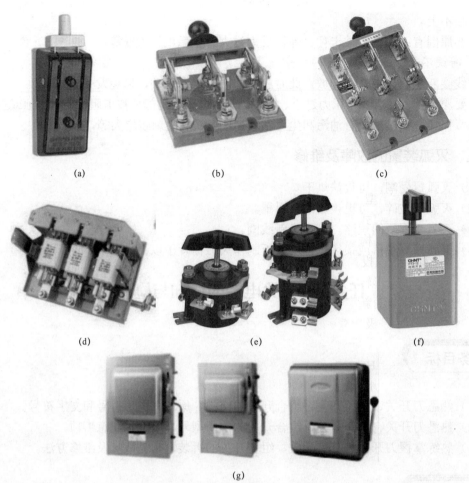

图 1.2.1　常用的开关电器

（a）闸刀开关；（b）单投刀开关；（c）双投刀开关；（d）熔断器式刀开关；（e）组合开关；

（f）倒顺开关；（g）HH3、HH4 系列封闭式负荷开关

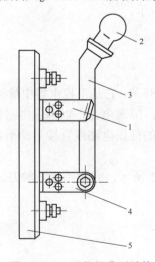

图 1.2.2　刀开关的典型结构

1—静插座；2—手柄；3—触刀；4—铰链支座；5—绝缘底板

刀开关的型号含义如图 1.2.3 所示。

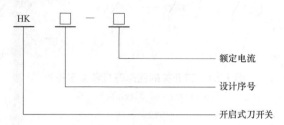

图 1.2.3　刀开关的型号含义

2）刀开关的常用型号及用途

（1）对于普通开启式刀开关，按极数分为单极、双极和三极；按操作方式分为直接手柄操作式、杠杆操作机构式和电动操作机构式；按转换方向分为单投和双投等，其型号有 HD（单投）和 HS（双投）等系列。其中，HD 系列刀开关即 HD 系列刀形隔离器，而 HS 系列刀开关为双投刀形转换开关。在 HD 系列中，常用的老型号刀开关有 HD11、HD12、HD13、HD14 系列，而新型号有 HD17 系列等。对于新、老型号来说，其结构和功能基本相同。机床上常用的三极刀开关允许长期通过的电流有 100 A、200 A、400 A、600 A、1 000 A 五种。

HD 系列刀开关、HS 系列刀形转换开关主要用于交流 380 V、50 Hz 电力网中隔离电源或电流转换，是电力网中必不可少的电器元件，常用于各种低压配电柜、配电箱和照明箱中。

在低压电气控制线路中，电源之后的开关电器依次是刀开关、熔断器、断路器、接触器等其他电器元件，这样，当刀开关以下的某电气元件或线路出现故障时，可通过刀开关切断电源，以便对其下设的设备、电气元件进行故障处理或更换。HS 系列刀形转换开关主要用于转换电源，即当一路电源出现故障或进行检修而需由另一路电源供电时，就由它进行转换。当转换开关处于中间位置时，可以起隔离作用。

为了使用方便和减小体积，可在刀开关上安装熔丝或熔断器，组成兼有通断电路和保护作用的开关电器，如胶盖刀开关、熔断器式刀开关等。

（2）熔断器式刀开关即熔断器式隔离开关，是以熔断体或带有熔断体的载熔件作为动触点的一种隔离开关。其常用的型号有 HR3、HR5、HR6 系列。其中，HR5 和 HR6 系列主要用于交流额定电压 660 V（45～62 Hz）、额定发热电流至 630 A 的具有高短路电流的配电电路和电动机电路中，作为电源开关、隔离开关、应急开关以及电路保护之用，但一般不用作单台电动机的直接开关。

HR5、HR6 系列熔断器式刀开关中的熔断器为 NT 型低压高分断熔断器。NT 型低压高分断熔断器是引进德国 AEG 公司制造技术生产的产品。

HR5、HR6 系列熔断器式刀开关若配有熔断撞击器的熔断体，当某相熔体熔断时，撞击器便弹出使辅助开关发出信号，以实现断相保护。

3）刀开关的图形符号及文字符号

刀开关的图形符号及文字符号如图 1.2.4 所示。

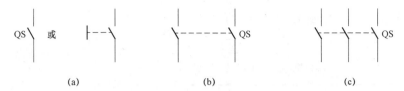

图 1.2.4　刀开关的图形符号和文字符号

（a）单极；（b）双极；（c）三极

2. 刀开关的选择

选用刀开关时首先根据刀开关的用途和安装位置选择合适的型号和操作方式，然后根据控制对象的类型和大小，计算出相应负载电流大小，选择相应级额定电流的刀开关。刀开关的额定电压应不小于电路额定电压，其额定电流一般应不小于所分断电路中各个负载电流的总和。对于电动机负载，应考虑其启动电流，所以应选额定电流大一级的刀开关。若考虑电路出现的短路电流，还应选择额定电流更大一级的刀开关。

3. 刀开关的安装和使用

（1）安装刀开关时，手柄要向上，不得倒装或平装。如果倒装，拉闸后手柄可能因自重下落引起误合闸而造成人身或设备安全事故。接线时，应将电源线接在上端，将负载线接在下端，以确保安全。

（2）刀开关用于隔离电源时，合闸顺序是先合上刀开关，再合上其他用以控制负载的开关；分闸顺序则相反。

（3）严格按照产品说明书规定的分断负载使用，无灭弧罩的刀开关一般不允许分断负载，否则有可能导致持续燃烧，使刀开关的寿命缩短，严重的还会造成电源短路，使刀开关被烧毁，甚至发生火灾。

（4）刀开关在合闸时，应保证三相触刀同时合闸，而且要接触良好，如接触不良，常会造成断路，如负载是三相异步电动机，还会使电动机因缺相运转而烧毁。

（5）如果刀开关不是安装在封闭的箱内，则应经常检查，防止因积尘过多而发生相间闪络现象。

二、负荷开关

负荷开关是一种带有专用灭弧触点、灭弧装置和弹簧断路装置的分合开关。从结构上看，负荷开关与刀开关相似（在断开状态时都有可见的断开点），但它可用来开闭电路，这一点又与断路器（见后）类似。然而，断路器可以控制任何电路，而负荷开关只能开断负载电流或者过负载电流，所以只用于切断和接通正常情况下的电路，而不能用于断开短路故障电流。负荷开关的开闭频度和操作寿命往往高于断路器。

负荷开关按结构可分为开启式负荷开关和封闭式负荷开关两大类。

1. 开启式负荷开关

1）开启式负荷开关的用途及特点

开启式负荷开关又称胶盖刀开关，主要用作电气照明电路和电热电路的控制开关。开启式负荷开关适用于交流 50 Hz、单相额定电压 220 V、三相额定电压 380 V、额定电流至 100 A 的电路，作为不频繁地接通和分断有负载电路及小容量线路的短路保护。其三极开关的容量适当降低后，可用于手动不频繁操作的小型异步电动机的直接启动及分断。

2）开启式负荷开关的结构特点

与刀开关相比，由于开启式负荷开关增设了熔丝，故可实现短路保护；又由于有胶盖，其在分断电路时产生的电弧不至于飞出，同时也可防止极间飞弧造成相间短路。

3）开启式负荷开关的常用型号

开启式负荷开关的常用型号有 HK1 和 HK2 系列。HK 系列开启式负荷开关的结构如图 1.2.5 所示。

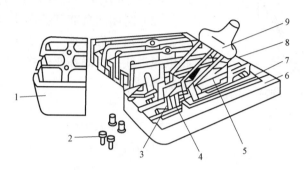

图 1.2.5 HK 系列开启式负荷开关结构

1—胶盖；2—胶盖固定螺钉；3—进线座；4—静插座；5—熔丝；6—瓷底板；7—出线座；8—动触刀；9—瓷柄

4）开启式负荷开关的图形符号和文字符号

开启式负荷开关的图形符号和文字符号如图 1.2.6 所示。

5）开启式负荷开关的选用及安装规则

（1）必须将开启式负荷开关垂直安装在控制屏室的开关板上，且合闸状态时手柄向上，不允许倒装或平装，以防止发生误合闸事故。

（2）当开启式负荷开关控制照明和电热负载时，须安装熔断器作短路和过载保护。电源进线应接在静插座一边的进线端，用电设备应接在动触刀一边的出线端。当刀开关断开时，闸刀和熔丝均不得通电，以确保更换熔丝时的安全。

图 1.2.6 开启式负荷开关的图形符号和文字符号

（3）当开启式负荷开关用作电动机的控制开关时，应将开关的熔体部分用铜导线直连，并在出线端加装熔断器作短路保护。在更换熔体时务必把闸刀断开；在进行分闸和合闸操作时，为避免出现电弧，动作应果断迅速。

2. 封闭式负荷开关

1）封闭式负荷开关的结构特点

封闭式负荷开关俗称铁壳开关，常用的 HH 系列封闭式负荷开关的结构如图 1.2.7 所示。

封闭式负荷开关主要由闸刀、熔断器、灭弧装置、操作机构和金属外壳构成。三相动触刀固定在一根绝缘的方轴上，通过操作手柄操作。操作机构采用储能合闸方式，在操作机构中装有速动弹簧，使开关迅速通断电路，其通断速度与操作手柄的操作速度无关，以利于迅速断开电路，熄灭电弧。操作机构装有机械联锁，防止盖子打开时手柄误合闸，当手柄处于闭合位置时，盖子不能打开，以保证操作安全。

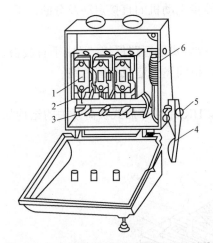

图1.2.7 HH系列封闭式负荷开关的结构
1—熔断器；2—夹座；3—闸刀；4—手柄；
5—转轴；6—速动弹簧

2）封闭式负荷开关的常用型号

常用的封闭式负荷开关有HH3、HH4、HH10、HH11等系列。

3）封闭式负荷开关的选择及使用

（1）在选择封闭式负荷开关时，应使其额定电压大于或等于电路的额定电压，使其额定电流大于或等于线路的额定电流。当用封闭式负荷开关控制电动机时，其额定电流应是电动机额定电流的2倍。

（2）封闭式负荷开关在使用中应注意：开关的金属外壳需可靠接地，以防止外壳漏电；接线时应将电源进线接在静插座的接线端子，将负载接在熔断器一侧。

（3）封闭式负荷开关不允许随意放在地上，也不允许面向开关进行操作，以免在开关无法切断短路电流的情况下，铁壳爆炸飞出伤人。

三、组合开关

组合开关又称转换开关，是一种多触点、多位置式、可以控制多个回路的电器。组合开关的手柄能沿任意方向转动90°，并带动3个动触点分别与3个静触点接通或断开。

1. 组合开关的用途

组合开关主要用作电源的引入开关，所以也称作电源隔离开关或转换开关，实质上为刀开关。它也可用于控制5kW以下小功率电动机的直接启动、换向和停止，每小时通断的换接次数不宜超过20次。

2. 组合开关的结构

组合开关有单极、双极和多极之分。它是由单个或多个单极旋转开关叠装在同一根方形转轴上组成的。在组合开关的上部装有定位机构，它能使触片处于一定的位置。组合开关的结构示意如图1.2.8所示。

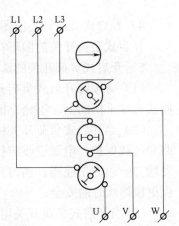

图1.2.8 组合开关的结构示意

3. 组合开关的图形符号、文字符号及常用型号

组合开关的图形符号和文字符号如图1.2.9所示。

组合开关型号含义如图1.2.10所示。

组合开关的常用型号有HZ5、HZ10系列，图1.2.11为HZ10系列组合开关的外形与结构。

HZ5系列组合开关的额定电流有10A、20A、40A和60A四种。HZ10系列组合开关的额定电流有10A、25A、60A和100A四种，适用于交流380V以下、直流220V以下的电气设备。

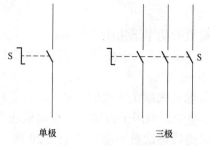

图 1.2.9　组合开关的图形符号和文字符号

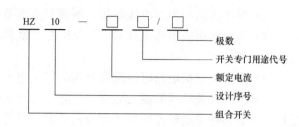

图 1.2.10　组合开关的型号含义

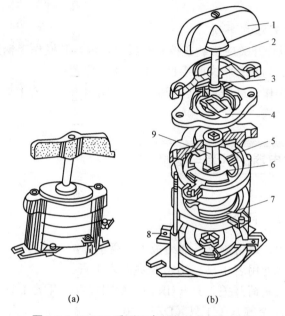

（a）　　　　　　　　　　　（b）

图 1.2.9　HZ10 系列组合开关的外形与结构

（a）外形；（b）结构

1—手柄；2—转轴；3—弹簧；4—凸轮；5—绝缘垫板；6—动触片；7—静触片；8—接线柱；9—绝缘杆

4. 组合开关的技术参数

组合开关的技术参数见表 1.2.1。

表 1.2.1　组合开关的技术参数

型　号	额定电压/V	额定电流/A	极数	极限操作电流/A		可控制电动机最大容量和额定电流	
				接通	分断	最大容量/kW	额定电流/A
HZ10－10	交流 360	6	单极	94	62	3	7
		10					
HZ10－25		25	2.3	155	108	1.5	12
HZ10－60		60					
HZ10－100		100					

5. 组合开关的选用原则

应根据电源的种类、电压等级、所需触点数及电动机的功率选用组合开关。

（1）用于照明或电热电路时，组合开关的额定电流应等于或大于被控制电路中各负载电流的总和。

（2）用于电动机电路时，组合开关的额定电流应取电动机额定电流的 1.5～2 倍。

（3）组合开关的通断能力较弱，不能用来分断故障电流。当用于控制异步电动机的正反转时，必须在电动机停转后才能反向启动，且每小时的接通次数不能超过 15～20 次。

（4）当操作频率过高或负载功率因数较小时，应降低组合开关的容量使用，以延长其使用寿命。

6. 组合开关的安装注意事项

（1）HZ10 系列组合开关应安装在控制箱或壳体内，其操作手柄最好安装在控制箱的前面或侧面。组合开关为断开状态时手柄应处于水平位置。

（2）若需在箱内操作，最好将组合开关安装在箱内上方，若附近有其他电器，则需采取隔离措施或者绝缘措施。

实训操作：开关电器的拆装与检修

一、所需的工具、材料

（1）工具：尖嘴钳、螺钉旋具、活络扳手、镊子等。

（2）仪表：数字式万用表 1 只、5050 型兆欧表 1 只。

（3）器材：开启式负荷开关 1 只（HK1）、封闭式负荷开关 1 只（HH4）、转换开关 1 只（HZ10-25）和自动空气开关 1 只（DZ5-20）。

二、实训内容和步骤

1. 电气元件识别

将所给电气元件的铭牌用胶布盖住并编号，根据电气元件实物写出其名称与型号，填入表 1.2.2 中。

2. 自动空气开关[①]的结构

将一只 DZ5-20 型塑壳式自动空气开关的外壳拆开，认真观察其结构，将主要部件的作用填入表 1.2.3。

表 1.2.2 开关电器的识别

序号	1	2	3	4
名称				
型号				

---

① 自动空气开关即低压断路器，详见本项目任务 6。

表 1.2.3　自动空气开关的结构

主要部件名称	作用
电磁脱扣器	
热脱扣器	
触点	
按钮	
储能弹簧	

3. HZ10-25 组合开关的改装、维修及检验

将组合开关原分、合状态为三常开（或三常闭）的 3 对触点，改装为二常开一常闭（或二常闭一常开），并整修触点。

4. 实训练步骤及工艺要求

（1）卸下手柄紧固螺钉，取下手柄。

（2）卸下支架上的紧固螺母，取下顶盖、转轴弹簧合凸轮等操作机构。

（3）抽出绝缘杆，取下绝缘垫板上盖。

（4）拆卸 3 对动、静触点。

（5）检查触点有无烧毛、损坏，视损坏程度进行修理或更换。

（6）检查转轴弹簧是否松脱和灭弧垫是否有严重磨损，根据实际情况确定是否更换。

（7）将任一相的动触点旋转 90°，然后按拆卸的逆序进行装配。

（8）装配时，要注意动、静触点的相互位置是否符合改装要求及叠片连接是否紧密。

（9）装配结束后，先用万用表测量各对触点的通断情况。

三、注意事项

（1）拆卸时，应备有盛放零件的容器，以防丢失零件。

（2）在拆卸过程中，不允许硬撬，以防损坏电器。

四、评分表

评分表见表 1.2.4。

表 1.2.4　"开关电器的拆装与检修"评分表

项目	技术要求	配分	评分细则	评分记录
电气元件识别	正确识别	20	1. 识别错误、名称识别不正确，每个扣 3 分	
			2. 型号规格识别不正确，每个扣 2 分	
自动空气开关的结构识别	正确识别	20	主要部件的作用填写不正确，每项扣 4 分	
HZ10-25 组合开关的拆卸与装配	正确拆装	20	1. 拆卸步骤及方法不正确，每次扣 3 分	
			2. 拆装不熟练，扣 3 分	

续表

项目	技术要求	配分	评分细则	评分记录
HZ10-25组合开关的拆卸与装配	正确拆装	20	3. 丢失零件，每个扣2分	
			4. 拆装后不能组装，扣8分	
			5. 损坏零件，扣2分	
检修	正确检修	20	1. 没有检修或检修无效果，每次扣5分	
			2. 检修步骤及方法不正确，每次扣5分	
			3. 扩大故障，无法修复，扣15分	
校验	正确校验	20	1. 不能进行通电校验，扣5分	
			2. 校验方法不正确，每次扣2分	
			3. 校验结果不正确，扣5分	
定额工时（60 min）	准时		每超过5 min，从总分中倒扣3分，但不超过10分	
安全、文明生产	满足安全、文明生产要求		违反安全、文明生产规定，从总分中倒扣5分	

维护操作

一、刀开关的常见故障现象及处理方法

（1）故障现象：动、静触点烧坏和闸刀短路。其可能原因及处理方法见表1.2.5。

表1.2.5　可能原因及处理方法

可能原因	处理方法
刀开关容量太小	更换大容量刀开关
拉闸或合闸时动作太慢	改善操作方法
金属异物落入刀开关内引起相间短路	清除刀开关内异物

（2）故障现象：触刀过热甚至烧坏。其可能原因及处理方法见表1.2.6。

表1.2.6　可能原因及处理方法

可能原因	处理方法
电路电流过大	查找电流大的原因并予以消除
触刀和静触座接触歪扭	纠正歪扭现象，使其接触良好
触刀表面被电弧烧毛	清洁触刀表面或更换触刀

（3）故障现象：开关手柄转动失灵。其可能原因及处理方法见表1.2.7。

表 1.2.7 可能原因及处理方法

可能原因	处理方法
定位机械损坏	检查损坏原因并更换定位机械
触刀转动铰链过松	上紧触刀转动铰链

二、负荷开关的常见故障现象及处理方法

（1）故障现象：合闸后一相或两相无电。其可能原因及处理方法见表1.2.8。

表 1.2.8 可能原因及处理方法

可能原因	处理方法
夹座弹性消失或开口过大，使夹座与动触点即闸口不能接触	更换夹座弹簧或缩小开口
熔丝熔断或虚连	更换熔丝或重焊
夹座、动触点氧化或有尘污	用小刀轻轻刮去氧化层或用汽油将其清洗干净
电源进线或出线头氧化后接触不良	检查进、出线，清除氧化层使其良好接触

（2）故障现象：夹座或动触点过热或烧坏。其可能原因及处理方法见表1.2.9。

表 1.2.9 可能原因及处理方法

可能原因	处理方法
负荷开关容量太小	更换为较大容量的负荷开关
分、合闸时动作太慢致使电弧过大，烧坏触点	更换触点，改进操作方法
夹座表面烧毛，动触点与夹座压力不足	处理烧毛的表面，增大动触点与夹座的压力
负载过大	减轻负载，更换为大容量的负荷开关

（3）故障现象：封闭式负荷开关的操作手柄通电。其可能原因及处理方法见表1.2.10。

表 1.2.10 可能原因及处理方法

可能原因	处理方法
外壳接地线接触不良	重新接线，使其良好可靠接地
电源进、出线绝缘损坏碰壳	更换导线

三、组合开关的常见故障现象及处理方法

（1）故障现象：手柄转动后，内部触点未动作。其可能原因及处理方法见表1.2.11。

表1.2.11　可能原因及处理方法

可能原因	处理方法
手柄的转动连接部件磨损	调换手柄
操作机构损坏	修理操作机构
绝缘杆变形	更换绝缘杆
轴与绝缘杆装配不紧	紧固轴与绝缘杆

（2）故障现象：手柄转动后，3对触点不能同时接通或断开。其可能原因及处理方法见表1.2.12。

表1.2.12　可能原因及处理方法

可能原因	处理方法
开关型号不对	更换开关
修理开关时触点装配不正确	重新装配
触点失去弹性或有尘污	更换触点或清除污垢

（3）故障现象：开关接线柱相间短路。其可能原因及处理方法见表1.2.13。

表1.2.13　可能原因及处理方法

可能原因	处理方法
油污附在接线柱间造成导电将胶木烧焦或绝缘破坏而形成短路	清扫开关或调换开关

任务3　主令电器的认知与检测

任务目标

（1）熟悉常用控制按钮、行程开关、主令控制器、万能转换开关等的结构、原理、符号及用途。

（2）熟悉常用主令电器的外形、基本结构和作用，并能进行正常的拆卸、组装和检修。

知识储备

主令电器是一种用于发布命令、直接或通过电磁式电器间接作用于控制电路的电器。它通过机械操作控制，对各种电气线路发出控制指令，使继电器或接触器动作，从而改变拖动装置的工作状态（如电动机的启动、停车、变速等），以获得远距离控制。常用的主令电器有控制按钮、行程开关、接近开关、万能转换开关等，如图 1.3.1 所示。

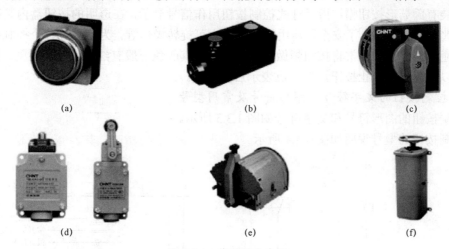

(a)　　　　　　　　　(b)　　　　　　　　　(c)

(d)　　　　　　　　　(e)　　　　　　　　　(f)

图 1.3.1　常用的主令器

（a）LA2 系列按钮；（b）LA4 系列按钮；（c）LW6 万能转换开关；
（d）YBLX 系列行程开关；（e）LK5 系列主令控制器；（f）KTJ1 系列凸轮控制器

一、控制按钮

1. 控制按钮的用途

控制按钮是一种手动且一般可以自动复位的电器，通常用来接通或断开小电流控制电路。它不直接控制主电路的通断，而是在交流 50 Hz 或 60 Hz、电压至 500 V 或直流电压至 440 V 的控制电路中发出短时操作信号，以控制接触器、继电器，再由它们控制主电路的一种主令电器。

2. 控制按钮的结构

控制按钮一般由按钮帽、复位弹簧、桥式动触点和静触点以及外壳等组成。其结构如图 1.3.2 所示。

3. 控制按钮的工作原理

在图 1.3.2 中，当用手指按下按钮帽 1 时，复位弹簧 2 被压缩，同时桥式动触点 3 由于机械动作先与静触点 4 断开，再与另一静触点 5 接通；当手松开时，按钮帽 1 在复位弹簧 2 的作用下，恢复到未受手压的原始状态，此时桥式动触点 3 又由于机械动作而与静触点 5 断开，然后与静触点 4 接通。由此可见，当按下控制按钮时，其动断触点（由 3 和 4 组成）先断开，动合触点（由 3 和 5 组成）后闭合；当松开控制按钮时，在复位弹簧 2 的作用下，其动合触点（由 3 和 5 组成）先断开，而动断触点（由 3 和 4 组成）后闭合。

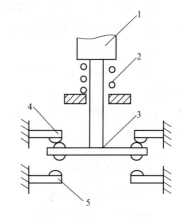

图 1.3.2　控制按钮结构示意

1—按钮帽；2—复位弹簧；3—桥式动触点；
4—常闭触点；5—常开触点

4. 控制按钮的结构形式

控制按钮的结构形式有多种，适用于不同的场合：紧急式控制按钮用来进行紧急操作，按钮上装有蘑菇形按钮帽；指示灯式控制按钮用作信号显示，在透明的按钮盒内装有信号灯；钥匙式控制按钮为了安全，需用钥匙插入方可旋转操作等。为了区分各个控制按钮的作用，避免误操作，通常将按钮帽做成不同颜色，其颜色一般有红、绿、黑、黄、蓝、白等，且以红色表示停止按钮，以绿色表示启动按钮。

5. 控制按钮的文字符号、图形符号及常用型号

控制按钮的图形符号和文字符号如图 1.3.3 所示。

控制按钮的型号说明如图 1.3.4 所示。

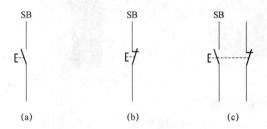

图 1.3.3　控制按钮的图形符号和文字符号

（a）动合触点；（b）动断触点；（c）复式触点

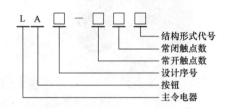

图 1.3.4　控制按钮的型号说明

（结构形式代号的含义为：K—开启式；H—保护式；
S—防水式；F—防腐式；J—紧急式；X—旋钮式；
Y—钥匙式；D—带灯按钮）

控制按钮的常用型号有 LA18、LA19、LA25、LA101、LA38 及 NP1 等。

6. 控制按钮的选用原则

（1）根据使用场合选择控制按钮的类别和型号。

（2）根据控制电路的需要，确定控制按钮的触点对数及触点形式。

（3）根据工作状态指示和动作情况要求选择控制按钮和指示灯的颜色，而且由于带指示灯的控制按钮因灯泡发热，长期使用易使塑料灯罩变形，应适当降低灯泡端电压。

（4）对于工作环境中灰尘较多的场合，不宜选用 LA18 和 LA19 型控制按钮。

（5）在高温场合，塑料控制按钮易变形老化而引起接线螺钉间相碰短路，此时应加装紧固圈和套管。

注意：常用控制按钮的规格一般为交流额定电压 380 V、额定电流 5 A。控制按钮可以做成单式（一对动合触点或一对动断触点）和复合式（一对动合触点和一对动断触点）。

二、行程开关

1. 行程开关的用途

行程开关又称限位开关。它是依据生产机械的行程发出命令，从而实现行程控制或限位保护的一种主令电器。行程开关主要应用于各类机床和起重机械中以控制这些机械的行程。

2. 行程开关的结构

各种行程开关的结构基本相同，大都由推杆、触点系统和外壳等部件组成。行程开关

触点结构示意如图 1.3.5 所示。

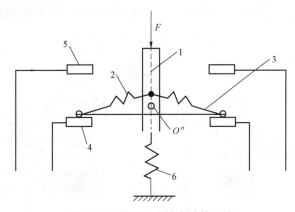

图 1.3.5　行程开关触点结构示意
1—推杆；2—弹簧；3—桥式动触点；4，5—静触点；6—复位弹簧

3. 行程开关的工作原理

行程开关的工作原理与控制按钮类似。行程开关的作用与控制按钮大致相同，只是其触点的动作不是靠手指按动，而是利用生产机械某运动部件上的撞块碰撞或碰压，以此来通断电路，实现控制的要求。当推杆 1 受到运动部件上的撞块碰撞并达到一定行程后，桥式动触点 3 的中心点过死点 O'' 并使桥式动触点 3 在弹簧 2 的作用下迅速从一个位置跳到另一个位置，完成接触状态转换，使动断触点先断开（桥式动触点 3 和静触点 4 分开），动合触点后闭合（桥式动触点 3 和静触点 5 闭合）。

注意：触点的闭合与分断速度不取决于推杆行进速度，而由弹簧的刚度和结构决定。各种结构的行程开关的触点动作原理基本类似，只是推杆部件的机构方式有所不同。普通行程开关允许操作频率为 1 200～2 400 次/h，机电寿命约为 $1\times106\sim2\times166$ 次。

4. 行程开关的图形符号及文字符号

行程开关的图形符号及文字符号如图 1.3.6 所示。

5. 行程开关的种类和常用型号

行程开关的种类很多，常用的行程开关有按钮式、单轮旋转式和双轮旋转式，后两种如图 1.3.7 所示。常用型号有 LX2、LX19、JLXK1 及 LXW–11、JLXW1–11 等。

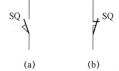

图 1.3.6　行程开关的图形及文字符号
（a）动合触点；（b）动断触点

LX19 及 JLXK1 型行程开关都具有一动合、一动断两对触点，并有自动复位（单轮式）和不能自动复位（双轮式）两种类型。

行程开关的型号及其含义如图 1.3.8 所示。

6. 行程开关的选用原则及安装和保养要求

（1）根据安装环境选择防护形式，即选择是开启式还是防护式。

（2）根据控制回路的电压和电流选择采用何种行程开关。

（3）根据机械与行程开关传力及位移关系选择合适的头部结构形式。

（4）根据机械位置对行程开关的要求及触点数目的要求来选择型号。

（5）安装位置开关时位置要准确，否则不能达到位置和限位控制的目的。

（6）应定期检查位置开关，以免触点接触不良而达不到行程和限位控制的目的。

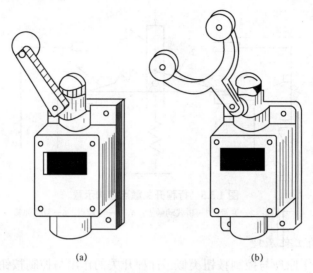

图 1.3.7　LX19 系列行程开关

（a）单轮旋转式；（b）双轮旋转式

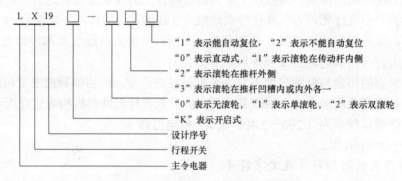

图 1.3.8　行程开关的型号及其含义

三、主令控制器

1. 主令控制器的用途

主令控制器又称主令开关，主要用于电气传动装置中按一定顺序分合触点，以达到发布命令或控制其他线路联锁、转换的目的。

2. 主令控制器的结构及特点

主令控制器按结构形式可分为凸轮调整式和凸轮非调整式两种。主令控制器的特点是：操作比较轻便、每小时允许通电次数较多、触点为双断点桥式结构。

3. 主令控制器的工作原理

主令控制器与万能转换开关相同，都是靠凸轮来控制触点系统的闭合。图 1.3.9 所示为主令控制器的工作原理，图中，1 和 6 是固定于方轴上的凸轮块；4 是接线柱，由它连向被操作的电路；静触点 3 由桥式动触点 2 来闭合与断开；动触点 2 固定于能绕转动轴 8

转动的支杆 5 上。当操作者用手柄转动凸轮块 6 的方轴使凸轮块达到推压小轮 7 带动支杆 5 向外张开时，将被操作的电路断电，在其他情况下（凸轮块离开推压轮）触点是闭合的。凸轮数量的多少取决于控制线路的要求。根据每块凸轮块的形状不同，可使触点按一定的顺序闭合与断开。这样只要安装一层层不同形状的凸轮块即可实现控制电路顺序地接通与断开。

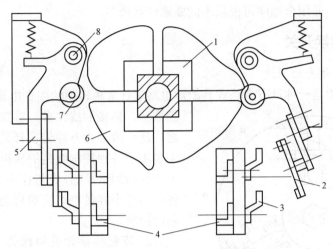

图 1.3.9　主令控制器的工作原理

1，6—凸轮块；2—动触点；3—静触点；4—接线柱；5—支杆；7—小轮；8—转动轴

4. 主令控制器的图形符号及文字符号

主令控制器的图形符号及文字符号如图 1.3.10（a）所示。图形符号中每一横线表示一路触点，而竖的虚线表示手柄位置。哪一路接通就在表示该位置的虚线上的触点下面用黑点 "•" 表示。触点通断也可用通断表来表示，如图 1.3.10（b）所示，表中的 "×" 表示触

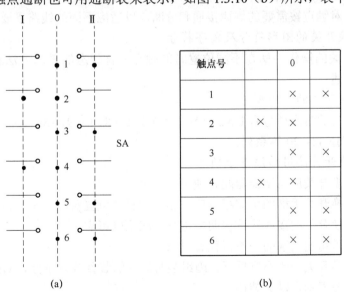

触点号		0	
1		×	×
2	×	×	
3		×	×
4	×	×	
5		×	×
6		×	×

（a）　　　　　　　　　　　　　　　（b）

图 1.3.10　主令控制器的图形符号及文字符号与通断表

（a）图形符号及文字符号；（b）通断表

点闭合，空白表示触点分断。例如，当主令控制器的手柄置于"Ⅰ"位时，触点"2""4"接通，其他触点断开；当手柄置于"Ⅱ"位时，触点"1""3""5""6"接通，其他触点断开等。

5. 主令控制器的常用型号

主令控制器的常用型号有 LK4、LK5、LK17 及 LK18 系列。其中，LK4 系列属于调整式主令控制器，即闭合顺序可根据不同要求任意调节。

四、万能转换开关

1. 万能转换开关的用途

万能转换开关是一种具有多挡式且能对电路进行多种转换的主令电器。由于它的触点挡数多，换接的线路多，能控制多个回路，用途广泛，故称为万能转换开关。万能转换开关主要用于各种控制线路的转换，电压表、电流表的换向测量控制，在操作不太频繁的情况下，也可用作小容量电动机的启动、调速、反向及制动控制。

2. 万能转换开关的结构

典型的万能转换开关结构示意如图 1.3.11 所示。它由操作机构、面板、手柄及触点座等部件组成，用螺栓组装成为整体。

3. 万能转换开关的工作原理

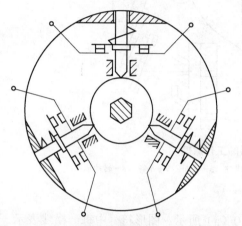

图 1.3.11 典型的万能转换开关结构示意

触点的分断与闭合由凸轮进行控制，由于每层凸轮可做成不同的形状，因此当用手柄将万能转换开关转到不同位置时，通过凸轮的作用，可以使各对触点按需要的规律接通和分断，以适应不同的线路需要。

4. 万能转换开关的图形符号及文字符号

万能转换开关的操作手柄在不同位置时的触点分合状态的表示方法和主令控制器相同，此处不再赘述。

5. 万能转换开关的常用型号

万能转换开关的常用型号有 LW2、LW5、LW6、LW8、LW9、LW10－10、LW12、LW15 和 3LB、3ST1、JXS2－20 等系列。

6. 万能转换开关使用的注意事项

（1）万能转换开关应与熔断器配合使用。

（2）万能转换开关手柄的位置指示应与相应的触片位置对应，定位机构应可靠。

（3）万能转换开关的接线应按说明书进行，应正确可靠。

（4）转换是以角度区别的，不得任意更改。

（5）万能转换开关一般不宜拆开，因组装时触片的装置难以掌握，如必须打开，必须作详细记录并画图表示，以免装错。

实训操作：主令电器的识别与检修

一、所需的工具、材料

（1）工具：尖嘴钳、螺钉旋具。

（2）仪表：数字式万用表 1 只、5050 型兆欧表 1 只。

（3）器材：不同型号的控制按钮、行程开关、主令控制器等若干。

二、实训内容和步骤

（1）在教师的指导下，仔细观察各种不同种类、不同结构形式的主令电器的外形和结构特点。

（2）由指导教师从所给主令电器中任选 5 种，用胶布盖住型号并编号，由学生根据实物写出其名称、型号，填入表 1.3.1。

表 1.3.1 主令电器的识别

序号	1	2	3	4	5	6	7	8
名称								
型号								

（3）机械旋转式主令控制器的检修步骤如下：

① 经初步判断认为电气控制系统发生故障时，应停机并用万用表的"R×10 Ω"挡对照电气符号图检测点的通断来确定主令控制器是否正常。

② 先将主令控制器旋转到对应的"停止""送风""低冷""高冷""低热""高热"挡位，根据主控开关切换挡位的控制功能，将两表笔分别接触外露的接线端（接线插片），如测出应接通位置不通（电阻值无限大），则说明内部触点断开或虚接。如测出应断开位置接通（电阻为 0 Ω），说明内部触点粘连，则说明主令控制器损坏。

③ 当主令控制器损坏时，一般不进行维修，而是直接更换同型号的主令控制器。

④ 若测出的各接线端接通或断开正常，则证明外围电路中引接线点或控制元件有故障，仍用万用表电阻挡顺序检测，查出故障点后予以更换。

三、注意事项

（1）注意万用表的使用。

（2）在拆卸过程中，不允许硬撬，以防损坏电器。

（3）耐心、认真地检查故障。

四、评分表

评分表见表 1.3.2。

表 1.3.2　"主令电器的识别与检修"评分表

项目	技术要求	配分	评分细则	评分记录
电气元件识别	正确识别	40	1. 识别错误、名称识别不正确，每个扣 3 分	
			2. 型号规格识别不正确，每个扣 2 分	
机械旋转式主令控制器的检修	正确检修	30	1. 没有检修或检修无效果，每次扣 5 分	
			2. 检修步骤及方法不正确，每次扣 5 分	
			3. 扩大故障，无法修复，扣 15 分	
	正确查出故障点	30	1. 不能进行校验和故障查找，扣 5 分	
			2. 故障查找方法不正确，每次扣 5 分	
			3. 故障查找结果不正确，扣 5 分	
定额工时（60 min）	准时		每超过 5 min，从总分中倒扣 3 分，但不超过 10 分	
安全、文明生产	满足安全、文明生产要求		违反安全、文明生产规定，从总分中倒扣 5 分	

维护操作

一、控制按钮的常见故障现象及处理方法

（1）故障现象：按下启动按钮时有触电感觉。其可能原因及处理方法见表 1.3.3。

表 1.3.3　可能原因及处理方法

可能原因	处理方法
启动按钮的防护金属外壳与连接导线接触	检查启动按钮内的连接导线
按钮帽的缝隙间充满铁屑，使其与导电部分形成通路	清扫启动按钮及触点

（2）故障现象：停止按钮失灵，不能断开电路。其可能原因及处理方法见表 1.3.4。

表 1.3.4　可能原因及处理方法

可能原因	处理方法
接线错误	更改接线
接线头松动或搭接在一起	检查停止按钮处连接线，必要时重新接线
铁尘过多或油污使停止按钮两动断触点形成短路	清扫停止按钮
复位弹簧失效，使触点接触不良	更换弹簧或更换停止按钮
胶木烧焦短路	更换停止按钮

（3）故障现象：按下停止按钮，再按启动按钮，被控电器不动作。其可能原因及处理方法见表1.3.5。

表1.3.5　可能原因及处理方法

可能原因	处理方法
被控电器有故障	检查被控电器
停止按钮的复位弹簧损坏	更换复位弹簧
按钮接触不良	清洗按钮触点

二、行程开关的常见故障现象及处理方法

（1）故障现象：挡铁碰撞开关，触点不动作。其可能原因及处理方法见表1.3.6。

表1.3.6　可能原因及处理方法

可能原因	处理方法
行程开关位置安装不当	调整行程开关到合适位置
触点接触不良	清洗触点
触点连接线脱落	紧固触点连接线

（2）故障现象：行程开关复位后，动断触点不能闭合。其可能原因及处理方法见表1.3.7。

表1.3.7　可能原因及处理方法

可能原因	处理方法
触杆被杂物卡住	清理卡住触杆的杂物
动触点脱落	重新调整动触点
弹簧弹力减退或被卡住	换弹簧或清理卡住物
触点偏斜	调整触点

（3）故障现象：推杆偏转后触点未动。其可能原因及处理方法见表1.3.8。

表1.3.8　可能原因及处理方法

可能原因	处理方法
行程开关位置太低	将行程开关上调到合适位置
机械卡阻	打开后盖清扫行程开关

三、主令控制器的常见故障现象及处理方法

（1）故障现象：触点过热或烧毁。其可能原因及处理方法见表1.3.9。

表 1.3.9　可能原因及处理方法

可能原因	处理方法
电路电流过大	选用较大容量的主令控制器
触点压力不足	调整或更换触点弹簧
触点表面有油污	清洗触点
触点超行程过大	更换触点

（2）故障现象：手柄转动失灵。其可能原因及处理方法见表 1.3.10。

表 1.3.10　可能原因及处理方法

可能原因	处理方法
定位机构损坏	修理或更换定位机构
静触点的固定螺钉松脱	紧固静触点的固定螺钉
主令控制器中落入杂物	清除主令控制器中的杂物

任务 4　熔断器的认知与检测

任务目标

（1）熟悉熔断器的用途、结构及工作原理。
（2）熟悉熔断器的图形符号、文字符号、常用型号及注意事项。
（3）熟悉熔断器的主要技术参数、类型及选择。
（4）掌握熔断器的常见故障、处理方法及维护时的注意事项。

知识储备

一、熔断器的认知

熔断器是一种过电流保护电器。当通过熔断器的电流超过规定值后，熔断器以其自身产生的热量使熔体熔化，从而使其所保护的电路断开。熔断器在低压配电系统的照明电路中起过载保护和短路保护作用，而在电动机控制电路中只起短路保护作用。熔断器作为保护电器，具有结构简单、使用方便、可靠性高、价格低廉等优点，在低压配电系统中被广泛应用。常用的熔断器如图 1.4.1 所示。

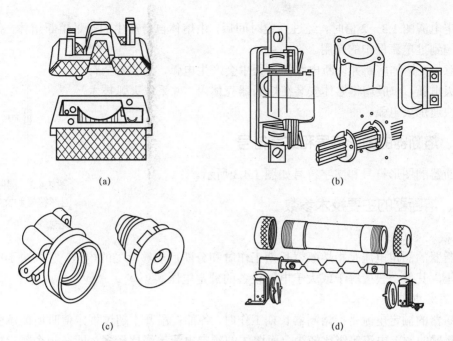

图 1.4.1 常用的熔断器

（a）瓷插式熔断器；（b）螺旋式熔断器；（c）封闭管式熔断器；（d）快速熔断器

熔断器型号含义如图 1.4.2 所示。

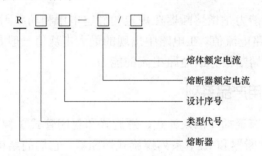

熔体额定电流

熔断器额定电流

设计序号

类型代号

熔断器

图 1.4.2 熔断器型号含义

设计序号：C—瓷插式；M—无填料封闭管式；L—螺旋式；T—有填料封闭管式；S—快速式；Z—自复式

二、熔断器的结构

熔断器由绝缘底座（或支持件）即熔断管、触点、熔体等组成。熔体是熔断器的主要工作部件，熔体常做成丝状、栅状或片状。熔体材料具有相对熔点低、特性稳定、易于熔断的特点，一般采用铅锡合金，镀银铜片以及锌、银等金属。

三、熔断器的工作原理

熔断器串入被保护电路中，在正常情况下，熔体相当于一根导线，这是因为在正常工作时，流过熔体的电流小于或等于它的额定电流，此时熔体发热温度尚未达到熔体的熔点，所以熔体不会熔断，电路保持接通而正常运行；当被保护电路的电流超过熔体的规定值并达到额定电流的 1.3～2 倍时，经过一定时间后，由熔体自身产生的热量熔断熔体，使电路断开，起到过电流保护的作用。

注意：在熔体熔断并切断电路的过程中会产生电弧，为了安全有效地熄灭电弧，一般均将熔体安装在熔断器壳体内，并采取灭弧技术措施，快速熄灭电弧。

FU

图 1.4.3　熔断器的图形符号和文字符号

四、熔断器的图形符号和文字符号

熔断器的图形符号和文字符号如图 1.4.3 所示。

五、熔断器的主要技术参数

1. 额定电压

熔断器的额定电压是指熔断器长期工作时和分断后能够承受的电压，它取决于电路的额定电压，其值一般应等于或大于电气设备的额定电压。

2. 额定电流

熔断器的额定电流是指熔断器长期工作时，各部件温升不超过规定值时所能承受的电流。熔断器的额定电流等级比较少，而熔体的额定电流等级比较多，即在一个额定电流等级的熔断管内可以分装不同额定电流等级的熔体，但熔体的额定电流最大不超过熔断管的额定电流。

3. 极限分断能力

熔断器的极限分断能力是指熔断器在规定的额定电压和功率因数（或时间常数）的条件下，能分断的最大短路电流值。在电路中出现的最大电流值一般是指短路电流值。所以，极限分断能力也反映了熔断器分断短路电流的能力。

六、熔断器的常用产品系列

熔断器的常用产品有瓷插（插入）式、螺旋式和封闭管式 3 种。机床电气线路中常用的是 RC1 系列瓷插式熔断器和 RL1 系列螺旋式熔断器，它们的结构如图 1.4.4 所示，技术数据分别列于表 1.4.1 及表 1.4.2 中。

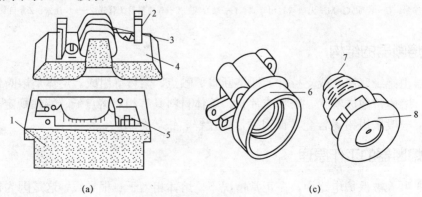

(a) (c)

图 1.4.4　熔断器的结构

（a）RC1 系列；（b）RL1 系列

1—瓷底座；2—动触点；3—熔体；4—瓷插件；5—静触点；6—瓷帽；7—熔芯；8—底座

表 1.4.1　RC1 系列瓷插式熔断器的技术数据

型号	熔断器额定电流/A	熔体额定电流/A
RC1 - 10	10	1，4，6，10
RC1 - 15	15	6，10，15
RC1 - 30	30	20，25，30
RC1 - 100	100	80，100
RC1 - 200	200	120，150，200

表 1.4.2　RL1 系列螺旋式熔断器的技术数据

型号	熔断器额定电流/A	熔体额定电流/A
RL1 - 15	15	2，4，6，10，15
RL1 - 60	60	20，25，30，35，40，50，60
RL1 - 100	100	60，80，100
RL1 - 200	200	100，125，150，200

1. 瓷插式熔断器

常用的瓷插式熔断器为 RC1 系列，主要用于交流 50 Hz、额定电压 380 V 及以下的电路末端，作为供配电系统导线及电气设备（如电动机、负荷开关）的短路保护，也可作为照明等电路的保护。

2. 螺旋式熔断器

螺旋式熔断器在熔断管内装有石英砂，将熔体置于其中，当熔体熔断时，电弧喷向石英砂及其缝隙，可迅速降温而熄灭电弧。为了便于监视，螺旋式熔断器一端装有指示弹球，不同的颜色表示不同的熔体电流，熔体熔断时，指示弹球弹出，表示熔体已熔断。螺旋式熔断器的额定电流为 5～200 A，主要用于短路电流大的分支电路或有易燃气体的场所。

3. 有填料封闭管式熔断器

有填料封闭管式熔断器是一种有限流作用的熔断器，由填有石英砂的瓷熔管、触点和镀银铜栅状熔体组成。有填料封闭管式熔断器均装在特制的底座上，如带隔离刀闸的底座或以熔断器为隔离刀的底座上，通过手动机构操作。有填料管式熔断器的额定电流为 50～1 000 A，主要用于短路电流大的电路或有易燃气体的场所。

4. 无填料封闭管式熔断器

无填料封闭管式熔断器的熔丝管是由纤维物制成的，使用的熔体为变截面的锌合金片。熔体熔断时，纤维熔管的部分纤维物因受热而分解，产生高压气体，使电弧很快熄灭。无填料封闭管式熔断器具有结构简单、保护性能好、使用方便等特点，一般与刀开关组合使用构成熔断器式刀开关。无填料封闭管式熔断器主要用于经常连续过载和短路的负载电路中，对负载实现过载和短路保护。

5. 快速熔断器

快速熔断器是一种快速动作型的熔断器，由熔断管、触点底座、动作指示器和熔体组成。熔体为银质窄截面或网状形式，只能一次性使用，不能自行更换。快速熔断器由于具有快速动作性，故常用于过载能力差的半导体元器件的保护。常用的半导体保护性熔断器有 NGT 型和 RS0、RS3 系列快速熔断器，以及 RLS21、RLS22 型螺旋式快速熔断器。

6. NT 型低压高分断能力熔断器

NT 型低压高分断能力熔断器是引进德国制造技术生产的产品，具有体积小、质量小、功耗小、分断能力强、限流特性好、周期性负载特性稳定等特点。该熔断器广泛用于额定电压至 660 V、交流额定频率 50 Hz、额定电流至 1 000 A 的电器中，它用于工矿企业电气设备过载和短路保护，与国外同类产品具有通用性和互换性。

NT 型低压高分断能力熔断器能可靠地保护半导体器件的晶闸管及其成套装置。其电压等级为交流 380～1 000 V，电流规格齐全，技术数据完整。

7. RZ1 型自复式熔断器

有填料和无填料封闭管式熔断器都有一个共同的缺点，即熔体熔断后，必须更换熔体方能恢复供电，从而使中断供电的时间延长，给供电系统和用电负载造成一定的停电损失。RZ1 型自复式熔断器弥补了这一缺点，它既能切断短路电流，又能在短路故障消除后自动恢复供电，无须更换熔体，但在线路中只能限制短路电流，不能切除故障电路，所以通常与低压断路器配合使用，或者组合为一种带自复式熔断体的低压断路器。如 DZ10-100R 型低压断路器就是 DZ10-100R 型低压断路器与 RZ1-100 型自复式熔断器的组合，利用自复式熔断器来切断短路电流，而利用低压断路器来通断电路和实现过载保护。RZ1 型自复式熔断器既能有效地切断短路电流，又能减少低压断路器的工作，提高供电可靠性。RZ1 型自复式熔断器实质上是一个非线性电阻。为了抑制分断时产生的过电压，并保证断路器的脱扣机构始终有一动作电流以保证其工作的可靠性，RZ1 型自复式熔断器要并联一个阻值为 80～120 MΩ 的附加电阻，如图 1.4.5 所示。

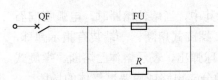

图 1.4.5　RZ1 型自复式熔断器应用电路

RZ1 型自复式熔断器的工业产品有 BZ1 系列等，它用于交流 380 V 的电路，与断路器配合使用。RZ1 型自复式熔断器的额定电流有 100 A、200 A、400 A、600 A 四个等级。

注意：尽管 RZ1 型自复式熔断器可多次重复使用，但技术性能却将逐渐劣化，故一般只能重复工作数次。

七、熔断器的选用原则

熔断器的选择主要根据熔断器的类型、额定电压、熔断器额定电流和熔体额定电流等进行。选择时要遵循如下原则。

1. 选择类型应满足线路、使用场合及安装条件的要求

主要根据负载的过载特性和短路电流的大小来选择熔断器的类型。电网配电一般用封闭管式熔断器；电动机保护一般用螺旋式熔断器；照明电路一般用 RC1 系列瓷插式熔断器；保护半导体元件，则应采用快速熔断器。

2. 合理选择熔断器所装熔体额定电流以满足电气设备不同情况的要求

各种电气设备都具有一定的过载能力，允许在一定条件下较长时间运行，但当负载超过允许值时，就要求熔体在一定时间内熔断。还有一些电气设备的启动电流很大，但启动

时间很短，所以要求该类电气设备的保护特性要适应电气设备运行的需要，要求熔断器在电动机启动时不熔断，在短路电流作用下和超过允许过载电流时，能可靠熔断，起到保护作用。熔体额定电流选择偏大，负载在短路或长期过载时不能及时熔断；选择过小，可能在正常负载电流作用下熔断，影响正常运行。为保证电气设备正常运行，必须根据负载性质合理地选择熔体额定电流。

（1）照明电路、电阻炉等没有冲击电流的负载，应使熔体额定电流大于或等于被保护负载的工作电流。

（2）熔断器的额定电流根据被保护的电路（支路）及电气设备的额定负载电流选择。熔断器的额定电流应等于或大于所装熔体的额定电流。

（3）各类电动机熔体额定电流的选择规则如下：

① 对于负载平稳无冲击的照明电路、电阻炉等，熔体额定电流不小于负载电路中的工作电流，即

$$I_{\text{FU}} \geqslant I$$

式中　I_{FU}——熔体的额定电流；

I——电路的工作电流。

② 对于单台长期工作的电动机，熔体电流可按最大启动电流选取，也可按下式选取：

$$I_{\text{FU}} = (1.5 \sim 2.5)I_{\text{N}}$$

式中　I_{FU}——熔体的额定电流；

I_{N}——电动机的额定电流。

如果电动机频繁启动，式中系数可适当加大至 3～3.5，具体应根据实际情况而定。

③ 对于多台长期工作的电动机（供电干线）的熔断器，熔体的额定电流应满足以下关系：

$$I_{\text{FU}} \geqslant (1.5 \sim 2.5)I_{\text{N max}} + \sum I_{\text{N}}$$

式中　$I_{\text{N max}}$——多台电动机中容量最大的一台电动机的额定电流；

$\sum I_{\text{N}}$——其余电动机额定电流之和。

当熔体额定电流确定后，根据熔断器额定电流不小于熔体额定电流来确定熔断器额定电流。

④ 降压启动的电动机选用熔体的额定电流等于或略大于电动机的额定电流。

⑤ 配电变压器低压侧：I_{FU} ＝变压器二次侧额定电流的 1.0～1.5 倍。

⑥ 并联电容器组：I_{FU} ＝电容器组额定电流的 1.3～1.8 倍。

⑦ 电焊机：I_{FU} ＝负载电流的 1.5～2.5 倍。

⑧ 电子整流元件：I_{FU} ≥整流元件额定电流的 1.57 倍。

3. 熔断器额定电压的选择

熔断器的额定电压应适应线路的电压等级且必须高于或等于熔断器工作点的电压。

4. 熔断器的保护特性

熔断器的保护特性应与被保护对象的过载特性相适应，考虑到可能出现的短路电流，可选用相应分断能力的熔断器。

5. 熔断器熔体的选择

应按要求选用合适的熔体，不能随意加大熔体或用其他导体代替熔体。

6. 熔断器的上、下级配合

熔断器的选择需考虑电路中其他配电电器、控制电器之间的选择性配合等要求。为使两级保护相互配合良好，两级熔体额定电流的比值应不小于 1.6:1，或对于同一个过载或短路电路，上一级熔断器的熔断时间至少是下一级的 3 倍。为此，应使上一级（供电干线）熔断器熔体的额定电流比下一级（供电支线）大 1~2 个级差。

八、熔断器的安装规则

（1）安装前要检查熔断器的型号、额定电流、额定电压、额定分断能力等参数是否符合规定要求。

（2）安装时应使熔断器与底座触刀接触良好，避免接触不良造成温升过高，引起熔断器误动作和损伤周围的电气元件。

（3）安装螺旋式熔断器时，应将电源进线接在瓷座的下接线端子上，出线接在螺纹壳的上接线端子上。

（4）安装熔体时，熔丝应沿螺栓顺时针方向弯过来，压在垫圈下，以保证接触良好，同时不能使熔丝受到机械损伤，以免减小熔丝的截面积，产生局部发热而造成误动作。

（5）熔断器安装位置及相互间的距离应便于更换熔体，有熔断指示的熔芯，指示器的方向应装在便于观察的一侧。在运行中应经常注意检查熔断器的指示器，以便及时发现电路单相运行情况。若发现瓷底座有沥青类物质流出，表明熔断器接触不良、温升过高，应及时处理。

九、更换熔断器熔体时的注意事项

（1）更换熔体时，必须切断电源，防止触电。更换熔体时，应按原规格更换，安装熔丝时，不能碰伤，也不要拧得太紧。

（2）更换新熔体时，要检查熔体的额定值是否与被保护电气设备匹配。熔断器熔断时应更换同一型号规格的熔断器。

（3）工业用熔断器应由专职人员更换，更换时应切断电源。用万用表检查更换熔体后的熔断器各部分是否接触良好。

（4）安装新熔体前，要找出熔体熔断的原因，未确定熔断原因时不要拆换熔体。

（5）更换新熔体时，要检查熔断管内部的烧伤情况，如有严重烧伤，应同时更换熔断管。瓷熔管损坏时，不允许用其他材质管代替。更换填料式熔断器的熔体时，要注意填充填料。

> **实训操作：熔断器的识别与熔体更换**

一、所需的工具、材料

（1）工具：尖嘴钳、螺钉旋具。

（2）仪表：数字式万用表 1 只。

（3）器材：在 RC1A、RL1、RT0、RM10 及 RS0 各系列中选择不少于两种规格的熔断器，具体规格可由指导教师根据实际情况给出。

二、实训内容和步骤

1. 熔断器的识别

（1）在教师的指导下，仔细观察各种型号规格的熔断器的外形和结构特点。

（2）由指导教师从所给的熔断器中任选 5 只，用胶布盖住其型号并编号，由学生根据实物写出其名称、型号规格及主要组成部分，填入表 1.4.3。

表 1.4.3　熔断器的识别

序号	1	2	3	4	5
名称					
型号规格					
结构					

2. 更换 RC1A 系列或 RL1 系列熔断器的熔体

（1）检查所给熔断器的熔体是否完好。对 RC1A 系列，可拔下瓷盖进行检查；对 RL1 系列，应首先检查熔断器的熔断指示器。

（2）若熔体已断，按原规格选配熔体。

（3）更换熔体。对 RC1A 系列熔断器，安装熔丝时熔丝缠绕方向要正确，安装过程中不得损坏熔丝。对 RL1 系列熔断器，熔体不能倒装。

（4）用万用表检查更换熔体后的熔断器各部分接触是否良好。

三、注意事项

（1）熔断器内应装合格的熔体，不能用多根小规格的熔体并联代替一根大规格的熔体。

（2）安装熔断器时，各级熔体应相互配合，并做到下一级熔体比上一级小。

（3）检查熔断器和熔体的额定值与被保护电气设备是否配合，外观有无损伤、变形，瓷绝缘部分有无闪烁放电痕迹，各接触点是否完好、接触紧密，有无过热现象以及熔断器的熔断信号指示器是否正常。

（4）熔断器应安装在各相线上，在三相四线或二相三线制的中性线上严禁安装熔断器，而在单相二线制的中性线上应安装熔断器。

四、评分表

评分表见表 1.4.4。

表 1.4.4 "熔断器的识别与熔体更换"评分表

项目	技术要求	配分	评分细则	评分记录
熔断器识别	正确识别	40	1. 识别错误、名称识别不正确，每个扣 4 分	
			2. 型号规格，识别不正确，每个扣 3 分	
			3. 结构不正确，每个扣 3 分	
熔体更换	正确更换	25	1. 更换不熟练，扣 5 分	
			2. 更换错误，每返工 1 次扣 5 分	
定额工时（60 min）	准时		每超过 5 min，从总分中倒扣 3 分，但不超过 10 分	
安全、文明生产	满足安全、文明生产要求		违反安全、文明生产规定，从总分中倒扣 5 分	

维护操作

一、熔断器的巡视检查

（1）检查熔断管有无破损变形现象，瓷绝缘部分有无闪烁放电痕迹。

（2）检查有熔断信号指示器的熔断器，其熔断信号指示器是否保持正常状态。

（3）熔断器的熔体熔断后，须先查明原因，排除故障。一般过载保护动作，熔断器的响声不大，熔丝熔断部位较短，熔管内没有烧焦的痕迹，也没有大量的熔体蒸发物附着在管壁上。变截面熔体在截面倾斜处熔断，是由过负载引起的。而熔丝爆熔或熔断部位很长，变截面熔体大，截面部位被熔化，一般是由短路引起的。

（4）使用时应经常清除熔断器表面的尘埃，在定期检修设备时，如发现熔断器损坏，应及时更换。

（5）插入与拔出熔断器时，须用规定的把手，不能直接操作或用不合适的工具插入或拔出。

（6）检查熔断器和熔体额定值与被保护电气设备是否匹配。

（7）检查熔断器各接触点是否完好与紧密接触，有无过热现象。

二、熔断器的使用维护

（1）熔体熔断时，要认真分析熔断的原因，常见的可能原因有：

① 短路故障或过载运行而正常熔断。

② 熔体因使用过久而受热氧化或在运行中温度过高，导致熔体特性变化而熔断。

③ 安装熔体时造成机械损伤，使熔体截面积变小而在运行中引起熔断。

（2）熔断器应与配电装置同时进行维修。维修的具体要求如下：

① 清扫熔断器上的灰尘，检查接触点的接触情况。

② 检查熔断器外观（取下熔断管）有无损伤、变形，瓷绝缘部分有无放电闪烁痕迹。

③ 检查熔断器、熔体与被保护电路或设备是否匹配，如有问题应及时处理。

④ 在检查 TN 接地系统中的 N 线时，注意在设备的接地保护线上不允许使用熔断器。
⑤ 检查维护熔断器时，要按安全规程要求切断电源，不允许通电摘取熔断管。

三、熔断器的常见故障现象及处理方法

（1）故障现象：电动机启动瞬间熔体熔断。其可能原因及处理方法见表 1.4.5。

表 1.4.5　可能原因及处理方法

可能原因	处理方法
熔体电流等级或规格选择太小	更换较大电流等级的熔体
电动机侧短路或接地	检查短路或接地故障并予以排除
熔体安装时被损伤	更换熔体

（2）故障现象：熔丝未熔断但电路不通。其可能原因及处理方法见表 1.4.6。

表 1.4.6　可能原因及处理方法

可能原因	处理方法
熔体两端或接线端接触不良	清扫并旋紧接线端
熔断器的螺帽盖未拧紧	拧紧熔断器的螺帽盖

（3）故障现象：熔断器过热。其可能原因及处理方法见表 1.4.7。

表 1.4.7　可能原因及处理方法

可能原因	处理方法
导线与刀开关、熔断器接线端压接不实，铝导线表面氧化、接触不良	处理表面的氧化物，并将相关电器的接线压实
铝导线直接接在铜接线端上，由于电化腐蚀现象，铝导线也易被腐蚀，使接触电阻增大，出现过热现象	采取相关措施，禁止直接将铝导线压在铜导线上

任务 5　接触器的认知与检测

任务目标

（1）熟悉接触器的结构、原理及类型。
（2）熟练掌握接触器的图形符号、文字符号、常用型号及用途。
（3）熟悉接触器的选用规则、安装注意事项及安装方法。
（4）熟练掌握接触器的日常维修及故障处理方法。

知识储备

一、接触器的认知

接触器在电力拖动系统和自动控制系统中有着广泛的应用，它是利用线圈流过电流产生磁场，使触点闭合，以达到控制负载的电器。它是一种电磁式自动切换电器。

在实际的电气应用中，接触器的型号很多，电流为5～1 000 A不等，用途相当广泛。由于接触器能快速切断交、直流主电路，也可频繁地接通与断开大电流（某些型号可达800 A）控制电路，因此接触器主要用于电动机的控制，也可用于其他电力负载如电热器、电焊机、电炉变压器等的控制。接触器如图1.5.1所示。

接触器不仅能自动地接通和断开电路，还具有控制容量大、低电压释放保护、寿命长、能远距离控制等优点。

根据接触器主触点流过的电流种类，接触器可分为交流接触器和直流接触器。本书以交流接触器为例进行讲解。

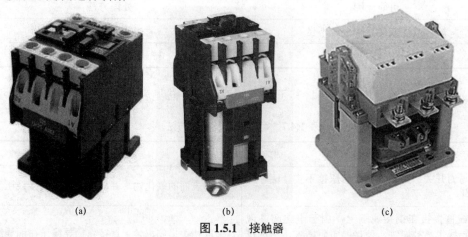

(a)　　　　　　　　　　　(b)　　　　　　　　　　　(c)

图1.5.1　接触器

（a）交流接触器；（b）直流接触器；（c）CJ20系列交流接触器

交流接触器的型号含义如图1.5.2所示。

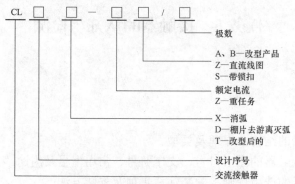

图1.5.2　交流接触器的型号含义

直流接触器的型号含义如图 1.5.3 所示。

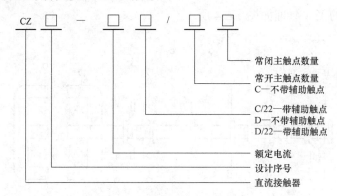

图 1.5.3　直流接触器的型号含义

二、交流接触器

1. 交流接触器的组成

交流接触器由触点系统、电磁机构和灭弧装置组成。各部分的特点、功能如下：

1) 触点系统

交流接触器的触点由银钨合金制成，具有良好的导电性和耐高温烧蚀性。交流接触器一般采用双断点桥式触点，两个触点串联在同一电路中，同时接通或断开。交流接触器的触点有主触点和辅助触点之分。主触点一般只有常开触点，用以通断大电流的主电路；辅助触点有动合和动断触点之分，用以通断小电流的控制电路。

2) 电磁机构

电磁机构用于操作触点的闭合或断开。交流接触器一般采用衔铁绕轴转动的拍合式电磁机构和衔铁作直线运动的电磁机构。由于交流接触器的线圈通交流电，在铁芯中存在磁滞和涡流损耗，会引起铁芯发热。为了减少涡流损耗和磁滞损耗，以免铁芯发热严重，铁芯通常由硅钢片叠铆而成。同时，为了减小机械振动和噪声，在静铁芯极面上装有分磁环（短路环）。

3) 灭弧装置

交流接触器分断大电流电路时，通常会在动、静触点之间产生很强的电弧，从而损伤触点。因此，交流接触器加装有灭弧装置。

较小容量（10 A 以下）的交流接触器，通常采用双断点桥式和电动力灭弧；较大容量（20 A 以上）的交流接触器，通常采用灭弧栅灭弧。

4) 其他部分

交流接触器的其他部分有底座、反力弹簧、缓冲弹簧、触点压力弹簧、传动机构和接线柱等。反力弹簧的作用是当吸引线圈断电时，使主触点和动合辅助触点迅速断开；缓冲弹簧的作用是缓冲衔铁在吸合时对静铁芯和外壳的冲击力；触点压力弹簧的作用是增加动、静触点之间的压力，增大接触面积以降低接触电阻，避免触点由于接触不良而过热灼伤，并有减振作用。

2. 交流接触器的工作原理

交流接触器的工作原理如图 1.5.4 所示。

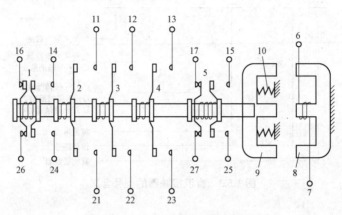

图 1.5.4　交流接触器的工作原理

当交流接触器的电磁吸引线圈 6、7 间通入交流电流以后，会产生很强的磁场，使静铁芯 8 被磁化，产生大于反力弹簧 10 弹力的电磁力，将衔铁 9 吸合。一方面，衔铁 9 的移动带动了固定在衔铁 9 上的传动杆移动，从而使固定在移动杆上的动触桥 2、3、4 上的动触点分别与接线柱 11 和 21、12 和 22、13 和 23 上的静触点闭合，接通主电路；另一方面，动断辅助触点（16 和 1、26 和 1 以及 17 和 5、27 和 5）首先断开，然后动合辅助触点（1 和 14、1 和 24 以及 5 和 15、5 和 25）分别闭合。当吸引线圈断电或外加电压过低时，在反力弹簧 10 的作用下衔铁 9 被释放，动合主触点断开，切断主电路；动合辅助触点首先断开，随后动断辅助触点恢复闭合。图中，11～17 和 21～27 为各触点的接线柱。

三、接触器的主要技术参数

1. 额定电压

接触器铭牌上标注的额定电压，是指主触点正常工作时的额定电压。交流接触器常用的额定电压等级有 127 V、220 V、380 V、660 V；直流接触器常用的额定电压等级有 110 V、220 V、440 V、660 V。

2. 额定电流

接触器铭牌上标注的额定电流，是指主触点的额定电流。交、直流接触器常用的额定电流等级有 10 A、20 A、40 A、60 A、100 A、150 A、250 A、400 A、600 A。若改变使用条件，额定电流也要随之改变。

3. 机械寿命与电气寿命

接触器是频繁操作的电器，有较长的机械寿命和电气寿命。目前有些接触器的机械寿命已达 1 000 万次以上，电气寿命达 100 万次以上。

4. 额定操作频率

额定操作频率指接触器在每小时内的最高操作次数。交、直流接触器的额定操作频率为 1 200 次/h 或 600 次/h。操作频率直接影响接触器的电气寿命及灭弧室的工作条件，对于交流接触器还影响线圈温升。

5. 主触点的接通和分断能力

主触点的接通和分断能力指主触点在规定的条件下能可靠地接通和分断的电流值。要求在该电流值下，接通时主触点不出现熔焊现象，分断时不产生长时间的燃弧现象。接触器的使用类别不同，对主触点的接通和分断能力的要求也不同。

6. 额定绝缘电压

额定绝缘电压是指接触器绝缘等级对应的最高电压。低压电器的绝缘电压一般为500 V。但根据需要，对于交流接触器可提高到 1 140 V，对于直流接触器可达 1 000 V。

四、接触器的图形符号、文字符号及常用型号

接触器的图形符号及文字符号如图 1.5.5 所示。

常用交流接触器的主要型号有 CJ10、CJ20、CJ24、CJX1、CJX2、NC2、NC6、B、CDC、CK1、CK2、EB、HC1 等系列。

常用直流接触器的主要型号有 CZ0 系列和 CZ18 系列。

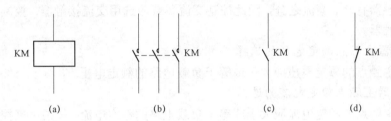

图 1.5.5　接触器的图形符号和文字符号
（a）线圈；（b）主触点；（c）动合辅助触点；（d）动断辅助触点

交流接触器的使用类别是指交流接触器所带负载性质及工作条件。根据交流接触器的使用类别不同，对交流接触器主触点的接通和分断能力的要求也不一样。

交流接触器的使用类别代号通常标注在产品的铭牌上或产品手册中。每种类别的交流接触器都具有一定的接通和分断能力。例如，AC-1 类允许接通和分断 2 倍的额定电流，AC-2 类允许接通和分断 4 倍的额定电流，AC-3 类允许接通 8～10 倍的额定电流和分断 6～8 倍的额定电流，AC-4 类允许接通 10～12 倍的额定电流和分断 8～10 倍的额定电流等，见表 1.5.1。

表 1.5.1　常见的交流接触器使用类别及典型用途

使用类别代号	典型用途
AC-1	无感或微感负载、电阻炉
AC-2	绕线转子感应电动机的启动、分断
AC-3	笼型感应电动机的启动、运转中分断
AC-4	笼型感应电动机的启动、反接制动或反向运转、点动
AC-5a	放电灯的通断
AC-5b	白炽灯的通断
AC 6a	变压器的通断

续表

使用类别代号	典型用途
AC－6b	电容器组的通断
AC－7a	家用电器和类似用途的低压感负载
AC－7b	家用的电动机负载
AC－8a	具有手动复位过载脱扣器的密封制冷压缩机的电动机控制
AC－8b	具有自动复位过载脱扣器的密封制冷压缩机的电动机控制

五、接触器的选用规则

选择接触器时应从其工作条件出发，主要考虑以下因素。

1. 接触器的类型选择

由于接触器有交、直流之分，因此控制交流负载应选用交流接触器，控制直流负载应选用直流接触器。

2. 接触器主触点额定电压的选择

接触器主触点的额定电压应大于或等于负载电路的额定电压。

3. 接触器主触点额定电流的选择

接触器主触点的额定电流应大于或等于负载电路的额定电流，如果用来控制电动机的频繁启动、正反转或反接制动，应将接触器主触点的额定电流降低一个等级使用。在低压电器控制系统中，380 V 的三相异步电动机是主要的控制对象，如果知道了电动机的额定功率，如 3 kW，则控制该电动机所使用接触器的额定电流大约是 6 A。

4. 接触器吸引线圈额定电压的选择

（1）交流接触器吸引线圈额定电压的选择。如果控制线路比较简单，使用的电器数量较少，则交流接触器吸引线圈的额定电压一般直接选用 380 V 或 220 V；如果控制线路比较复杂，使用的电器又比较多，为确保安全，交流接触器吸引线圈的额定电压可适当选小点。例如，交流接触器吸引线圈的额定电压可选择 127 V、36 V 等，这时需要附加一个控制变压器。

（2）直流接触器吸引线圈额定电压的选择。直流接触器吸引线圈的额定电压应根据控制电路的情况而定。同一系列、同一容量等级的直流接触器，其吸引线圈的额定电压有几种，在具体选择时，应尽量使吸引线圈的额定电压与直流控制电路的电压一致。

直流接触器的吸引线圈通的是直流电，交流接触器的吸引线圈一般通的是交流电。有时为了提高接触器的最大操作频率，交流接触器也有采用直流吸引线圈的。

> **实训操作：交流接触器（CJ10－20）的拆装与检修调试**

一、所需的工具、材料

所需的工具、材料见表 1.5.2。

表 1.5.2　所需的工具、材料

代号	名称	型号规格	数量
T	自耦调压器	TDGC2 – 10/0.5	1 台
KM	交流接触器	CJ10 – 20，380 V	1 个
QS1	刀开关	HK1 – 15/3	1 个
QS2	刀开关	HK1 – 15/2	1 个
FU1 FU2	熔断器	RL1 – 15/2 A	5 个
EL	白炽灯	220 V/25 W	3 个
A	交流电流表	85L1 – A，5 A	1 块
V	交流电流表	85L1 – V，400 V	1 块
—	万用表	数字式	1 块
—	开关板	500 mm × 400 mm × 30 mm	1 个
—	导线	BVR – 1.0 mm	若干
—	常用电工工具		1 套

二、实训内容和步骤

1. 拆卸

（1）拆下灭弧罩，如图 1.5.6 所示。

图 1.5.6　拆下灭弧罩

（2）拉紧主触点定位弹簧夹，将主触点侧转 45° 后［图 1.5.7（a）］取下主触点和压力弹簧片。

图 1.5.7　拆除主触点

（a）将主触头侧转 45°；（b）取下主触点及压力弹簧片

（3）松开辅助常开静触点的螺钉，卸下辅助常开静触点，如图 1.5.8 所示。

（4）用手按压底盖板，卸下螺钉，取下底盖板，如图 1.5.9 所示。

图 1.5.8　卸下辅助常开静触点　　　　　　　图 1.5.9　取下底盖板

（5）取出静铁芯和静铁芯支架及缓冲弹簧，如图 1.5.10 所示。

（6）拔出线圈弹簧片，取出线圈，如图 1.5.11 所示。

图 1.5.10　取下静铁芯和静铁芯支架及缓冲弹簧　　图 1.5.11　拔出线圈弹簧片，取出线圈

（7）取出反作用弹簧和动铁芯塑料支架，如图 1.5.12 所示。

（8）从支架上取下动铁芯定位销，取下动铁芯，如图 1.5.13 所示。

图 1.5.12　取出反作用弹簧和动铁芯塑料支架

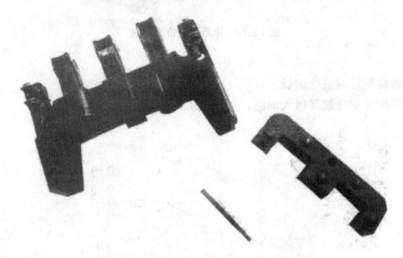

图 1.5.13　取下动铁芯定位销，取下动铁芯

2. 检修

（1）检查灭弧罩有无破裂或烧损，清除灭弧罩内的金属飞溅物和颗粒，保持灭弧罩内清洁。

（2）检查触点磨损的程度，磨损严重时应更换触点。若不需要更换，清除表面上烧毛的颗粒。

（3）检查触点压力弹簧及反作用弹簧是否变形和弹力不足。

（4）检查铁芯有无变形及端面接触是否平整。

（5）用万用表检查线圈是否有短路或断路现象，如图 1.5.14 所示。

将万用表旋到电阻 "$R \times 10$" 挡位进行测量，首先进行欧姆调零，然后进行测量。如果测量电阻值很小或为 "O"，则线圈短路；如果电阻值很大或为 "∞"，则线圈断路，应更换线圈。

3. 装配

按拆除的逆序进行装配。

图 1.5.14　用万用表检查线圈

4. 调试

将接触器装配好后进行调试。

（1）将装配好的接触器接入电路，如图 1.5.15 所示。

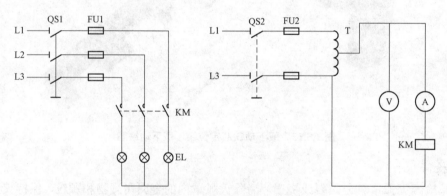

图 1.5.15　交流接触器校验电路

（2）将自耦调压器调到零位。

（3）合上开关 QS1、QS2，均匀调节自耦调压器，使输出电压逐渐增大，直到接触器吸合为止，此时电压表上的电压值就是接触器吸合动作电压值，该电压值应小于或等于接触器线圈额定电压的 85%。接触器吸合后，接在接触器主触头上的灯应亮。

（4）保持吸合电压值，直接分合开关 QS2 两次，以校验其动作的可靠性。

（5）均匀调节自耦调压器，使输出电压逐渐减小，直到接触器释放为止，此时电压表上的电压值就是接触器释放电压值，该电压值应大于接触器线圈额定电压的 50%。

（6）调节自耦调压器，使输出电压等于接触器吸引线圈的额定电压，观察、倾听接触器铁芯有无振动及噪声。如果振动，指示灯应有明暗交替的现象。

（7）测量、调整触头压力。

① 断开开关 QS1、QS2，拆除主触点上的接线。

② 把一张厚度为 0.1 mm（比主触头稍宽）的纸条放在主触点的动、静触点之间。

③ 合上开关 QS2，使接触器在线圈额定电压下吸合。用手拉动纸条，若触点压力合适，稍用力即可拉出。触点压力小，纸条很容易拉出，触点压力大，纸条容易拉断，这都不合适，需要调整或更换触点弹簧，直到符合要求为止。

三、注意事项

（1）拆卸前，应备有盛装零件的容器，以免零件丢失。

（2）在拆卸过程中，不允许硬撬，以免损坏电气元件。

（3）装配辅助静触点时，要防止卡住动触点。自耦调压器金属外壳必须接地。

（4）调节自耦调压器时，应均匀用力，不可过快。

（5）通电调试时，接触器必须固定在开关板上，并在指导教师的监护下进行。

（6）要做到安全操作和文明生产。

四、评分表

评分表见表 1.5.3。

表 1.5.3　"交流接触器（CJ10－20）的拆装与检修调试"评分表

项目	技术要求	配分	评分细则	评分记录
拆卸与装配	正确拆装	20	1. 拆卸步骤及方法不正确，每次扣 3 分	
			2. 拆装不熟练，扣 3 分	
			3. 丢失零件，每个扣 2 分	
			4. 拆装后不能组装，扣 10 分	
			5. 损坏零件，扣 2 分	
检修	正确检修	30	1. 没有检修或检修无效果，每次扣 5 分	
			2. 检修步骤及方法不正确，每次扣 5 分	
			3. 扩大故障，无法修复，扣 20 分	
校验	正确校验	25	1. 不能进行通电校验，扣 5 分	
			2. 校验方法不正确，每次扣 2 分	
			3. 校验结果不正确，扣 5 分	
			4. 通电时有振动或噪声，扣 10 分	
调整触头压力	正确调整	25	1. 不能判断触头压力，扣 10 分	
			2. 触点压力调整方法不正确，扣 15 分	
定额工时（60 min）	准时		每超过 5 min，从总分中倒扣 3 分，但不超过 10 分	
安全、文明生产	满足安全、文明生产要求		违反安全、文明生产规定，从总分中倒扣 5 分	

维护操作

一、接触器的日常维护

（1）交流接触器的触点不能涂油，以防止短路时触点烧弧，烧坏灭弧装置。

（2）定期检查接触器的零部件，要求可动部分动作灵活，紧固件无松动。已损坏的零件应及时修理或更换。

（3）检查外部有无灰尘、使用环境是否有导电粉尘及过大的振动、通风是否良好。

（4）检查负载电流是否在接触器的额定值以内。

（5）检查出线的连接点有无过热现象，压紧螺钉是否松脱。

（6）检查接触器的振动情况，拧紧各螺栓。

（7）监听接触器有无放电声等异常声响。

（8）检查分合信号指示是否与接触器工作状态相符。

（9）检查线圈有无过热、变色和外层绝缘老化现象，如果线圈温度超过 65 ℃，则说明线圈过热，有可能发生匝间短路。

（10）检查灭弧罩是否松动，罩内有无电弧烧烟现象，如灭弧罩内有电弧烧烟现象，可用小刀和布条除去黑烟和金属熔粒。

（11）检查接触器是否吸合良好、触点有无打火及过大的振动声、断一相电源后是否回到正常位置。

（12）检查触点磨损情况。

① 对于银或者银基合金触点，表面因电弧作用而生成黑色氧化膜时不必锉去，因为这种氧化膜的导电性很好，锉去了反而缩短了触点的使用寿命。

② 若触点凹凸不平，可用细锉修平打光，不可用砂布打磨，以防砂粒嵌入触点，影响正常工作。

③ 若触点烧伤严重，开焊脱落，或磨损厚度超过 1 mm，则应更换。

④ 修理辅助触点时，可用电工刀背仔细刮修，不可用锉刀修理，因为辅助触点质软层薄，用锉刀修理会大大缩短触点的使用寿命。

（13）检查三相电的同时性，可通过调节触点弹簧来进行。用 500 V 兆欧表测量两相间的绝缘电阻，应不低于 10 MΩ。

（14）检查绝缘杆有无裂损现象。

（15）对于金属外壳接触器，还应检查接地是否良好。

（16）在去掉灭弧罩的情况下，不能使用接触器，以免在触点分断时造成相间短路。陶土制成的灭弧罩易碎，避免因碰撞而损坏，要及时清除灭弧室内的炭化物。

二、交流接触器的常见故障现象及处理方法

（1）故障现象：电磁铁噪声大。其可能原因及处理方法见表1.5.4。

表 1.5.4　可能原因及处理方法

可能原因	处理方法
电源电压过低	调整电源电压到合适值
弹簧反作用力过大	调整弹簧压力
短路环断裂（交流）	更换短路环
铁芯端面有污垢	清刷铁芯端面
电磁系统歪斜，使铁芯不能吸平	调整机械部分
铁芯端面过度磨损	更换铁芯

（2）故障现象：吸引线圈过热或烧损。其可能原因及处理方法见表 1.5.5。

表 1.5.5　可能原因及处理方法

可能原因	处理方法
电源的电压过高或过低	调整电源电压到合适值
吸引线圈的额定电压与电源电压不符	更换吸引线圈或接触器
操作频率过高	选择合适的接触器
吸引线圈由于机械损伤或附有导电灰尘而匝间短路	排除短路故障，更换吸引线圈并保持清洁
环境温度过高	改变安装位置或采取降温措施
空气潮湿或含腐蚀性气体	采取防潮、防腐蚀措施
交流铁芯极面不平	清除极面或调整铁芯

（3）故障现象：接触器不释放或释放缓慢。其可能原因及处理方法见表 1.5.6。

表 1.5.6　可能原因及处理方法

可能原因	处理方法
触点弹簧压力过小	调整触点弹簧压力
触点熔焊	排除熔焊故障，更换触点
机械可动部分被卡住，转轴生锈或歪斜	排除卡住现象，修理受损零件
反力弹簧损坏	更换反力弹簧
铁芯端面有油污或有灰尘附着	清理铁芯端面
铁芯剩磁过大	退磁或更换铁芯
安装位置不正确	重新安装到合适位置
线圈电压不足	调整线圈电压到规定值
E 形铁芯寿命到期，剩磁增大	更换 E 形铁芯

（4）故障现象：触点烧伤或熔焊。其可能原因及处理方法见表1.5.7。

表 1.5.7　可能原因及处理方法

可能原因	处理方法
某相触点接触不好或连接螺钉松脱，使电动机缺相运行，发出嗡嗡声	立即停车检修
触点压力过小	调整触点压力
触点表面有金属颗粒等异物	清理触点表面的金属颗粒等异物
操作频率过高或工作电压过大，断开容量不够	调换容量较大的接触器
长期过载使用	更换合适的接触器
触点的断开能力不够	更换接触器
环境温度过高或散热不好	降低接触器容量的使用
触点的超程过小	调整超程或更换触点
负载侧短路，触点的断开容量不够大	改用容量较大的接触器

（5）故障现象：吸引线圈吸不上或吸不足（即触点已闭合而铁芯尚未完全吸合）。其可能原因及处理方法见表1.5.8。

表 1.5.8　可能原因及处理方法

可能原因	处理方法
电源电压过低或波动太大	调高电源电压
吸引线圈断线、配线错误及触点接触不良	更换吸引线圈、检查线路、修理控制触点
吸引线圈的额定电压与使用条件不符	更换吸引线圈
衔铁或机械可动部分被卡住	消除卡住物
触点弹簧压力过大	按要求调整触点参数

（6）故障现象：相间短路。其可能原因及处理方法见表1.5.9。

表 1.5.9　可能原因及处理方法

可能原因	处理方法
可逆转的接触器联锁不可靠，导致两个接触器同时投入运行而造成相间短路	查电气联锁与机械联锁
接触器动作过快，发生电弧短路	更换动作时间较长的接触器
尘埃或油污使绝缘变差	经常清理使其保持清洁
零件损坏	更换损坏零件

（7）故障现象：吸引线圈通电后不能闭合。其可能原因及处理方法见表1.5.10。

表 1.5.10　可能原因及处理方法

可能原因	处理方法
吸引线圈断电或烧坏	修理或更换吸引线圈
动铁芯或机械部分被卡住	调整零件位置，消除卡住现象
转轴生锈或歪斜	除锈，涂润滑油或更换零件
操作回路电源容量不足	增加电源容量
弹簧压力过大	调整弹簧压力

（8）故障现象：灭弧罩碎裂。其可能原因及处理方法见表 1.5.11。

表 1.5.11　可能原因及处理方法

可能原因	处理方法
原有接触器的灭弧罩损坏或丢失	及时更换或加装灭弧罩

任务 6　低压断路器的认知与检测

任务目标

（1）熟悉低压断路器的用途、结构及工作原理。
（2）熟悉低压断路器的常用型号、图形符号及文字符号。
（3）熟悉低压断路器的主要技术参数和典型产品系列。
（4）熟悉常用低压断路器的选择、安装、使用及其注意事项。
（5）熟练掌握低压断路器的日常维修及故障处理方法。

知识储备

一、低压断路器的认知

低压断路器又称自动空气开关，其功能相当于熔断器、刀开关、欠压继电器、热继电器及过电流继电器等的组合，是一种既有手动开关功能，又能自动实现失压、欠压、过载和短路保护的电器。低压断路器主要用于低压动力线路中分配电能，不频繁地启动三相异步电动机，对电源线路及电动机等实现保护，当它们发生严重过载、短路及欠压等故障时能自动切断电路，而且在分断故障电流后一般不需要变更零部件。低压断路器如图 1.6.1 所示。

图 1.6.1 低压断路器

（a）微型断路器；（b）塑壳断路器；（c）框架断路器

低压断路器型号及含义如图 1.6.2 所示。

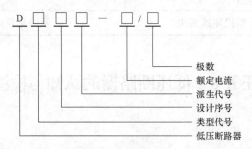

极数
额定电流
派生代号
设计序号
类型代号
低压断路器

图 1.6.2 低压断路器型号及含义

派生代号说明：L—漏电

类型代号说明：W—万能式；WX—万能式限流型；Z—型料外壳式；ZL—漏电断路器；ZX—塑料外壳式限流型

二、低压断路器的结构及工作原理

各种低压断路器在结构上都由触点系统、灭弧装置、各种可供选择的脱扣器与操作机构等几部分组成。主触点由耐弧合金制成，采用灭弧栅片灭弧。操作机构较复杂，是实现低压断路器闭合、断开的机构，其通断可用操作手柄操作，也可用电磁机构操作。通常电力拖动控制系统中的断路器采用手动操作机构，低压配电系统中的断路器采用电磁操作机构和电动机操作机构。

低压断路器的工作原理如图 1.6.3 所示。

低压断路器的主触点 1 是靠操作机构手动或电动合闸的，并由自动脱扣机构将主触点 1 锁在合闸位置上。如果电路发生故障，自动脱扣机构在相关脱扣器的推动下动作，使传动杆 2 与锁扣 3 之间的钩子脱开，于是主触点 1 在分闸弹簧 8 的作用下迅速分断。过电流脱扣器 4 的线圈和过载脱扣器 5 的线圈与主电路串联，失压脱扣器 6 的线圈与主电路并联。当电路发生短路或严重过载时，过电流脱扣器 4 的衔铁被吸合，使自动脱扣机构动作；当电路过载时，过载脱扣器 5 的热元件产生的热量增加，使双金属片向上弯曲，推动自动脱扣机构动作；当电路失压时，失压脱扣器 6 的衔铁释放，也使自动脱扣机构动作。分励脱扣器 7 则作为远距离分断电路使用，根据操作人员的命令或其他信号使线圈通电，从而使低压断路器跳闸。

低压断路器根据不同用途可配备不同的脱扣器。

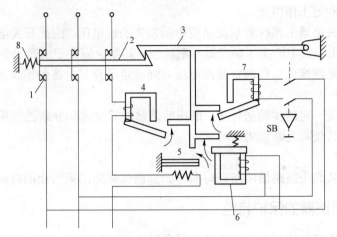

图 1.6.3 低压断路器的工作原理

1—主触点；2—传动杆；3—锁扣；4—过电流脱扣器；5—过载脱扣器；6—失压脱扣器；7—分励脱扣器；8—分闸弹簧

三、低压断路器的常用型号、图形符号及文字符号

低压断路器的常用型号有 DZ10、DZ5 – 20 和 DZ5 – 50 系列，适用于交流电压 500 V、直流电压 220 V 以下的电路中，用于不频繁地接通和断开电路。

低压断路器的图形符号及文字符号如图 1.6.4 所示。

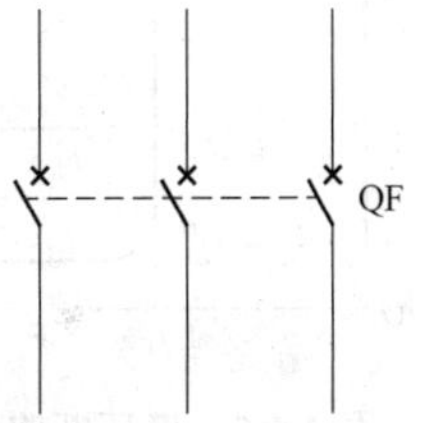

图 1.6.4 低压断路器的图形符号及文字符号

四、低压断路器的分类

低压断路的分类方法有以下几种：

（1）按操作方式分为电动操作、储能操作和手动操作三类；

（2）按结构分为万能式和塑料外壳式两类；

（3）按使用类别分为选择型和非选择型两类；

（4）按灭弧介质分为油浸式、真空式和空气式三类；

（5）按安装方式分为插入式、固定式和抽屉式三类。

五、低压断路器的主要技术参数

1. 额定电流

低压断路器的额定电流就是通过过电流脱扣器的额定电流，一般是指低压断路器的额定持续电流。

2. 额定电压

额定电压分为额定工作电压、额定绝缘电压和额定脉冲电压。

（1）低压断路器的额定工作电压，在数值上取决于电网的额定电压等级，国家电网标准规定为交流 220 V、380 V、660 V、1 140 V 及直流 220 V、400 V 等。应该注意，同一低压断路器可以规定在几种额定工作电压下使用，但相应的通断能力并不相同。

（2）额定绝缘电压，是设计低压断路器的电压值。一般情况下，额定绝缘电压就是低压断路器的最大额定工作电压。

（3）由于开关电器工作时要承受系统中所发生的过电压，因此开关电器（包括低压断路器）的额定电压参数中给定了额定脉冲耐压值，其数值应大于或等于系统中出现的最大过电压峰值。额定绝缘电压和额定脉冲电压共同决定了开关电器的绝缘水平。

3. 通断能力

通断能力指在一定的实验条件下，低压断路器能够接通和分断的预期电流值，常以最大通断电流表示其极限通断能力。

4. 分断时间

分断时间指从低压断路器的断开时间开始到燃弧时间结束为止的时间间隔。

六、低压断路器的保护特性

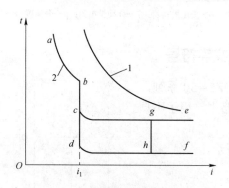

低压断路器的保护特性主要是指其过载和过电流保护特性，即低压断路器的动作时间与过载脱扣器、过电流脱扣器的动作电流的关系特性。为了能起到良好的保护作用，低压断路器的保护特性应同保护对象的允许发热特性匹配，即低压断路器的保护特性应位于保护对象的允许发热特性之下，如图 1.6.5 所示。其中，曲线 1 为保护对象的发热特性曲线，曲线 2 为低压断路器的保护特性曲线。

图 1.6.5 低压断路器的保护特性曲线
1—保护对象的发热特性曲线；
2—低压断路器的保护特性曲线

为了充分利用电气设备的过载能力，尽可能缩小事故范围，低压断路器的保护特性必须具有选择性，即它应当是分段的。保护特性的 *ab* 段是过载保护部分，它是反时限的，即动作电流的大小与动作时间的长短成反比。*df* 段是瞬时动作部分，只要故障电流超过 i_1，过电流脱扣器便瞬时动作，切除故障电路。*ce* 段是定时限延时动作部分，只要故障电流超过 i_1，过电流脱扣器经过一定的延时后即动作，切除故障电路。根据需要，低压断路器的保护特性可以是两段式的，如 *abdf* 式（即过载长延时和短路瞬时动作）和 *abce* 式（即过载长延时和短路短延时动作）。为了获得更完整的选择性和上、下级开关间的协调配合，还可以有三段式的保护特性，即 *abcghf* 式（过载长延时、短路短延时和特大短路瞬时动作）。

七、低压断路器常见产品系列

1. 框架式低压断路器

框架式低压断路器又称万能式低压断路器，主要用于容量为 40～100 kW 电动机电路的不频繁全压启动，并起短路、过载、失压保护作用。其额定电压一般为 380 V，额定电流有 200～4 000 A 若干种。其操作方式有手动、杠杆、电磁铁和电动机操作 4 种。常见的框架式低压断路器有 DW 系列等。

（1）DW10 系列低压断路器。它适用于交流 50 Hz、额定电压为交流 380 V 及以下和直流电压 440 V 及以下的配电电路中，作为过负载、短路及失压保护，以及用于正常工作条件下的不频繁转换电路。由于其技术指标较低，现已被逐渐淘汰。

（2）DW15 系列低压断路器。它是更新换代产品，适用于交流 50 Hz、额定电压为交流 380 V 的配电电路中，其额定电流为 200～4 000 A，极限分断能力均比 DW10 系列大一位。它分选择型和非选择型两种产品，选择型（具有三段特性）的采用半导体脱扣器。在 DW15 系列低压断路器的结构基础上，适当改变触点的结构，则制成 DWX15 系列限流式低压断路器，在正常情况下，它可用于电路的不频繁通断及电动机的不频繁启动。它具有快速断开和限制短路电流上升的特点，因此特别适用于可能发生特大短路电流的电路中。

除此之外，还有引进国外先进技术生产的 ME、AE、AH 及 3WE 等系列的具有高分断能力的框架式低压断路器。

2. 塑料外壳式低压断路器

塑料外壳式低压断路器又称装置式低压断路或塑壳式低压断路器，一般用作配电线路的保护开关以及电动机和照明线路的控制开关等。

塑料外壳式低压断路器具有一个绝缘塑料外壳，其触点系统、灭弧室及脱扣器等均安装于外壳内，而手动扳把露在正面壳外，可手动或电动分合闸。它也有较高的分断能力和动稳定性以及比较完善的选择性保护功能。

（1）LS 系列塑料外壳式低压断路器：额定电流为 3～1 600 A，其特点是体积小、易于安装、性能好、可靠性高、容量大。

（2）MEC 系列塑料外壳式低压断路器：额定电流为 3～1 600 A，额定工作电压为交流 600 V（50/60 Hz），额定绝缘电压为直流 690 V（50/60 Hz）。

目前国产的塑料外壳式低压断路器有 DZ5、DZ10、DZ12、DZ15、DZX10、DZX19、DZ20、DM1、SM1、CCM1、RMM1、HSM1、HM3、TM30、CM1 等系列的产品。其中，DZX10 和 DZX19 系列为限流式低压断路器，二者均是利用短路电流通过结构特殊的触点回路时产生的巨大电动斥力实现迅速分断来达到限流的目的，它能在 4～5 ms 内使短路电流不再上升，在 8～10 ms 内可全部分断电路。

3. 智能型万能式低压断路器

智能型万能式低压断路器是在万能式低压断路器的基础上增设了智能型控制器，使其功能更加现代化，既能实施自动控制，又能实施智能控制。

目前常见的智能型万能式低压断路器有 CB11（DW48）、F、CW1、JXW1、MA40（DW40）、MA40B（MA45）、NA1、SHTW1（DW45）、YSA1 等系列。

八、低压断路器的选用原则

（1）低压断路器的额定电压应大于或等于线路或设备的额定电压。对于配电电路应注意区别是电源端保护还是负载保护，电源端电压应比负载端电压高出 5%左右。

（2）低压断路器的额定电流大于或等于电路计算负载电流。

（3）低压断路器的过载脱扣整定电流与所控制的电动机的额定电流或负载额定电流一致。

（4）低压断路器的额定短路通断能力大于或等于电路中可能出现的最大短路电流。

（5）低压断路器的欠电压脱扣器额定电压等于电路额定电压。

（6）低压断路器的类型应根据电路的额定电流及保护的要求来选择。

（7）低压断路器热脱扣器的整定电流等于所控制负载的额定电流。

九、低压断路器的安装使用注意事项

（1）应将低压断路器脱扣器工作面的防锈油脂擦干净；各脱扣器的动作值一经调整好，不允许随意变动，以免影响动作值。

（2）低压断路器应垂直于配电板安装，电源引线应接到上端，负载引线应接到下端。

（3）低压断路器用作电源开关或电动机控制开关时，在电源进线侧必须加装熔断器或刀开关等，以形成明显的断开点。

（4）运行中应保证灭弧罩完好无损，严禁无灭弧罩使用或使用破损灭弧罩。

（5）如果分断的是短路电流，应及时检查触点系统，若发现电灼烧痕，应及时修理或更换。

（6）框架式低压断路器的结构较复杂，除要求接线正确外，机械传动机构也应灵活可靠。运行中可在转动部分涂少许机油，脱扣器线圈铁芯吸合不好时，可在它的下面垫以薄片，以减小衔铁与铁芯的距离而使引力增大。

（7）低压断路器上的积灰应定期清除，并定期检查各脱扣器动作值，给操作机构加合适的润滑剂。

（8）低压断路器的整定电流分为过负载和短路两种，运行时应按周期核校整定电流值。

（9）开关投入使用前应将各电磁铁工作面的防锈油漆擦干净，以免影响开关的动作值。

实训操作：低压断路器的认识与维护

一、所需的工具、材料

（1）工具：测电笔、螺钉旋具、尖嘴钳、斜口钳、剥线钳、电工刀等。

（2）仪表：数字式万用表 1 只。

（3）器材：低压断路器 DZ5－20 系列、DZ47 系列、DW 10 系列各 1 个。

二、实训内容和步骤

（1）由指导教师从所给低压断路器中任选 5 种，用胶布盖住型号并编号，由学生根据实物写出其名称、型号，填入表 1.6.1。

表 1.6.1　低压断路器的识别

序号	1	2	3	4	5
名称					
型号					

（2）低压断路器的维护训练。

维护步骤如下：

① 清扫低压断路器上的尘土，擦去电磁铁防锈面上的防锈油脂，并检查各紧固螺钉是否完好。

② 检查低压断路器各相之间的绝缘性能。

③ 在不带电的情况下，合、分闸数次，检验动作的可靠性。

④ 检查脱扣器的工作状态，练习调整整定值。

⑤ 检查电磁铁表面及间隙是否正常、清洁，短路环有无损伤，弹簧有无腐蚀。

⑥ 检查灭弧室有无破裂或松动、外观是否完整、有无喷痕或受潮迹象。

三、注意事项

（1）拆卸时，应备有盛放零件的容器，以防丢失零件。

（2）在拆卸过程中，不允许硬撬，以防损坏电器。

（3）耐心、认真地检查故障。

四、评分表

评分表见表 1.6.2。

表 1.6.2 "低压断路器的认识与维护"评分表

项目	技术要求	配分	评分细则	评分记录
低压断路器的识别	正确识别	30	1. 识别错误，名称识别不正确，每个扣 3 分	
			2. 型号规格识别不正确，每个扣 2 分	
低压断路器的维护	正确拆装	30	1. 拆卸步骤及方法不正确，每次扣 3 分	
			2. 拆装不熟练，扣 3 分	
			3. 丢失零件，每个扣 2 分	
			4. 拆装后不能组装，扣 8 分	
			5. 损坏零件，扣 2 分	
	正确维护	40	1. 没有维护或维护无效果，每次扣 5 分	
			2. 维护步骤及方法不正确，每次扣 5 分	
			3. 扩大故障，无法修复，扣 15 分	
定额工时（60 min）	准时		每超过 5 min，从总分中倒扣 3 分，但不超过 10 分	
安全、文明生产	满足安全、文明生产要求		违反安全、文明生产规定，从总分中倒扣 5 分	

维护操作

一、低压断路器的常见故障现象及处理方法

（1）故障现象：手动操作低压断路器不能闭合。其可能原因及处理方法见表 1.6.3。

表 1.6.3　可能原因及处理方法

可能原因	处理方法
欠电压脱扣器无电压或线圈损坏	检查线路，施加电压或更换线圈
储能弹簧变形，导致闭合力减小	更换储能弹簧
反力弹簧的反力过大	重新调整反力弹簧的反力
机构不能复位再扣	调整再扣接触面至规定值

（2）故障现象：电动操作低压断路器不能闭合。其可能原因及处理方法见表 1.6.4。

表 1.6.4　可能原因及处理方法

可能原因	处理方法
操作电源电压不符	调换电源
电源容量不够	增大电源容量
电磁铁拉杆行程不够	重新调整或更换电磁铁拉杆
电动机操作定位开关变位	重新调整
控制器中整流管或电容器损坏	更换损坏元件

（3）故障现象：有一相触点不能闭合。其可能原因及处理方法见表 1.6.5。

表 1.6.5　可能原因及处理方法

可能原因	处理方法
低压断路器的一相连杆断裂	更换连杆
限流式低压断路器拆开机构的可拆连杆之间的角度变大	调整至原技术条件规定值

（4）故障现象：分离脱扣器不能使低压断路器分断。其可能原因及处理方法见表 1.6.6。

表 1.6.6　可能原因及处理方法

可能原因	处理方法
线圈短路	更换线圈
电源电压太低	调整电源电压

可能原因	处理方法
再扣接触面太大	重新调整
螺钉松动	拧紧螺钉

（5）故障现象：欠电压脱扣器不能使低压断路器分断。其可能原因及处理方法见表1.6.7。

表 1.6.7　可能原因及处理方法

可能原因	处理方法
反力弹簧弹性变小	调整反力弹簧
如为储能释放，则储能弹簧弹性变小或断裂	调整或更换储能弹簧
机构卡死	消除卡死原因（如生锈）

（6）故障现象：启动电动机时电动机立即分断。其可能原因及处理方法见表1.6.8。

表 1.6.8　可能原因及处理方法

可能原因	处理方法
过电流脱扣器瞬动整定值太小	调整瞬动整定值
脱扣器某些零件损坏，如半导体器件、橡皮膜损坏	更换脱扣器或更换损坏零件
脱扣器反力弹簧断裂或脱落	更换反力弹簧或重新装上

（7）故障现象：低压断路器闭合后经一定时间自行分断。其可能原因及处理方法见表1.6.9。

表 1.6.9　可能原因及处理方法

可能原因	处理方法
过电流脱扣器长延时整定值不对	重新调整
热元件或半导体延时电路元件变化	重新调整

（8）故障现象：低压断路器温升过高。其可能原因及处理方法见表1.6.10。

表 1.6.10　可能原因及处理方法

可能原因	处理方法
触点压力过低	调整触点压力或更换弹簧
触点表面过度磨损或接触不良	更换触点或清理接触面
两个导电零件连接螺钉松动	拧紧螺钉
触点表面油污氧化	清除油污或氧化层

（9）故障现象：欠电压脱扣器噪声大。其可能原因及处理方法见表1.6.11。

表1.6.11　可能原因及处理方法

可能原因	处理方法
反力弹簧的反力太大	重新调整
铁芯工作面有油污	清除油污
短路环断裂	更换衔铁或铁芯

（10）故障现象：辅助开关不通。其可能原因及处理方法见表1.6.12。

表1.6.12　可能原因及处理方法

可能原因	处理方法
辅助开关的动触桥卡死或脱落	拨正或重新装好动触桥
辅助开关传动杆断裂或滚轮脱落	更换传动杆或更换辅助开关
触点不接触或氧化	调整触点，清理氧化膜

（11）故障现象：半导体脱扣器的低压断路器无动作。其可能原因及处理方法见表1.6.13。

表1.6.13　可能原因及处理方法

可能原因	处理方法
半导体脱扣器元件损坏	更换损坏的元件
外界电磁干扰	消除外界电磁干扰，予以隔离或更换线路

（12）故障现象：漏电低压断路器经常自行分断。其可能原因及处理方法见表1.6.14。

表1.6.14　可能原因及处理方法

可能原因	处理方法
漏电动作电流变化	送制造厂重新校正
线路漏电	找出原因，如属导线绝缘损坏，则应更换

（13）故障现象：漏电低压断路器不能闭合。其可能原因及处理方法见表1.6.15。

表1.6.15　可能原因及处理方法

可能原因	处理方法
操作机构损坏	送制造厂修理
线路某处漏电或接地	消除漏电处或接地处故障

任务 7　继电器的认知与检测

任务目标

（1）熟悉继电器的概念、类型、结构及原理。
（2）熟悉继电器的图形符号、文字符号、常用型号及用途。
（3）熟悉继电器的测试方法、选用方法、安装时的注意事项及安装方法。
（4）熟练掌握继电器的日常维修及故障处理方法。

知识储备

一、继电器概述

1. 继电器的用途及特点

继电器是一种电气控制器件，它具有输入电路（通常由感应元件组成）和输出电路（通常指执行元件），当感应元件中的输入信号电量（如电压、电流等）或非电量（如温度、时间、速度、压力等）的变化达到某一规（整）定值时继电器动作，执行元件便接通或断开小电流（一般小于 5 A）控制电路的自动控制电器。它是用较小的电流去控制较大电流电路的一种"自动开关"，因其通断的电流小，所以继电器不安装灭弧装置，触点结构简单。继电器主要在电路中起自动调节、安全保护、转换电路的作用。

2. 继电器的分类

（1）按输入信号不同可以分为电气量继电器（如电流继电器、电压继电器等）及非电气量继电器（如时间继电器、热继电器、温度继电器、压力继电器及速度继电器等）两大类。如图 1.7.1 所示。

（2）按工作原理可分为电磁式继电器、感应式继电器、电子式继电器等。

（a）　　　　　　　　（b）　　　　　　　　（c）　　　　　　　　（d）

图 1.7.1　继电器

（a）中间继电器；（b）热继电器；（c）时间继电器；（d）速度继电器

二、电磁式继电器

1. 电磁式继电器的结构

图 1.7.2 所示是电磁式继电器的典型结构，它由铁芯、衔铁、线圈、反力弹簧和触点

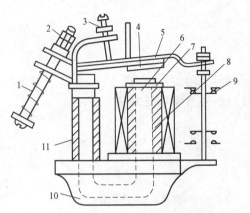

系统等部件组成。在该电磁系统中，铁芯 6 和铁轭为一体，减少了非工作气隙；极靴 7 为一圆环，套在铁芯端部；衔铁 5 制成板状，绕棱角（或转轴）转动，线圈不通电时，衔铁靠反力弹簧 1 的作用而打开，衔铁上垫有非磁性垫片 4。常用的电磁式继电器有交流和直流之分，它们是在上述继电器的铁芯上装设不同线圈后构成的。直流电磁式继电器再加装铜套 11 后可构成电磁式时间继电器，且只能直流断电延时动作。结构的差异决定了其性能特征和用途的不同。电磁式继电器的触点额定电流小于 5 A 时，一般用于控制小电流的控制电路中。另外，当不加灭弧装置，而接触器主触点的额定电流大于 5 A 时，一般用于控制大电流的主电路中，需加灭弧装置。另一方面，

图 1.7.2　电磁式继电器的典型结构
1—反力弹簧；2，3—调整螺钉；4—非磁性垫片；
5—衔铁；6—铁芯；7—极靴；8—电磁线圈；
9—触点系统；10—底座；11—铜套

各种电磁式继电器可以在对应的电量（如电流、电压）或非电量（如速度、温度）作用下动作，而接触器一般只能对电压的变化作出反应。

电磁式继电器根据电气量又分为电磁式电流继电器和电磁式电压继电器。

2. 电磁式电流继电器

根据线圈电流大小而动作的继电器称为电流继电器。电磁式电流继电器的线圈与被测量的电路串联，按用途可分为过电流继电器和欠电流继电器。

（1）过电流继电器。过电流继电器是指线圈电流高于某一整定值时动作的继电器。过电流继电器的动断触点串联在接触器的线圈电路中，动合触点一般用作过电流继电器的自锁和接通指示灯电路。过电流继电器在电路正常工作时衔铁不吸合，只有当电流超过某一整定值时衔铁才吸合（动作），于是它的动断触点断开，切断接触器线圈电路，使接触器的动合主触点断开所控制的主电路，进而使所控制的设备脱离电源，起到过电流保护作用。同时过电流继电器的动合触点闭合以实现自锁或接通指示灯电路，指示发生过电流。

（2）欠电流继电器。欠电流继电器是指线圈电流低于某一整定值时动作的继电器。欠电流继电器的动合触点串联在接触器的线圈电路中。

一般来说，过电流继电器整定值的整定范围为 1.1～3.5 倍额定电流；欠电流继电器的吸引电流为线圈额定电流的 30%～65%，释放电流为线圈额定电流的 10%～20%。

当电路正常工作时，衔铁是吸合的，只有当电流降低到某一整定值时，继电器释放，输出信号去控制接触器断电，从而使所控制的设备脱离电源，起到欠电流保护作用。欠电流继电器主要用于直流电动机和电磁吸盘的失磁保护。

3. 电磁式电压继电器

根据线圈电压大小而动作的继电器称为电流继电器。电磁式电压继电器的线圈与被测

量的电路并联，按用途电压继电器可分为过电压继电器、欠电压继电器和零压继电器。

（1）过电压继电器。过电压继电器是指线圈的电压高于额定电压，达到某一整定值时，继电器动作，衔铁吸合，同时使动断触点断开，动合触点闭合的一种继电器。过电压继电器的特点是，正常工作时，线圈的电压为额定电压，继电器不动作，即衔铁不吸合。直流电路一般不会产生过电压，因此只有交流过电压继电器，用于过电压保护。

（2）欠电压继电器。在额定电压时，欠电压继电器的衔铁处于吸合状态；当吸引线圈的电压降低到某一整定值时，欠电压继电器动作（即衔铁释放）；当吸引线圈的电压上升后，欠电压继电器返回到衔铁吸合状态。欠电压继电器常用于电力线路的欠电压和失电压保护。

一般来说，过电压继电器在线圈电压为额定电压的110%～120%以上时动作，对电路实现过电压保护；欠电压继电器在线圈电压为额定电压的40%～70%时动作，对电路实现欠电压保护；零电压继电器在线圈电压降至额定电压的5%～25%时动作，对电路实现零压保护。

4. 电磁式继电器的整定方法

在使用电磁式继电器前，应预先将它们的吸合值和释放值整定到控制系统所需要的值。图1.7.2所示电磁式继电器的整定方法如下：

（1）调节调整螺钉2上的螺母可以改变反力弹簧1的松紧度，从而调节吸合电流（或电压）。反力弹簧调得越紧，吸合电流（或电压）就越大。

（2）调节调整螺钉3可以改变初始气隙的大小，从而调节吸合电流（或电压）。气隙越大，吸合电流（或电压）就越大。

（3）调节非磁性垫片的厚度可以调节释放电流（或电压）。非磁性垫片越厚，释放电流（或电压）就越大，反之越小。

在选用电磁式继电器时应使电磁式继电器线圈电压或电流满足控制线路的要求，同时还应根据控制要求区别选择过电流继电器、欠电流继电器、过电压继电器、欠电压继电器、中间继电器等，同时要注意交流与直流之分。

5. 常用电磁式继电器的图形符号、文字符号及型号

电磁式继电器的一般图形符号和文字符号如图1.7.3所示。电流继电器的文字符号为KA，线圈方格中用 $I>$（或 $I<$）表示过电流（或欠电流）继电器；电压继电器的文字符号为KV，线圈方格中用 $U<$（或 $U=0$）表示欠电压（或零压）继电器。

电流继电器的型号含义如图1.7.4所示。

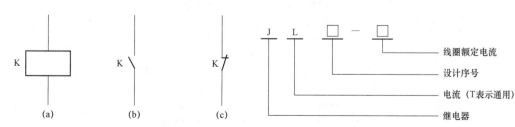

图1.7.3 电磁式继电器的图形符号和文字符号
（a）吸引线圈；（b）常开触点；（c）常闭触点

图1.7.4 电流继电器的型号含义

电压继电器的型号含义如图1.7.5所示。

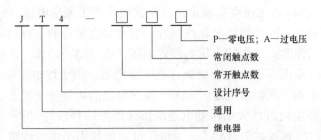

图1.7.5　电压继电器的型号含义

常用的电磁式继电器有JZC1系列、DJ-100系列电压继电器，JL12系列过电流延时继电器，JL14系列电流继电器以及用作直流电压、时间、欠电流、中间继电器的JT3系列等。

6. 电磁式继电器的主要技术参数

（1）额定工作电压：是指电磁式继电器正常工作时线圈所需要的电压。根据电磁式继电器的型号不同，可以是交流电压，也可以是直流电压。

（2）直流电阻：是指电磁式继电器中线圈的直流电阻，可以通过万用表测量。

（3）吸合电流：是指电磁式继电器能够产生吸合动作的最小电流。在正常使用时，给定的电流必须略大于吸合电流，这样电磁式继电器才能稳定地工作。而对于线圈所加的工作电压，一般不能超过额定工作电压的1.5倍，否则会产生较大的电流而烧毁线圈。

（4）释放电流：是指电磁式继电器产生释放动作的最大电流。当电磁式继电器吸合状态的电流减小到一定程度时，电磁式继电器就会恢复到未通电的释放状态。这时的电流远远小于吸合电流。

（5）触点切换电压和电流：是指电磁式继电器允许加载的电压和电流。它决定了电磁式继电器能控制的电压和电流，使用时不能超过此值，否则很容易损坏电磁式继电器的触点。

三、中间继电器

中间继电器在结构上与电压继电器类似，但它的触点数多（多的可达6对或8对），触点容量大（额定电流为5~10 A），动作灵敏。当其他继电器的触点数或触点容量不够时，可借助中间继电器来增加它们的触点数量或扩大它们的触点容量，起到中间转换的作用。有些中间继电器还有延时功能。中间继电器没有弹簧调节装置。

中间继电器的型号含义如图1.7.6所示。

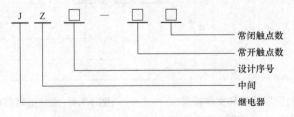

图1.7.6　中间继电器的型号含义

常用的中间继电器有 JZ7 系列，以 JZ7－62 为例，JZ 为中间继电器的代号，7 为设计序号，有 6 对动合触点、2 对动断触点。新型中间继电器触点闭合过程中动、静触点间有一段滑擦和滚压过程，可以有效地清除触点表面的各种生成膜及尘埃，从而减小接触电阻，提高接触的可靠性。

中间继电器主要是根据被控制电路的电压等级和触点的数量与种类选用。

中间继电器的文字符号、图形符号与电磁式继电器相同，如图 1.7.3 所示。

四、时间继电器

时间继电器是一种线圈通电延时到预先的整定值时，触点闭合或断开的控制电器。按工作原理与构造不同，时间继电器可分为电磁式、空气阻尼式、电子式和晶体管式等类型。在控制电路中应用较多的是空气阻尼式和晶体管式时间继电器。

时间继电器的图形符号和文字符号如图 1.7.7 所示。

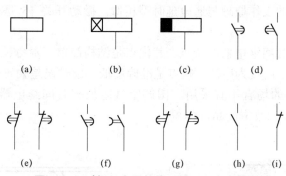

图 1.7.7 时间继电器的图形符号和文字符号

（a）线圈一般符号；（b）通电延时线圈；（c）断电延时线圈；（d）通电延时闭合动合触点；（e）通电延时断开动断触点；
（f）断电延时闭合动合触点；（g）断电延时断开动断触点；（h）瞬动动合触点；（i）瞬动动断触点

1. 空气阻尼式时间继电器

（1）空气阻尼式时间继电器的结构。空气阻尼式时间继电器的常用型号有 JS7－A 和 JS16 系列。图 1.7.8 所示是 JS7－A 系列空气阻尼式时间继电器的结构。

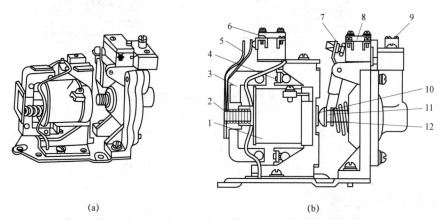

（a）　　　　　　　　　（b）

图 1.7.8 JS7－A 系列空气阻尼式时间继电器的结构

1—线圈；2—反力弹簧；3—衔铁；4—铁芯；5—弹簧片；6，8—微动开关；7—杠杆；9—调节弹簧；
10—推杆；11—活塞杆；12—塔形弹簧

（2）空气阻尼式时间继电器的工作原理。空气阻尼式时间继电器主要由电磁机构、延时机构和触点系统三部分组成，它是利用空气阻尼作用获得延时的，有通电延时和断电延时两种类型。对于通电延时型时间继电器［如图1.7.9（a）所示］，当线圈1通电后，铁芯2将衔铁3吸合（推板5使微动开关16立即动作），活塞杆6在塔形弹簧8的作用下，带动活塞12及橡皮膜10向上移动，由于橡皮膜10下方气室空气稀薄，形成负压，因此活塞杆6不能迅速上移。当空气由进气孔14进入时，活塞杆6才逐渐上移。移到最上端时，杠杆7才使微动开关15动作。延时时间即从线圈1通电时刻起到微动开关15动作时为止的这段时间。通过调节螺杆13可调节进气孔的大小，也就调节了延时时间。

当线圈1断电时，衔铁3在反力弹簧4的作用下将活塞12推向最下端。因活塞12被往下推时，橡皮膜10下方气室内的空气都通过橡皮膜10、弱弹簧9和活塞12肩部所形成的单向阀，经上气室缝隙顺利排掉，因此延时与不延时的微动开关15与16都能迅速复位。将通电延时型时间继电器的电磁机构翻转180°后安装，可得到图1.7.9（b）所示的断电延时型时间继电器。它的工作原理与通电延时型相似，微动开关15是在线圈断电后延时动作的。

（3）空气阻尼式时间继电器的特点。其优点是结构简单、寿命长、价格低廉，还附有不延时的触点，因此应用较为广泛；缺点是准确度低、延时误差大（±10%～±20%），因此在要求延时精度高的场合不宜采用。国产空气阻尼式时间继电器型号为JS7系列和JS7-A系列，JS7-A为改型产品，体积小。

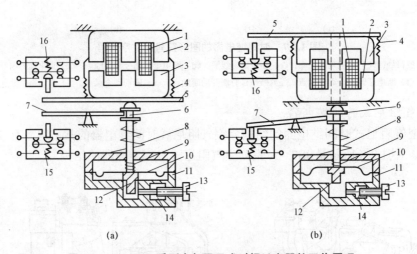

图1.7.9　JS7-A系列空气阻尼式时间继电器的工作原理

（a）通电延时型；（b）断电延时型

1—线圈；2—铁芯；3—衔铁；4—反力弹簧；5—推板；6—活塞杆；

7—杠杆；8—塔形弹簧；9—弱弹簧；10—橡皮膜；11—空气室壁；

12—活塞；13—调节螺杆；14—进气孔；15，16—微动开关

2. 电子式时间继电器

电子式时间继电器按构成可分为RC晶体管式时间继电器和数字式时间继电器，主要用于电力拖动、自动顺序控制及各种过程控制系统中，并以延时范围宽、精度高、体积小、

工作可靠的优势逐步取代传统的电磁式、空气阻尼式时间继电器。

（1）RC 晶体管式时间继电器。RC 晶体管式时间继电器是利用 RC 电路电容充电时，电容器上的电压逐步上升的原理为延时基础制成的。常用的 RC 晶体管式时间继电器型号为 JS14 系列，延时范围有 0.1～180 s、0.1～300 s、0.1～3 600 s 三种，电气寿命达 10 万次，适用于交流 50 Hz、电压 380 V 及以下或直流 110 V 及以下的控制电路中。

RC 晶体管式时间继电器具有延时范围广、体积小、精度高、调节方便及寿命长等优点。但由于 RC 晶体管式时间继电器受延时原理的限制，其性能指标受到限制。RC 晶体管式时间继电器常用型号有 JSJ、JSB、JJSB、JS14、JS20 系列等。

RC 晶体管式时间继电器主要根据控制电路所需要的延时触点的延时方式、瞬时触点的数目以及使用条件来选择。

（2）数字式时间继电器。随着半导体技术，特别是集成电路技术的进一步发展，采用新延时技术的数字式时间继电器的性能指标得到大幅度的提高。目前最先进的数字式时间继电器内部装有微处理器。

数字式时间继电器的常用型号有 DH48S、DH14S、DH11S、JSS1、JS14S 等系列。其中，JS14S 系列数字式时间继电器与 JS14、JSP、JS20 系列数字式时间继电器兼容，取代方便。DH48S 系列数字式时间继电器采用引进技术及制造工艺，替代进口产品，延时范围为 0.01 s～99 h99 min，任意预置。

图 1.7.7（a）所示为一般时间继电器的线圈，图 1.7.7（d）和（e）所示为通电延时型时间继电器的触点，它们在线圈通电时延时动作，在线圈断电时瞬时动作；图 1.7.7（f）和（g）所示为断电延时型时间继电器的触点，它们在线圈通电时瞬时动作，在线圈断电时延时动作。

对于通电延时型时间继电器，使用通电延时线圈［图 1.7.7（b）］时，所对应的触点是通电延时闭合动合触点［图 1.7.7（d）］和通电延时断开动断触点［图 1.7.7（e）］；而对于断电延时型时间继电器，使用断电延时线圈［图 1.7.7（c）］时，所对应的触点是断电延时闭合动合触点［图 1.7.7（f）］和断电延时断开动断触点［图 1.7.7（g）］；有的时间继电器还附有瞬动动合触点［图 1.7.7（h）］和瞬动动断触点［图 1.7.7（i）］。

五、热继电器

1. 热继电器的用途

热继电器是一种利用流过热元件的电流所产生的热效应而动作的一种保护电器，专门用来对连续运行的电动机实现过载及断相保护，以防止电动机过热而烧毁。三相异步电动机长期欠电压带负载运行或长期过载运行以及缺相运行等都会导致电动机绕组过热而烧毁。但是电动机自身有一定的过载能力，为了使电动机的过载能力得到发挥，又避免电动机长时间过载运行，采用热继电器作为电动机的过载保护。

热继电器的保护特性是指热继电器中通过的过载电流和热继电器触点动作的时间关系。电动机的过载特性是指电动机允许的过载电流和允许的过载时间的关系。为了满足电动机的过载特性，又能起到过载保护的作用，要求热继电器的保护特性与电动机的过载特性配合，其曲线均为反时限特性曲线，如图1.7.10所示。由图可知，热继电器的保护特性曲线应位于过载特性曲线的下方，并靠近电动机的过载特性曲线。这样，当发生过载时，由于热继电器的动作时间小于电动机最大的允许过载运行时间，在电动机未过热时，热继电器动作，切断电动机电源，达到保护电动机的目的。

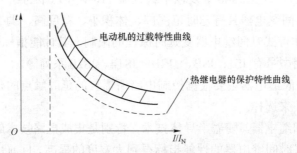

图1.7.10　电动机的过载特性曲线和热继电器的保护特性曲线及其配合
I—热继电器实际通过的电流；I_N—热继电器的额定电流

2. 热继电器的结构和工作原理

热继电器的结构形式较多，最常用的是双金属片式结构，如图1.7.11所示。这种结构

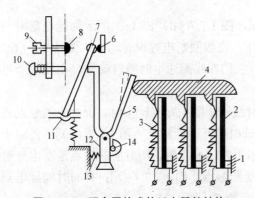

图1.7.11　双金属片式热继电器的结构
1—推杆；2，5—双金属片；3—热元件；4—导板；
6，7—动断触点；8—静触点；9—复位螺钉；10—按钮；
11—推杆；12—支撑件；13—压簧；14—偏心轮

的热继电器主要由热元件、双金属片和触点组成。双金属片2是采用两种不同线膨胀系数的金属片，通过机械碾压在一起而制成的，它的一端固定在推杆1上，另一端为自由端。由于两种金属的线膨胀系数不同，所以当双金属片的温度升高时，它将弯曲。热元件3串接在电动机定子绕组中，电动机定子绕组的电流即流过热元件的电流。当电动机正常运行时，热元件产生的热量虽能使双金属片2弯曲，但不足以使继电器动作；当电动机过载时，热元件产生的热量增大，使双金属片2的弯曲位移量增大，经过一定时间后，双金属片2弯曲推动导板4，并通过补偿双金属片5与推杆11使触点7与6分开，触点7与6

为热继电器串接在接触器线圈电路中的一对动断触点，动断触点断开后使接触器断电，接触器的动合触点断开电动机负载电路，保护了电动机等负载。

双金属片5可以在规定的温度范围（−30～+40 ℃）内补偿环境温度对热继电器的影响。如果周围温度升高，双金属片向左弯曲程度加大，同时补偿双金属片5也向左弯曲，使导板4与双金属片5之间距离保持不变，故继电器特性不受环境温度升高的影响，反之亦然。有时也可采用欠补偿，使双金属片5向左弯曲的距离小于双金属片2因环境温度升高向左弯曲变动的值，从而使热继电器动作变快，更好地保护电动机。

调节旋钮14是一个偏心轮，它与支撑件12、压簧13构成一个杠杆，转动偏心轮，即可改变双金属片 5 与导板 4 的接触距离，从而达到调节整定动作值的目的。此外，通过调节复位螺钉 9 来改变静触点 8 的位置使热继电器能工作在手动复位和自动复位两种工作状态。调试手动复位时，在故障排除后需按下按钮 10 才能使动触点 7 恢复到与静触点 6 接触的位置。

3. 热继电器的图形符号和文字符号

热继电器的图形符号和文字符号如图 1.7.12 所示。

4. 带断相保护的热继电器

上面所讲的双金属片式热继电器适用于三相同时出现过载电流的情况。若三相中有一相断线而出现过载电流，而断线那一相的双金属片不弯曲导

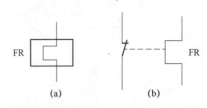

图 1.7.12　热继电器的图形符号及文字符号

（a）热元件；（b）动断触点

致热继电器不能及时动作，有时甚至不动作，则不能起到保护作用。为此常采用带断相保护的热继电器，具体的工作原理可参阅相关资料。

5. 热继电器的主要技术参数及常用型号

热继电器的主要技术参数有：热继电器的额定电流、相数、整定电流，热元件的额定电流及调节范围等。

热继电器的额定电流是指热继电器中可以安装的热元件的最大整定电流。

热元件的额定电流是指热元件的最大整定电流。热继电器的整定电流是指热元件能够长期通过而不致引起热继电器动作的最大电流。

通常热继电器的整定电流是按电动机的额定电流整定的。对于某一热元件的热继电器，可手动调节整定电流旋钮，通过偏心轮机构，调整双金属片与导板的距离，能在一定范围内调节其电流的整定值，使热继电器更好地保护电动机。

热继电器的品种很多，国产的常用型号有 JR10、JR15、JR16、JR20、JRS1、JRS2、JRS5 和 T 系列等。其中 JR10 系列热继电器的结构如图 1.7.13 所示。

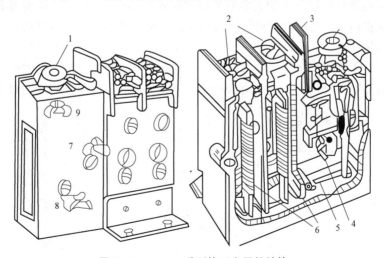

图 1.7.13　JR10 系列热继电器的结构

1—整定电流装置；2—主电路接线柱；3—复位按钮；4—动断触点；5—动作机构；6—热元件；
7—公共触点接线柱；8—动断触点接线柱；9—动合触点接线柱

JR10 系列热继电器采用立体布置式结构，且该系列热继电器的动作机构通用。除具有过载保护、断相保护、温度补偿以及手动和自动复位功能外，JR10 系列热继电器还具有动作脱扣灵活、动作指示以及断开检验按钮等功能装置。

JRS1 系列和 JR20 系列热继电器的型号含义如图 1.7.14 所示。

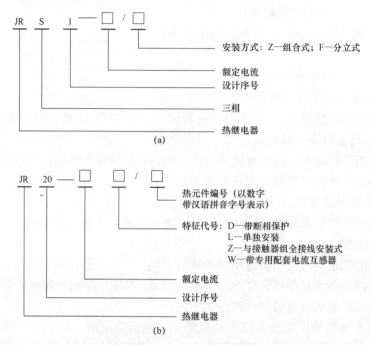

图 1.7.14　JRS1 系列和 JR20 系列热继电器的型号含义

(a) JRS1 系列；(b) JR20 系列

6. 热继电器接入电动机定子电路的方式

三相交流电动机的过载保护大多数采用三相式热继电器。由于热继电器有带断相保护和不带断相保护两种，根据电动机绕组的接法，这两种类型的热继电器接入电动机定子电路的方式也不尽相同。

当电动机定子绕组为星形连接时，带断相保护和不带断相保护的热继电器均可接在该电路中，如图 1.7.15（a）所示。采用这种电路接入方式，在发生三相均匀过载、非均匀过

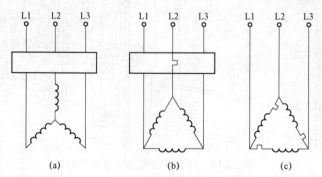

图 1.7.15　热继电器接入电路的方式

（a）星形连接带断相式和不带断相式；（b）三角形连接带断相式；（c）三角形连接不带断相式

载以及发生一相断线事故时，流过电动机绕组的电流即流过热继电器热元件的电流，因此热继电器可以如实反映电动机的过载情况。

当电动机定子绕组为三角形连接时，如果采用断相式热继电器，可以采用图 1.7.15（b）所示的接线形式。若采用普通热继电器，为了进行断相保护，必须将 3 个发热元件串联在电动机的每相定子绕组上，如图 1.7.15（c）所示。

六、速度继电器

速度继电器是用来反映转速与转向变化的继电器，主要用作三相笼型异步电动机的反接制动控制，因此又称为反接制动继电器。

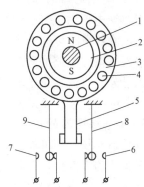

速度继电器主要由定子、转子和触点 3 个部分组成。转子是一个圆柱形永久磁铁，定子是一个笼型空心圆环。速度继电器的工作原理示意如图 1.7.16 所示。转子轴与电动机的轴相连，而定子空套在转子上。

速度继电器的工作原理是：当电动机转动时，速度继电器的转子（永久磁铁）随之转动，在空间产生旋转磁场，切割定子绕组，并在定子绕组中产生感应电流，该电流又与旋转的转子磁场作用，产生转矩，使定子随转子转动方向旋转，此时和定子装在一起的摆锤推动动触点动作，使动断触点断开，动合触点闭合。当电动机转速低于某一值时，定子产生的转矩减小，使动触点复位。

图 1.7.16 速度继电器的工作原理示意
1—转轴；2—转子；3—定子；4—绕组；
5—摆锤；6，7—静触点；8，9—动触点

常用的速度继电器有 JY1 和 JFZ0 系列，技术数据见表 1.7.1。一般速度继电器转速在 120 r/min 左右即能动作，在 100 r/min 以下触点复位，在 3 000～3 600 r/min 以下能可靠工作。

表 1.7.1 JY1 和 JFZ0 系列速度继电器的技术数据

型号	触点容量		触点数量		额定工作转速/（r·min⁻¹）	允许操作频率/（次·h⁻¹）
	额定电压/V	额定电流/A	正转时动作	反转时动作		
JY1	380	2	1 组转换触点	1 组转换触点	100～3 600	<30
JFZD					300～3 600	

速度继电器的图形符号及文字符号如图 1.7.17 所示。

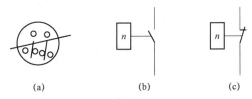

图 1.7.17 速度继电器的图形符号及文字符号
（a）转子；（b）动合触点；（c）动断触点

七、固态继电器

1. 固态继电器的特点

固态继电器亦称固体继电器（Solid State Relay，SSR）。固态继电器与机电型继电器相比，是一种没有机械运动，不含运动零件的继电器，但它本质上与机电型继电器具有相同的功能。固态继电器是一种全部由固态电子元件组成的无触点开关元件，它利用电子元件的电、磁和光特性来完成输入与输出的可靠隔离，利用大功率三极管、功率场效应管、单向可控硅和双向可控硅等器件的开关特性，无触点、无火花地接通和断开被控电路。

2. 固态继电器的组成

固态继电器由三部分组成：输入电路、隔离（耦合）电路和输出电路。按输入电压类别不同，输入电路可分为直流输入电路、交流输入电路和交直流输入电路3种。固态继电器的输入与输出电路的隔离和耦合方式有光电耦合和变压器耦合两种。固态继电器的输出电路也可分为直流输出电路、交流输出电路和交直流输出电路等形式。交流输出时，通常使用两个可控硅或一个双向可控硅，直流输出时可使用双极性器件或功率场效应管。

3. 固态继电器的优点

（1）高寿长，高可靠。固态继电器没有机械零部件，由固体器件完成触点功能。由于它没有运动的零部件，因此能在高冲击、振动的环境下工作。组成固态继电器的元器件的固有特性决定了固态继电器的寿命长、可靠性高。

（2）灵敏度高，控制功率小，电磁兼容性好。固态继电器的输入电压范围较宽，驱动功率低，可与大多数逻辑集成电路兼容，不需加缓冲器或驱动器。

（3）可快速转换。固态继电器因为采用固体器件，所以切换速度可从几毫秒至几微秒。

（4）电磁干扰小。固态继电器没有输入线圈，没有触点燃弧和回跳，因而减少了电磁干扰。大多数交流输出固态继电器是一个零电压开关，在零电压处导通，在零电流处关断，减少了电流波形的突然中断，从而减少了开关瞬态效应。

4. 固态继电器的缺点

（1）导通后的管压降大。可控硅或双向控硅的正向压降可达 1～2 V，大功率晶体管的饱和压降也为 1～2 V，一般功率场效应管的导通电阻也较机械触点的接触电阻大。

（2）半导体器件关断后仍可有数微安至数毫安的漏电流，因此不能实现理想的电隔离。

（3）由于管压降大，因此导通后的功耗和发热量也大。大功率固态继电器的体积远远大于同容量的电磁继电器，成本也较高。

（4）电子元器件的温度特性和电子线路的抗干扰能力较差，耐辐射能力也较差，如不采取有效措施，则工作可靠性低。

（5）固态继电器对过载有较大的敏感性，必须用快速熔断器或 RC 阻尼电路对其进行过载保护。固态继电器的负载与环境温度有关，温度升高，负载能力迅速下降。

（6）主要不足是存在通态压降（需采取相应散热措施），有断态漏电流，交、直流不能通用，触点组数少，而且过电流、过电压及电压上升率、电流上升率等指标差。

5. 固态继电器的应用

S 系列固态继电器和 HS 系列增强型固态继电器可广泛用于计算机外围接口装置、恒温器和电阻炉控制、交流电动机控制、中间继电器和电磁阀控制、复印机和全自动洗衣机控制、信号灯/交通灯和闪烁器控制、照明和舞台灯光控制、数控机械遥控系统、自动消防和保安系统、大功率可控硅触发和工业自动化装置等。在应用中需要考虑下述问题：

（1）器件的发热。固态继电器在工作时，需依据实际工作环境条件，严格按照额定工作电流时允许的外壳温升（75 ℃），合理选用散热器尺寸或降低电流使用，否则将过热而引起失控，甚至造成产品损坏。10 A 以下，可采用散热条件良好的仪器底板；10 A 以上需配散热器；30 A 以下，采用自然风冷；连续负载电流大于 30 A 时，需采用仪器风扇强制风冷。

（2）封装和安装形式。卧式 W 型和立式 L 型固态继电器的体积小，适用于印制板直接焊接安装。立式 L2 型既适用于线路板焊接安装，也适用于线路板上插接安装。K 型和 F 型适合散热器及仪器底板安装。安装大功率固态继电器（K 型和 F 型封装）时，应注意散热器接触面要平整，并需涂覆导热硅脂（先锋 T–50）。安装力矩越大，接触热阻越小。大电流引出线需配冷压焊片，以减小引出线接点电阻。

（3）输入端驱动。固态继电器按输入控制方式，可分为电阻型、恒流源和交流输入控制型。目前主要提供的是供 5 V TTL 电平用电阻输入型。使用其他控制电压时，可相应选用限流电阻。固态继电器输入属于电流型器件，当输入端光耦可控硅完全导通后（微秒数量级），触发功率可控硅导通。

固态继电器输入端可并联或串联驱动。串联使用时，一个固态继电器按 4 V 电压考虑，12 V 电压可驱动 3 个固态继电器。

（4）干扰问题。固态继电器也是一种干扰源，导通时会通过负载产生辐射或电源线的射频干扰，干扰程度随负载大小而不同。白炽灯电阻类负载产生的干扰较小；零压型在交流电源的过零区（即零电压）附近导通，因此干扰也较小。减少干扰的方法是在负载串联电感线圈。另外，信号线与功率线之间也应避免交叉干扰。

（5）过流、过压保护。快速熔断器和低压断路器是通用的过电流保护电器。快速熔断器可按额定工作电流的 1.2 倍选择，一般小容量可选用保险丝。应特别注意，负载短路是造成固态继电器损坏的主要原因。感性及容性负载，除内部 RC 电路保护外，建议采用压敏电阻并联在输出端，作为组合保护。金属氧化锌压敏电阻（MOV）面积的大小决定了吸收功率，厚度决定了保护电压值。交流 220 V 的固态继电器选用 MYH12、430 V 的压敏电阻；380 V 的 SSR 选用 MYH12、750 V 的压敏电阻；较大容量的电动机变压器应选用 MYH20 通流容量大的压敏电阻。

（6）负载问题。固态继电器对一般的负载是没有问题的，但必须考虑一些特殊的负载，以避免产生过大的冲击电流和过电压，对器件性能造成不必要的损坏。白炽灯、电炉等类的"冷阻"特性，造成开通瞬间的浪涌电流，超过额定工作电流数倍。一般普通型固态继电器可按电流值的 2/3 选用；增强型固态继电器可按厂商提供的参数选用。在恶劣条件下的工业控制现场，应留有足够的电压、电流余量。

八、干式舌簧继电器

1. 干式舌簧继电器的工作原理

干式舌簧继电器是一种具有密封触点的电磁式继电器，主要由干式舌簧片与励磁线圈组成。干式舌簧片（触点）是密封的，由铁镍合金做成，接触部分通常镀有贵重金属（如金、铑、钯等），接触良好，具有优良的导电性能。触点密封在充有氮气等惰性气体的玻璃管中，因而可有效地防止尘埃的污染，减少触点的腐蚀，提高工作可靠性。当线圈通电后，管中两个舌簧片的自由端分别被磁化成 N 极和 S 极而相互吸引，从而接通被控电路。线圈断电后，舌簧片在本身的弹力作用下分开，将线路切断。

2. 干式舌簧继电器的特点

干式舌簧继电器的特点为：结构简单，体积小，吸合功率小，灵敏度高，一般吸合与释放时间均在 0.5～2 ms 以内，且触点密封，不受尘埃、潮气及有害气体污染，动片质量小，动程小，触点电寿命一般可达 107 次左右。

3. 干式舌簧继电器的应用

干式舌簧继电器可以反映电压、电流、功率以及电流极性等信号，在检测、自动控制、计算机控制技术等领域中应用广泛。另外，干式舌簧继电器还可以用永磁体来驱动，反映非电信号，用于限位及行程控制以及非电量检测等。主要部件为继电器的干簧水位信号器，适用于工业与民用建筑中的水箱、水塔及水池等开口容器的水位控制和水位报警等。干式舌簧继电器也被广泛应用于很多要求较高的汽车安全设备（例如敏感刹车液的高度检测）。此外，干式舌簧继电器还被应用在很多医疗仪器上，如烧灼设备、起搏器等医疗电子设备等。在这些设备上，干式舌簧继电器隔离了小的漏电流。

九、继电器测试

1. 测触点的电阻值

用万用表的电阻挡，测量动断触点与动合触点的电阻值，其值应为 0（用更加精确的方式可测得触点阻值在 100 mΩ 以内）；而动合触点与动断触点的阻值为无穷大。由此可以区别动断触点与动合触点。

2. 测线圈的电阻值

可用万用表的电阻"$R×10$"挡位测量继电器线圈的电阻值，从而判断该线圈是否存在开路现象。

3. 测量吸合电压和吸合电流

用可调稳压电源和电流表，向继电器输入一组电压，且在供电回路中串入电流表进行监测；慢慢调高电源电压，听到继电器吸合声时，记下该吸合电压和吸合电流的值。为准确起见，可以多测试几次以求平均值。

4. 测量释放电压和释放电流

用上述同样的方法连接测试，当继电器吸合后，再逐渐降低供电电压，当听到继电器再次发出释放声音时，记下此时的电压和电流值，亦可多测几次以取得平均的释放电压和释放电流。一般情况下，继电器的释放电压约为吸合电压的 10%～50%。如果释放电压太小（小于吸合电压的 1/10），则不能使用，因为这会影响电路的稳定性和工作的可靠性。

十、电流继电器的选用原则及使用注意事项

1. 电流继电器的选用原则

（1）电流继电器线圈的额定电流一般可按电动机长期工作的额定电流来选择，对于频繁启动的电动机，考虑启动电流在继电器中的热效应，额定电流可选大一级。

（2）电流继电器的整定值一般为电动机额定电流的 1.7～2 倍，在频繁启动场合可取 2.25～2.5 倍。

2. 电流继电器的使用注意事项

（1）安装前先检查额定电流及整定值是否与实际要求相符。

（2）安装后应在触点不通电的情况下，使线圈通电操作几次，检查继电器动作是否可靠。

（3）定期检查各部件有无松动或损坏现象，并保持触点的清洁和可靠。

十一、电压继电器的选用原则及使用注意事项

1. 电压继电器的选用原则

电压继电器线圈的额定电压一般可按其所在电路的额定电压来选择。

2. 电压继电器的使用注意事项

（1）安装前先检查额定电压是否与实际要求相符。

（2）安装后应在触点不通电的情况下，使线圈通电操作几次，检查继电器动作是否可靠。

（3）定期检查各部件有无松动或损坏现象，并保持触点的清洁和可靠。

十二、时间继电器的选用原则及使用注意事项

1. 时间继电器的选用原则

（1）类型的选择：凡是在延时要求不高、电源电压波动大的场合，可选用价格较低的电磁式或空气阻尼式时间继电器。一般采用价格较低的 JS-7A 系列时间继电器；在要求延时范围大、延时准确度较高的场合，应选用电动式或电子式继电器，可采用 JS11、JS20 或 7PR 系列时间继电器。

（2）延时方式的选择：时间继电器有通电延时和断电延时两种，应根据控制线路的要求来选择哪一种方式的时间继电器。

（3）线圈电压的选择：根据控制线路电压来选择时间继电器线圈的电压。

2. 时间继电器的使用注意事项

（1）JS7-A 系列时间继电器由于无刻度，因此不能准确地调整延时时间。

（2）JS11-□1 系列通电延时时间继电器必须在分断离合器电磁铁线圈电源时才能调节延时值；而 JS11-□2 系列断电延时时间继电器必须在接通离合器电磁铁线圈电源时才能调节延时值（注：□表示延时代号，一般以秒为单位）。

十三、热继电器的选用原则及安装、使用注意事项

1. 热继电器的选用原则

选用热继电器作为电动机的过载保护时，应使电动机在短时过载时和启动瞬间不受影响。

（1）热继电器类型的选择：一般在轻载启动、短时工作的情况下可以选用两相结构的热继电器；对于电网均衡性较差的电动机，宜选用三相结构的热继电器。定子绕组为三角形连接时，应采用带断相保护的 3 个热元件的热继电器作过载的断相保护。

（2）热继电器额定电流的选择：热继电器的额定电流应大于电动机的额定电流。

（3）热元件整定电流的选择：一般将整定电流调整到等于电动机的额定电流，但对于过载能力较差的电动机，应将所配用的热元件的整定值调整为电动机额定电流的 60%～80%。对启动时间较长、拖动冲击性负载或不允许停车的电动机，应将热元件的整定电流调节到电动机额定电流的 1.1～1.15 倍。

（4）当电动机启动时间过长或频繁操作时，会引起热继电器误动作或烧坏电器，在这种情况下一般不用热继电器作过载保护。

（5）对于工作时间短、间隙时间长以及虽长期工作，但过载可能性小的电动机（如风机电动机），可不装设过载保护。

（6）双金属片式热继电器一般用于轻载、不频繁启动电动机的过载保护。对于重载、频繁启动的电动机，则可用过电流继电器（延时动作型的）作它的过载保护和短路保护。因为热元件受热变形需要时间，故热继电器不能用作短路保护。

（7）热继电器有手动复位和自动复位两种方式。对于重要设备，宜采用手动复位方式；如果热继电器和接触器的安装地点远离操作地点，且从工艺上又易于发现过载情况，宜采用自动复位方式。

2. 热继电器安装的注意事项

（1）热继电器必须按照产品说明书规定的方式安装。

（2）当与其他电器安装在一起时，应将热继电器安装在其他电器的下方，以免热继电器受其他电器发热的影响而误动作。

3. 热继电器使用时的注意事项

（1）热继电器由于热惯性，当电路短路时不能立即动作使电路断开，因此不能用作短路保护。

（2）在电动机启动或过载时，热继电器也不会动作，以避免电动机不必要地停转。

（3）当热继电器的断相保护功能不能满足运行需要时，应增设断相保护器。

（4）热继电器主要用作过载或断相保护，电流大于 20 A 时宜采用经电流互感器的接线方式。

（5）运行中应保证热继电器安装位置的周围环境温度不超过室温，以免引起误动作。

（6）使用中应定期除去尘埃和污垢，若双金属片出现锈斑，可用棉布蘸上汽油轻轻揩拭，切忌用砂纸打磨。

（7）当主电路发生短路事故后，应检查发热元件和双金属片是否已经发生永久性变形。在作调整时，绝不允许弯折双金属片。

十四、速度继电器的选用原则及安装注意事项

1. 速度继电器的选用原则

速度继电器主要根据电动机的额定转速来选择。

2. 速度继电器的安装注意事项

（1）速度继电器的转轴应与电动机同轴连接。

（2）速度继电器安装接线时，正、反向的触点不能接错，否则不能起到反接制动时接通和断开反向电源的作用。

一、所需的工具、材料（表 1.7.2）

所需的工具、材料见表 1.7.2。

表 1.7.2　所需的工具、材料

代号	名称	型号规格	数量
T	自耦调压器	TDGC2－10/0.5	1 台
KT	时间继电器	JS7－2A，380 V	1 个
QS	组合开关	HZ10－25/3	1 个
FU	熔断器	RL1－15/2 A	3 个
EL	白炽灯	220 V/25 W	3 个
SB1	按钮	LA10－2H	1 个
SB2			1 个
—	万用表	MF47	1 块
—	开关板	500 mm×400 mm×30 mm	1 个
—	导线	BVR－1.0 mm	若干
—	常用电工工具	—	1 套

二、实训内容和步骤

1. 检修触点

（1）拆下延时微动开关和瞬时微动开关，如图 1.7.18 所示。

（2）均匀用力慢慢撬开并取下微动开关盖板，如图 1.7.19 所示。

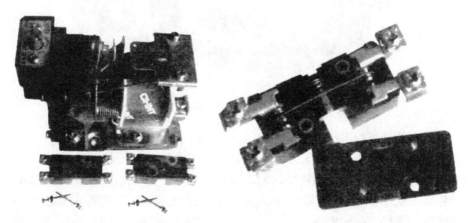

图 1.7.18　拆下延时微动开关和瞬时微动开关　　图 1.7.19　撬开并取下微动开关盖板

（3）取下动触点及其附件，如图 1.7.20 所示。注意不要用力过猛使小弹簧和波垫片丢失。

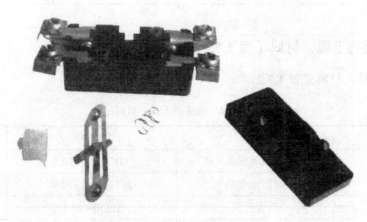

图 1.7.20　取下并动触点及其附件

（4）整修触点。整修时，不允许用砂纸或其他研磨材料修整。应当使用锋利的刀刃或什锦锉修整。若触点确实不能修复，则更换微动开关。

（5）按拆卸时的逆序装配。

（6）手动检查微动开关的分合是否动作和接触良好。

2. 更换线圈

如果线圈短路、断路或烧坏，应予更换，更换时的操作顺序如下：

（1）拆下线圈和铁芯总成部分，如图 1.7.21 所示。

图 1.7.21　拆下线圈和铁芯总成部分

（2）连同安装底板拆下瞬时触点，如图 1.7.22 所示。

（3）拆下线圈部分的反力弹簧和定位卡簧，如图 1.7.23 所示。

（4）取下柱销卡簧片，拔出柱销，取下弹簧片和衔铁（动铁芯），如图 1.7.24 所示。

（5）将线圈从推杆上取下，取出静铁芯，如图 1.7.25 所示。注意取下线圈时应当小心，不要丢失线圈与推杆之间的钢珠。

图 1.7.22 连同安装底板拆下瞬时触点

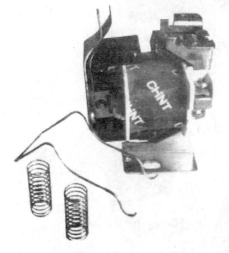

图 1.7.23 拆下线圈部分的反力弹簧和定位卡簧

图 1.7.24 取下弹簧片和衔铁

图 1.7.25 取出静铁芯

（6）更换相同电压等级的线圈，按拆卸时的逆序装配。

3. 改装

将JS7-2A通电延时型时间继电器改装成JS7-4A断电延时型时间继电器的操作顺序如下：

（1）松开线圈支架紧固螺丝，取下线圈和铁芯总成，如图1.7.26所示。

图1.7.26　取下线圈和铁芯总成

（2）将总成部件沿水平方向旋转180°，如图1.7.27所示。

图1.7.27　将总成部件沿水平方向旋转180°

（3）装上总成，旋紧螺丝。改装后的时间继电器如图1.7.28所示。

图1.7.28　改装后的时间继电器

（4）观察触点动作情况，将其调整在最佳位置上。调整延时触点时，前后移动线圈和铁芯总成；调整瞬时触点时，前后移动调整微动开关安装底板。调整后旋紧相应的螺丝。

4. 调试校验

（1）将改装好的时间继电器接入电路，如图 1.7.29 所示，将时间整定为 3 s。

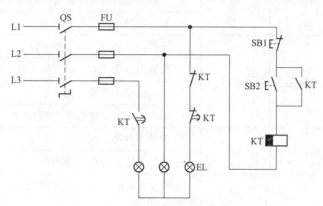

图 1.7.29　空气阻尼式时间继电器校验电路

（2）合上 QS，此时接在 L1 和 L2 相上的灯亮。

（3）按下启动按钮 SB1，延时 3 s 后，L1 相上的灯熄灭，L2 和 L3 相上的灯亮。

（4）1 min 内往复试验 10 次。

（5）合格标准为：在 1 min 内通电不少于 10 次，做到各触点工作良好，吸合时无噪声，铁芯释放迅速。10 次的动作延时时间一致。

三、注意事项

（1）拆卸前，应备有盛装零件的容器，以免零件丢失。

（2）在拆卸过程中不允许硬撬，以免损坏电器元件。

（3）接线时注意接线端子上的线头距离，线头不要有毛刺，以免发生短路故障。

（4）通电调试时，时间继电器必须固定在开关板上，并在指导教师的监护下进行。

（5）要做到安全操作和文明生产。

四、评分表

评分表见表 1.7.3。

表 1.7.3　"空气阻尼式时间继电器（JS7-2A）的拆装与检修调试"评分表

项目	技术要求	配分	评分细则	评分记录
拆装和装配	正确拆装	20	1. 拆卸步骤及方法不正确，扣 3 分	
			2. 拆装不熟练，扣 3 分	
			3. 丢失零件，每个零件扣 2 分	
			4. 拆卸后不能组装，扣 10 分	
			5. 损坏零件，每个零件扣 2 分	

项目	技术要求	配分	评分细则	评分记录
检修	正确检修	30	1. 没有检修或检修无效果，扣 5 分	
			2. 检修步骤及方法不正确，扣 5 分	
			3. 扩大故障无法修复，扣 20 分	
校验	正确校验	25	1. 不能进行通电校验，扣 5 分	
			2. 校验方法不正确，每次扣 2 分	
			3. 校验结果不正确，扣 5 分	
			4. 通电时有振动或噪声，扣 10 分	
改装	正确改装	25	1. 改装不熟练，扣 5 分	
			2. 改装错误，每返工 1 次扣 5 分	
定额工时（60 min）	准时		每超过 5 min，从总分中倒扣 3 分，但不超过 10 分	
安全、文明生产	满足安全、文明生产要求		违反安全、文明生产规定，从总分中倒扣 5 分	

维护操作

一、空气阻尼式时间继电器的常见故障现象及处理方法

（1）故障现象：延时触点不动作。其可能原因及处理方法见表 1.7.4。

表 1.7.4　可能原因及处理方法

可能原因	处理方法
电磁铁线圈断线	更换线圈
电源电压低于线圈额定电压过多	更换线圈或调高电源电压
电动式时间继电器的同步电动机线圈断线	更换同步电动机线圈
电动式时间继电器的棘爪无弹性，不能刹住棘齿	更换棘爪
电动式时间继电器游丝断裂	更换游丝

（2）故障现象：延时时间缩短。其可能原因及处理方法见表 1.7.5。

表 1.7.5　可能原因及处理方法

可能原因	处理方法
空气阻尼式时间继电器气室装配不严，漏气	修理或更换气室
空气阻尼式时间继电器气室橡皮膜损坏或老化	更换橡皮膜

（3）故障现象：延时时间变长。其可能原因及处理方法见表 1.7.6。

表 1.7.6 可能原因及处理方法

可能原因	处理方法
空气阻尼式时间继电器的气室内有灰尘，使气囊阻塞	清除气室内灰尘，使气道畅通
电动式时间继电器的传动机构缺润滑油	加入适量润滑油

二、热继电器的常见故障及处理方法

（1）故障现象：电动机烧坏，热继电器不动作。其可能原因及处理方法见表 1.7.7。

表 1.7.7 可能原因及处理方法

可能原因	处理方法
热继电器的额定电流值与电动机的额定电流值不符	按电动机的容量选用热继电器（不可按接触器的容量选用热继电器）
整定值偏大	合理调整整定值
触点接触不良	清除触点表面的灰尘或氧化物
热元件烧断或脱焊	更换热元件或热继电器
动作机构卡住	维修调整，但应注意维修调整后不使特性发生变化
导板脱出	重新放入，并试验动作是否灵活

（2）故障现象：热继电器动作太快。其可能原因及处理方法见表 1.7.8。

表 1.7.8 可能原因及处理方法

可能原因	处理方法
整定值偏小	合理调整整定值，如相差太大无法调整，则换热继电器规格
电动机启动时间过长	按启动时间要求，选择具有合适的可返回时间的热继电器或在启动过程中将热继电器短接
连接导线太细	选用标准导线
操作频率过高	调换热继电器或限定操作频率
产生强烈的冲击振动	应选用带防冲击振动的热继电器或采取防振措施
可逆运转及密接通断	改用其他保护方式
安装热继电器与电动机处环境温度差太大	按两地温差的情况配置适当的热继电器

（3）故障现象：动作不稳定，时快时慢。其可能原因及处理方法见表 1.7.9。

表 1.7.9　可能原因及处理方法

可能原因	处理方法
内部机构松动	将松动部件紧固
在检修中弯折了双金属片	用大电流预试几次，或将双金属片拆下进行热处理（约 240 ℃）
电源电压波动大，或接线螺钉未拧紧，各次试验的冷却时间不等	检查电源电压，或拧紧接线螺钉，各次试验后冷却时间要足够（不少于 20 min）

（4）故障现象：热元件烧断。其可能原因及处理方法见表 1.7.10。

表 1.7.10　可能原因及处理方法

可能原因	处理方法
负载侧短路，电流过大	排除电路故障，更换热元件
操作频率过高	减少操作次数，合理选用热继电器

（5）故障现象：主电路不通。其可能原因及处理方法见表 1.7.11。

表 1.7.11　可能原因及处理方法

可能原因	处理方法
热元件烧毁	更换新的热元件
接线松脱	紧固接线

（6）故障现象：控制电路不通。其可能原因及处理方法见表 1.7.12。

表 1.7.12　可能原因及处理方法

可能原因	处理方法
触点烧损或触片弹性消失	修理触点
调整旋钮被调到了不合理的位置	重新调整旋钮

（7）故障现象：热继电器误动作。其可能原因及处理方法见表 1.7.13。

表 1.7.13　可能原因及处理方法

可能原因	处理方法
整定电流偏小，以致未出现过载就动作	合理选用热继电器，并合理调整整定电流值
电动机启动时间过长，引起热继电器在电动机启动过程中就动作	将热继电器在启动时短接
设备操作频率过高或点动控制，使热继电器经常受到启动电流的冲击而动作	限定操作方法或改用过电流继电器
使用场合有强烈的冲击振动，使热继电器操作机构松动而脱扣	改善使用环境
连接导线太细，电阻增大	按要求使用连接导线

三、速度继电器的常见故障及处理方法

故障现象：制动时速度继电器失效，电动机不能实现制动。其可能原因及处理方法见表 1.7.14。

表 1.7.14 可能原因及处理方法

可能原因	处理方法
速度继电器胶木摆杆断裂	调换胶木摆杆
速度继电器动合触点接触不良	清洗触点表面油污
弹性动触片断裂或失去弹性	调换弹性动触片

思考与练习

1-1 低压电器分为哪几类？

1-2 刀开关的作用是什么？常用的刀开关有哪些类型？

1-3 刀开关的常见故障及处理方法是什么？

1-4 在使用及安装组合开关时应注意哪些事项？

1-5 什么是主令电器？常用主令电器有哪些？

1-6 熔断器的选择依据是什么？

1-7 安装、更换熔断器时的要求及注意事项是什么？

1-8 空气阻尼式时间继电器的结构及工作原理是什么？

1-9 选用热继电器的主要依据有哪几个方面？

1-10 低压断路器的结构及工作原理是什么？

1-11 选用低压断路器的主要依据有哪几个方面？

1-12 低压断路器的常见故障现象有哪些？其可能原因和处理方法是什么？

1-13 在电动机的主电路中装有熔断器，为什么还要装热继电器？装了热继电器是否可以不装熔断器？为什么？

1-14 交流接触器能否串联使用？为什么？

1-15 交流接触器的铁芯端面上为什么要安装短路环？

项目二 典型电气控制系统的安装、调试及故障处理

项目描述

在实际生产过程中，人们常常会接触不同的机械生产设备，例如电动葫芦、小型起重机、横梁升降机、机床工作台、加热炉的加料设备、笼型异步电动机、高精度金属切削机床、轧钢机、造纸机、龙门刨床、电气机车等，它们通过不同的元器件和控制线路，实现生产设备的点动控制、连续运转控制、顺序工作、往返运动、正向/反向转动、强迫制动等功能，通过学习绘制与识读电气控制线路图，可掌握不同控制线路的安装、调试和故障排除方法。

本项目主要包括以下 9 个任务：

任务 1　电气控制线路图的绘制与识读；

任务 2　三相交流异步电动机点动、连续运转控制与检修；

任务 3　两台三相异步电动机的顺序控制与检修；

任务 4　三相异步电动机的自动循环控制与检修；

任务 5　三相交流异步电动机正反转控制与检修；

任务 6　三相交流异步电动机降压起动控制与检修；

任务 7　三相交流异步电动机的电气制动与检修；

任务 8　绕线转子异步电动机起动控制与检修；

任务 9　直流电动机的电气控制与检修。

任务 1　电气控制线路图的绘制与识读

任务目标

（1）理解图形符号及文字符号的意义。

（2）理解图幅区的含义。

（3）熟悉电气控制原理图、电气元件布置图及电气安装接线图的绘制原则。

（4）熟悉电气控制线路分析的内容。

（5）掌握电气控制线路图的读图方法与步骤。

知识储备

一、图形符号和文字符号

图形符号是绘制各类电气图的依据，是电气技术的工程语言。通过项目一的学习，已经熟悉了几种常用低压电气元件的图形符号和文字符号。下面给出图形符号和文字符号等的基本概念。

电气控制线路图中常用的图形符号和文字符号见本书附录。

1. 图形符号

一个电气系统或一种电气装置通常是由多种电气元件组成的，在主要以简图形式表达的电气控制线路图中，常将各种电气元件的外形结构用一种简单的符号来表示，这种符号就叫作电气元件的图形符号。

2. 文字符号

在同一个系统或者同一个电气控制线路图上有可能出现同一种电气元件，但由于它们所起的作用不同（例如在某一系统中使用了两个继电器），而仅用图形符号来表示这种元件是不清楚的，为此还必须在该图形符号旁标注不同的文字符号（通常用两个或一个大写的汉语拼音字母表示）以区别其名称、功能、状态、特征及安装位置等。这样，图形符号和文字符号相结合，就能使人们明白它们是不同用途的电气元件。

二、电气控制线路图及其绘制原则

电气控制线路图是由许多电气元件按照一定的要求连接而成的。为了表达生产机械电气控制线路的结构、原理等，同时也为了便于电气系统的安装、调试、使用和维修，需要将电气控制线路中各电气元件及其连接用一种图形表达出来，这种图就是电气控制线路图。

电气控制线路图一般有 3 种：电气控制原理图、电气元件布置图和电气安装接线图。在图上用不同的图形符号表示各种电气元件，用不同的文字符号表示电气元件的名称、序号和电气设备或线路的功能、状况以及特征等；另外，还要标上表示相关导线的线号与接点编号等。各种图纸有不同的用途和规定的画法，下面分别说明。

1. 电气控制原理图

电气控制原理图是根据简单、清晰的原则，采用图形符号和文字符号表示线路中各电气元件的连接关系和电气工作原理的图。它包括所有电气元件的导电部件和接线端点，但并不按照电气元件的实际布置位置来绘制，也不反映电气元件的大小。其作用是便于阅读与分析控制线路，详细了解工作原理，指导系统或设备的安装、调试与维修。电气控制原理图是识图的重点和难点，也是电气控制线路图中最重要的种类之一。

电气控制原理图一般包括主线路、控制线路和辅助线路。主线路是设备的驱动线路，是指从电源到电动机大电流所通过的路径；控制线路是由继电气和接触器的线圈、继电器的触点、接触器的辅助触点、按钮、控制变压器等电气元件组成的逻辑线路，实现所要求的控制功能；辅助线路包括照明线路、信号线路及保护线路等。

电气控制原理图的绘制原则如下：

（1）主线路、控制线路及辅助线路应分开绘制，主线路用垂直线绘制在图的左侧，控制线路用垂直线绘制在图的右侧，控制线路中的能耗元件画在线路的最下端。

（2）在电气控制原理图中，应表示出控制系统内的所有电动机、电气元件和其他器械的通电部件。

（3）电气控制原理图中各电气元件不画实际的外形，而采用国家规定的统一标准图形符号和文字符号绘制（见本书附录）。

（4）电气控制原理图中，各个电气元件和部件在控制线路中的位置应根据便于阅读的原则安排。同一电气元件的各个部件可以不画在一起。例如，接触器、继电器的线圈和触点可以不画在一起。

（5）电气控制原理图中的电气元件和设备的可动部分，都按未通电和没有外力作用时的开闭状态绘制。在不同的工作阶段，各个电气元件的动作不同，触点时闭时开，而在电气控制原理图中只能表示出一种情况。因此，规定所有电气元件的触点均表示在原始情况下的位置，即在没有通电或没有发生机械动作时的位置。例如，继电器、接触器的触点按线圈不通电的状态绘制；主令控制器、万能转换开关按手柄处于零位时的状态绘制；按钮、行程开关的触点按不受外力作用时的状态绘制等。

（6）电气控制原理图的绘制应布局合理、排列均匀，为了便于看图，可以水平布置，也可以垂直布置，并尽可能地减少线条和避免线条交叉。

（7）电气元件应按功能布置，并尽可能按工作顺序排列，其布局顺序应该是从上到下，从左到右。线路垂直布置时，类似元器件或部件应横向对齐；线路水平布置时，类似元器件或部件应纵向对齐。例如，如果线路垂直布置，接触器的线圈应横向对齐。

（8）电气控制原理图中，有直接联系的交叉导线的连接点（即导线交叉处）要用黑圆点表示；无直接电联系的交叉导线，连接点或交叉点不能用黑圆点表示。

2. 电气元件布置图

电气元件布置图及电气安装接线图设计的目的是满足电气控制设备的安装、调试、使用和维修等要求。在完成电气控制原理图的设计或熟悉电气控制原理图及电气元件的选择之后，即可以进行电气元件布置图和电气安装接线图的设计或绘制。

电气元件布置图主要表明电气设备上所有电气元件的实际位置，为电气设备的安装及维修提供必要的资料。电气元件布置图可根据电气设备的复杂程度集中绘制，也可分开绘制。图中各电器代号应与有关图纸和电器清单上的元器件代号一致，但不需标注尺寸。通常电气元件布置图与电气安装接线图组合在一起，既可起到电气安装接线图的作用，又能清晰表示出各电气元件的布置情况。

为了顺利地安装、接线、检查、调试和排除故障，必须认真阅读电气控制原理图，明确电气元件的数目、种类和规格；看懂线路图中各电气元件之间的控制关系及连接顺序；分析线路的控制动作，以便确定检查线路的步骤和方法。

电气元件布置图的绘制原则如下：

（1）在绘制电气元件布置图之前，应对电气元件各自安装的位置划分组件。根据生产机械的工作原理和控制要求，将控制系统划分为几个组成部分（称为部件），而每一部件又可划分为若干组件。在同一组件内，电气元件的布置应满足以下要求：

① 体积大的和较重的电气元件应安装在电器板的下部，以降低柜体重心；发热元件应安装在电器板的上面。

② 强电与弱电分开走线，应注意弱电屏蔽和防止外界干扰。

③ 需要经常维护、检修、调整的电气元件安装的位置不宜过高或过低。

④ 电气元件的布置应考虑整齐、美观、对称。结构和外形尺寸类似的电气元件应安装在一起，以利于加工、安装和配线。

⑤ 电气元件布置不宜过密，要留有一定的间距。若采用板前走线配线方法，应适当加大各排电气元件的间距，以利于布线和维护。

⑥ 将散热器件及发热元件置于风道中，以保证得到良好的散热条件。熔断器应置于风道外，以避免改变其工件特性。

（2）在电气元件布置图中，还要根据该部件进出线的数量和所采用导线的规格，选择进、出线方式及适当的接线端子板或接插件，按一定顺序在电气元件布置图中标出进、出线的接线号。为便于施工和以后扩容，在电气元件布置图中往往应留有 10% 以上的备用面积及线槽位置。

（3）绘制电气元件布置图时，电动机要和被拖动的机械设备画在一起；操作手柄应画在便于操作的地方，行程开关应画在获取信息的地方。

3. 电气安装接线图

电气安装接线图主要是为电气设备的安装配线、线路检查以及电器故障检修服务的。它用规定的图形符号及连线，表示各电气设备、电气元件之间的实际接线情况。它不但要画出控制柜内部的电器连接，还要画出控制柜外部电器的连接。电气安装接线图中的回路标号是电气设备之间、电气元件之间、导线与导线之间的连接标记，它不仅要把同一电器的各个部件画在一起，而且各个部件的布置要尽可能符合该电器的实际情况，但对比例和尺寸没有严格要求。它的图形符号、文字符号和数字符号应与电气控制原理图中的标号一致。

电气安装接线图是根据电气控制原理图和电气元件布置图进行绘制的。按照电气元件布置最合理、连接导线最经济等原则绘制。为安装电气设备、电气元件间的配线及电气故障的检修等提供依据。

在绘制电气安装接线图时，应遵循以下原则：

（1）在电气安装接线图中，各电气元件均按其在安装底板中的实际位置绘出。各电气元件按实际外形尺寸以统一比例绘制。

（2）电气元件按外形绘制，并与电气元件布置图一致，偏差不能太大。绘制电气安装接线图时，一个电气元件的所有部件绘在一起，并用点划线框起来，表示它们是安装在同一安装底板上的。

（3）所有电气元件及其引线应标注与电气控制原理图一致的文字符号及接线回路标号。

（4）电气元件之间的接线可直接连接，也可采用单线表示法绘制，实含几根线可从电气元件上标注的接线回路标号数看出来。当电气元件数量较多和接线较复杂时，也可不画各电气元件间的连线，但是在各电气元件的接线端子回路标号处应标注另一电气元件的文字符号，以便识别，方便接线。

（5）电气安装接线图中应标出配线用的各种导线的型号、规格、截面积及颜色等。另外，还应标明穿管的种类、内径、长度及接线根数、接线编号。

（6）电气安装接线图中所有电气元件的图形符号、文字符号和各接线端子的编号必须与电气控制原理图中的一致，且符合国标规定。

（7）电气安装接线图统一采用细实线。成束的接线可以用一条实线表示。接线很少时，可直接画出各电气元件间的接线方式；接线很多时，为了简化图形，可不画出各电气元件间的接线，而接线方式用符号标注在电气元件的接线端，并标明接线的线号和走向。

（8）安装底板内、外电气元件之间的连线需通过接线端子板才能连接，并且安装底板上有几条接到外线路的引线，端子板上就应绘出几个接线的接点。

三、电气控制原理图中各接线端子的标记规范

线路采用字母、数字、符号及其组合标记。

（1）三相交流电源引入线采用 L1、L2、L3 标记，中性线采用 N 标记，保护线采用 PE 标记。

（2）电源开关之后的三相交流电源主电路分别按 U、V、W 顺序标记。

（3）分级三相交流电源主线路采用在三相文字代号 U、V、W 之后加上阿拉伯数字 1、2、3 等来标记，如 U1、V1、W1 及 U2、V2、W2 等。

（4）各电动机分支线路各接线端子标记，采用三相文字代号后面加数字来表示，数字中的个位数表示电动机代号，十位数表示该支路各接点的代号，从上到下按数字大小顺序标记。如 U11 表示 M1 电动机第一相的第一个接线端子的代号，U21 为 M1 电动机的第一相的第二个接线端子的代号，依此类推。

（5）电动机绕组首端分别用 U、V、W 标记，尾端分别用 U′、V′、W′ 标记，双绕组的点用 U″、V″、W″ 标记。

（6）控制电路采用阿拉伯数字编号，标注方法按"等电位"原则进行，在垂直绘制的线路中，一般按自上而下、从左到右的规律编号。凡是被线圈、触点等元件所间隔的接线端点，都应标以不同的编号，如图 2.1.1 中控制按钮 SB1 和 SB3 之间的数字 2 表示 3 层含义，分别是控制按钮 SB1 的出线端子号、连接 SB1 和 SB3 的这一段导线号及控制按钮 SB3 的进线端子号。

四、图幅分区及符号位置索引

对于较复杂的电气控制原理图，为了便于确定图上的内容，也为了分析故障时查找图中各元器件的位置，常对图幅进行分区。图幅分区的方法如下：

（1）在电气控制原理图的上方标"电源开关及保护"等字样（如图 2.1.1 所示），表明它对应的下方元件或线路的功能，使电气人员能清楚地知道某个元件或某部分线路的功能，便于理解全线路的工作原理。而在电气控制原理图的下方，将图按回路分成若干图区，从左到右用阿拉伯数字编号，这一系列数字编号（如图 2.1.1 中最下面的 1～8）通常称为

图幅区号或回路号。在本书中，用"【 】"表示图幅区号或回路号。结合上述内容，在较复杂的电气控制原理图中，为了检索电气线路，方便阅读、分析和查找故障点等，用 SB1(1-2)【6】来表示控制按钮 SB1 的准确位置，其中 1 和 2 分别表示控制按钮 SB1 的进线端子号是 1，出线端子号是 2，而 6 表示控制按钮 SB1 在图幅区 6 中。

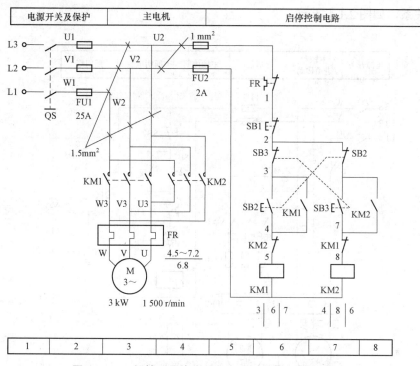

图 2.1.1　三相笼型异步电动机可逆运行电气控制原理图

（2）在电气控制原理图的下方，附图表示接触器和继电器的线圈及触点的从属关系。在接触器和继电器线圈的下方给出相应的文字符号，文字符号的下方要标注其触点的位置索引代码，对未使用的触点用"×"表示，有时也可省略。

在图 2.1.1 中，KM1 及 KM2 线圈下方的数字是接触器 KM1 和 KM2 相应触点的位置索引。对于接触器，左栏表示主触点所在的图幅区号，中栏表示动合辅助触点所在的图幅区号，右栏表示动断辅助触点所在的图幅区号。如接触器 KM1 的 3|6|7，表示接触器 KM1 主触点在图幅区 3，动合辅助触点在图幅区 6，动断辅助触点在图幅区 7。对于继电器，左栏表示动合触点所在的图幅区号，右栏表示动断触点所在的图幅区号。

实训操作：电气元件布置图及电气安装接线图的绘制（以 C620-1 型车床为例）

（1）根据各电气元件的安装位置不同进行划分。本实训中的 SB1、SB2、照明灯 EL 及电动机 M 等安装在电气箱外，其余各电器均安装在电气箱内。

（2）根据各电器的实际外形尺寸确定电器位置。如果采用线槽布线，还应画出线槽的位置。

（3）选择进、出线方式，标出接线端子。例如，可根据图 2.1.2 所示的 C620－1 型车床电气控制原理图，设计并绘制出电气元件布置图，如图 2.1.3 所示。在完成电气元件布置图的基础上，结合电气控制原理图和电气元件布置图绘制出 C620－1 型车床的电气安装接线图，注意：该电气安装接线图没有将电气元件间的连线画出来，只是表明了各电气元件的连接关系，如图 2.1.4 所示。

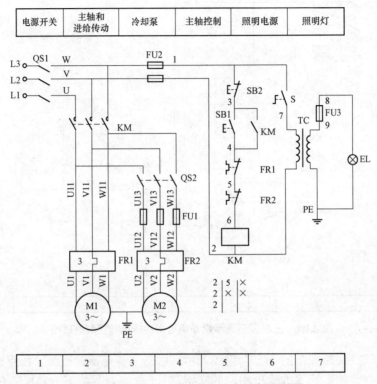

图 2.1.2　C620－1 型车床的电气控制原理图

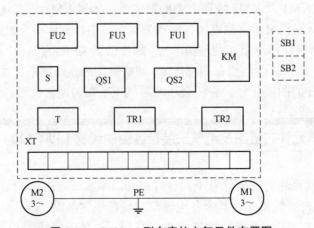

图 2.1.3　C620－1 型车床的电气元件布置图

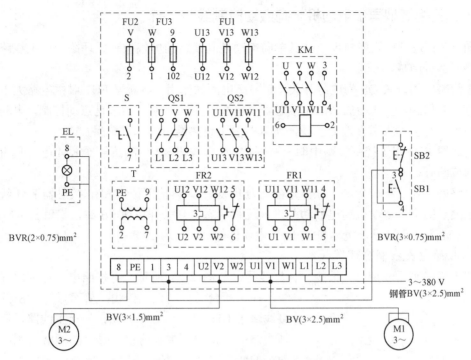

图 2.1.4 C620－1 型车床的电气安装接线图

任务 2 三相交流异步电动机点动、连续运转控制与检修

任务目标

（1）熟悉点动、连续运转控制线路的分析方法。
（2）掌握点动、连续运转控制线路的安装和调试方法。
（3）掌握点动、连续运转控制线路的检查和试车方法。
（4）掌握点动、连续运转控制线路故障的检查与排除方法。

知识储备

点动控制是指按下启动按钮电动机才会运转，松开启动按钮即电动机停转的电路。生产机械设备有时需要做点动控制，如用于电动葫芦、小型起重机、横梁升降及机床辅助运动的电气控制，当电动机安装完毕或检修完毕后，为了判断其转动方向是否正确，也常采用点动控制。

连续运转控制是指按下启动按钮电动机就运转，松开按钮启动电动机仍然保持运转的控制方式。由于它是连续工作，为避免过载或烧毁电动机，必须采用过载保护。

一、三相笼型异步电动机单向点动控制线路分析

图 2.2.1 是三相笼型异步电动机单向点动控制线路的电气控制原理图，由主线路和控制线路两部分组成。

主线路中刀开关 QS 为电源开关，起隔离电源的作用；熔断器 FU1 对主电路大电流电路进行短路保护，主线路的通断由接触器 KM 的主触点控制。由于是点动控制，电动机运行时间短，有操作人员在近处监视，所以一般不设热继电器作过载保护。

熔断器 FU2 用于控制线路中的短路保护，动合按钮 SB 控制接触器 KM 电磁吸引线圈的接通或断开。

线路的工作过程分析如下：首先合上刀开关 QS，再按下按钮 SB，接触器 KM 线圈通电，主触点闭合，电动机通电启动并进入运行状态；当松开按钮 SB 时，接触器 KM 线圈断电，KM 主触点断开，电动机 M 因失电而停转。

1. 按照电气控制原理图接线

在电气控制原理图上，按规定标好线号，如图 2.2.1 所示。再按照电气控制原理图接线。在试验台或控制柜上接线，从刀开关 QS 的下方接线端子 L11、L21、L31 开始，先接主线路，后接控制线路的连接线。主线路使用导线的横截面积应按电动机的额定工作电流适当选取。将导线先校直，剥去两端的绝缘皮。套上线号管接到对应端子上。接线时应使水平走线尽量靠近底板；中间一相线路的各段导线成一直线，左、右两相导线对称。三相电源引入线接到刀开关 QS 的上接线端子上。电动机接线盒到安装盒上的接线端子排之间应使用护套线连接，电动机外壳接地保护线的连接也要可靠。

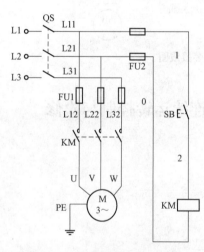

对中小功率电动机控制线路，通常使用截面积为 1.5 mm² 左右的导线连接。将同一走向的相邻导线并成一束。对于需要用螺钉压接一端的导线，应先套好线号管，再将芯线即裸露导线按顺时针方向围成圆环，压接入端子，以免旋紧螺钉时将导线挤出，造成虚接。

图 2.2.1　三相笼型异步电动机单向点动控制电气控制原理图

2. 线路检查

接线完成后，首先对照电气控制原理图逐线检查，以排除虚接情况，具体方法是：核对线号，用手拨动导线，检查所有有接线的接线端子的接触情况。接着用万用表检查，检查时先断开刀开关 QS，摘下接触器 KM 上的灭弧罩，以便用手操作时模拟触点的分合动作，将万用表拨到电阻 "$R \times 1$" 挡位，然后对各线路进行检查，方法如下。

1）主线路的检查

首先去掉控制线路熔断器 FU2 的熔体，以切除控制线路，再用万用表表笔分别测量刀开关 QS 下端各接点 L11～L21、L21～L31 和 L11～L31 之间的电阻值，电阻值均应为 $R \to \infty$。但如果某次测量结果为 $R \to 0$，则说明所测量的两相之间的接线有短路情况，应仔细逐线检查。

用平口螺丝刀按压接触器 KM 的主触点架，使主触点闭合，重复上述测量，应分别测得电动机各相定子绕组的电阻值。若某次测量结果为 $R\to\infty$，则应仔细检查所测两相的各段接线。例如，测量 L11～L31 之间电阻值为 $R\to\infty$，则说明主线路电源引入线 L1、L3 两相之间的接线有断路处。可将一支表笔接 L11 处，另一支表笔分别接 L12、U 各段导线两端的端子，再将表笔移到 L31、L32、W 各段导线两端测量，这样即可准确地查出断路点，并予以排除。

2）控制线路的检查

插好控制线路的熔断器 FU2，将万用表表笔接在控制线路电源线端子 L11、L21 处，测得电阻值应为 $R\to\infty$，即断路；按下按钮 SB，应测得接触器 KM 线圈的电阻值。如所测得的结果与上述情况不符，则将一支表笔接 L11 处，另一支表笔依次接 1 号、2 号……各段导线两端的端子，即可查出短路或断路点，并予以排除。移动表笔测量，逐步缩小故障范围，能够快速可靠地查出故障点。

3．通电试车

在上述检查无误后，装好接触器 KM 的灭弧罩，检查三相电源电压。清理试验板或控制柜上的线头杂物，一切正常后，在指导老师的监护下方可通电试车。

1）空操作试车

空操作试车是指不接电动机主线路，只检查控制线路工作情况的试车方法。具体做法是：合上电源刀开关 QS，按下按钮 SB，接触器 KM 应立即动作；松开按钮 SB，接触器 KM 应立即复位。监听 KM 主触点分合的动作声音和接触器线圈运行的声音是否正常。反复试验数次，检查控制线路动作的可靠性。

2）带负荷试车

切断电源后，接好电动机接线，重新通电试车。合上刀开关 QS，按下按钮 SB 后，注意观察电动机的启动和运行情况，松开按钮 SB 观察电动机能否正常停车。

试车中如发现有电动机嗡嗡响，不能启动，或接触器振动，发出噪声，主触点烧弧严重等现象，应立即断电停车。重新检查电动机接线和电源电压，必要时检查接触器的电磁机构，排除故障后再重新通电试车。

二、既能点动控制又能连续运转控制的控制线路

图 2.2.2 是既能点动控制又能连续运转控制的电气控制原理图。

在图 2.2.2（a）所示的控制线路中，当手动开关 SA 断开时为点动控制，当手动 SA 闭合时为连续运转控制。在该控制线路中，启动按钮 SB2 对点动控制和连续运转控制均实现控制作用。

图 2.2.2（b）为采用两个按钮 SB2 和 SB3 分别实现连续运转控制和点动控制的电气控制原理图。控制线路的工作情况分析如下：先合上刀开关 QS，若要电动机 M 连续运转，启动时按下 SB2，接触器 KM 线圈通电吸合，主触点闭合，电动机 M 启动，接触器 KM 自锁触点（4–6）闭合，实现自锁，电动机 M 连续运转。停止时按下 SB1，接触器 KM 线圈断电，主触点断开，电动机 M 停转，自锁触点（4–6）断开，切断自锁回路。

若要进行点动控制，按下点动按钮 SB3，SB3 触点（3–6）先断开，切断接触器 KM 的自锁回路，SB3 触点（3–4）后闭合，接通接触器 KM 线圈电路，电动机 M 启动并运转。

当松开点动按钮 SB3 时，SB3 触点（3-4）先断开，接触器 KM 线圈断电释放，接触器 KM 自锁触点（6-4）断开，接触器 KM 主触点断开，电动机 M 停转，SB3 动断触点（3～6）后闭合，此时 KM 自锁触点（6-4）已经断开，接触器 KM 线圈不会通电动作。

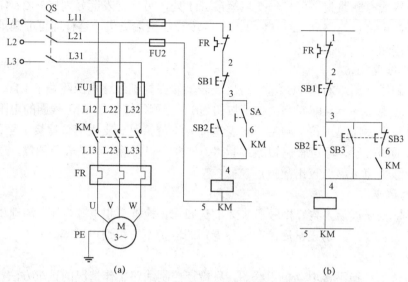

(a)   (b)

图 2.2.2　既能点动控制又能连续运转控制的电气控制原理图

（a）用手动开关 SA 控制；（b）用两个按钮分别控制

在该控制方式中，当松开点动按钮 SB3 时，必须使接触器 KM 自锁触点先断开，SB3 动断触点后闭合。如果接触器 KM 释放缓慢，自锁触点没有断开，SB3 动断触点已经闭合，则接触器 KM 线圈就不会断电，这样就变成连续运转控制了。

1. **按照电气控制原理图接线**

在电气控制原理图上，按规定标好线号（见图 2.2.2）。在试验台或控制柜上按照图 2.2.2（b）进行接线。

1）主线路的接线

主线路的接线方法同全压启动连续运转控制主线路的接线。

2）控制电路的接线

在图 2.2.2（b）中，由于使用了复合按钮和自锁电路，因此接线时先接串联支路，即依次接 FU2（L11-1）、FR（1-2）、SB1（2-3）、SB2（3-4）、KM 线圈（4-5）、FU2（5-L21）。在串联支路接完并检查无误后，再将复合按钮 SB3 的动合辅助触点并联接在 SB2 的两端，将 SB3 的动断触点的一端连接 SB3 的动合触点的一端（3 号），将 SB3 的动断触点的另一端串联接接触器 KM 的动合触点，接触器 KM 动合触点的另一端接 KM 线圈的进线端。

注意：接线时，按钮盒中引出 2 号、4 号、6 号线 3 根导线，要用三芯护套线与接线端子排连接，经过接线端子排再接入控制电路；接触器 KM 动合辅助静、动触点接线分别为 6 号和 4 号线，不能接错。

2. **线路检查**

主线路的检查方法和步骤同点动控制主线路。

控制线路的检查方法和步骤如下：

（1）装好熔断器 FU2 的瓷盖，将万用表表笔接在刀开关 QS 下控制线路电源线端子

L11、L21 处，应测得断路。

（2）按下按钮 SB2，应测得接触器 KM 线圈的电阻值；松开 SB2，按下 SB3，同样应测得接触器 KM 线圈的电阻值。

（3）松开按钮 SB3，用手按下接触器 KM 主触点的支架，接触器 KM 主触点闭合，动合辅助触点也闭合，同样应测得接触器 KM 线圈的电阻值。

（4）在用平口螺丝刀按下接触器 KM 主触点支架后，再按下 SB3 按钮，这时万用表的指针应该先指向无穷（即测得断开），随后万用表应测得接触器 KM 线圈的电阻值。

若在检查中测得的结果与上述不符，则移动万用表的表笔进行逐段检查。

3．通电试车

该控制线路的通电试车方法同点动控制线路。

实训操作：三相交流异步电动机正转或反转点动控制线路的安装与调试

一、所需的工具、材料

1．工具与仪表

（1）工具：螺钉旋具、斜口钳、尖嘴钳、剥线钳、电工刀等。

（2）仪表：万用表。

2．所需材料见表 2.2.1。

表 2.2.1 所需材料

图上代号	元件名称	型号规格	数量	备注
M	三相交流异步电动机	Y−112M−4/4 kW，三角形连接，380 V，8.8 A，1 440 r/min	1 台	
QS	转换开关	HD10−25/3	1 个	
FU1	熔断器	RL1−60/25A	3 个	
FU2	熔断器	RL1−15/2A	2 个	
KM	交流接触器	CJ10−10，380 V	1 个	
FR	热继电器	JR36−20/3，整定电流 8.8 A	1 个	
SB1	启动按钮	LA10−2H	1 个	绿色
SB2	停止按钮			红色
—	接线端子	JX2−Y010	1 个	
—	导线	BV−1.5 mm²，1 mm²	若干	
—	导线	BVR−1 mm²	若干	
—	冷压接头	1 mm²	若干	
—	异型管	1.5 mm²	若干	
—	油记笔	黑（红）色	1 个	
—	开关板	500 mm×400 mm×30 mm	1 个	

二、实训内容与步骤

（1）根据表2.2.1配齐所用电气元件，并检查电气元件质量。

（2）根据图2.2.1画出电气元件布置图，如图2.2.3所示。

（3）根据电气元件布置图安装元件，各电气元件的安装位置整齐、匀称、间距合理，便于电气元件的更换，紧固电气元件时用力均匀，紧固程度适当，按钮可以不安在控制板上（实际生产设备中按钮安装在机械设备上）。电气元件安装后如图2.2.4所示。

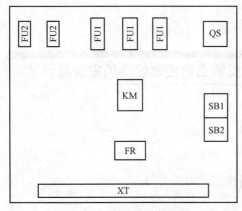

图2.2.3　电气元件布置图

图2.2.4　电气元件安装后

（4）布线。布线时以接触器为中心，按由里向外，由低至高，先电源线路，再控制线路，后主线路的顺序进行布线，以不妨碍后续布线为原则。

① 电源线路布线后的情况如图2.2.5所示。

② 控制线路1#和2#线布线后的情况如图2.2.6所示。

图2.2.5　电源线路布线后的情况

图2.2.6　控制线路1#和2#布线后的情况

③ 控制线路3#和4#线布线后的情况如图2.2.7所示。

④ 主线路布线后的情况如图2.2.8所示。

图 2.2.7 控制线路 3#和 4#布线后的情况

图 2.2.8 主线路布线后的情况

（5）连接按钮，完成的控制板如图 2.2.9 所示。

（6）整定热继电器。

（7）连接电动机和按钮金属外壳的保护接地线。

（8）连接电动机和电源。

（9）检查。通电前，应认真检查有无错接、漏接造成不能正常运转或短路事故的现象。

（10）通电试车时，注意观察接触器的情况。观察电动机运转是否正常，若有异应马上停车。

（11）试车完毕。应遵循停转、切断电源、拆除三相电源线、拆除电动机线的顺序。

图 2.2.9 完成的控制板

三、注意事项

（1）热继电器的热元件应串联在主线路中，其常闭触头串联在控制线路中。

（2）热继电器的整定电流应按电动机额定电流自行整定，绝对不允许弯折双金属片。

（3）编码套管要正确。

（4）控制板外配线必须加以防护，以确保安全。

（5）电动机及按钮金属外壳必须保护接地。

（6）通电试车、调试及检修时，必须在指导教师的监视和允许下进行。

（7）要做到安全操作和文明生产。

四、评分表

评分表见表 2.2.2。

表 2.2.2 "三相交流异步电动机正转或反转点动控制线路的安装与调试"技能自我评分表

项目	技术要求	配分	评分细则	评分记录
安装前检查	正确无误地检查所需电气元件	5	电气元件漏检或错检，每个扣1分	
安装电气元件	按电气元件布置图合理安装电气元件	15	不按电气元件布置图安装，扣3分	
			电气元件安装不牢固，每个扣0.5分	
			电气元件安装不整齐、不合理，扣2分	
			损坏元件，扣10分	
布线	按电气安装接线图正确接线	40	不按电气安装按线图接线，扣10分	
			布线不美观，主线路、控制线路每个扣0.5分	
			接点松动，露铜过长，反圈、有毛刺，标记线号不清楚或遗漏或误标，每处扣0.5分	
			损伤导线，每处扣1分	
通电试车	正确整定电气元件，检查无误，通电试车一次成功	40	热继电器未整定或错误，扣5分	
			熔体选择错误，每组扣10分	
			试车不成功，每返工一次扣5分	
定额工时（90 min）	准时		每超过5 min，从总分中倒扣3分，但不超过10分	
安全、文明生产	满足安全、文明生产要求		违反安全、文明生产规定，从总分中倒扣5分	

维护操作

一、单向点动控制线路故障实例分析

（1）故障现象：线路进行空操作试验时，按下按钮 SB 后，接触器衔铁剧烈振动，发出严重噪声。

故障现象分析：用万用表检查线路未发现异常，电源电压也正常。可能的故障原因是控制线路的熔断器接触不良，当接触器动作时，振动造成控制线路电源电压不稳定，时通时断，使接触器振动；或接触器电磁机构有故障而引起振动。

故障检查：先检查熔断器的接触情况、各熔断器与底座的接触和各熔断器瓷盖上的触刀与静插座的接触是否良好。可靠接触后装好熔断器并通电试验，若接触器振动依旧，再将接触器拆开，检查接触器的电磁机构，观察铁芯端面的短路环是否有断裂。

故障处理：更换短路环（或更换铁芯）并装配恢复，将接触器装回线路。重新检查后试验，故障即可排除。

（2）故障现象：线路空操作试车正常，带负载试车时，按下按钮 SB 后，电动机嗡嗡响且不能启动。

故障现象分析：空操作试车未见线路异常，带负载试车时接触器动作也正常，而电动机启动异常，故障现象是由缺相造成的。但因主线路、控制线路共用 L1、L2 相电源，而接触器电磁机构工作正常，表明 L1、L2 相电源正常，因此故障的可能原因是线路中某一相连接线有断路点。

故障检查：用万用表检查各接线端子之间的连接线，未见异常。摘下接触器灭弧罩，发现一对主触点歪斜，接触器动作时，这一对主触点无法接通，致使电动机因缺相而无法启动。

故障处理：装好接触器主触点，装回灭弧罩后重新通电试车，故障排除。

二、既能点动控制又能连续运转控制线路常见故障现象及处理方法

（1）故障现象：在未按下按钮 SB2 的情况下合上刀开关 QS 时接触器 KM 立即通电动作；按下按钮 SB1 则接触器 KM 释放，松开按钮 SB1 时，接触器 KM 又通电动作。其可能原因及处理方法见表 2.2.3。

表 2.2.3　可能原因及处理方法

可能原因	处理方法
启动按钮 SB2 被短接，复合按钮 SB3 被错接，从而使停止按钮 SB1 停车控制功能正常，而启动按钮 SB2 不起作用。点动控制按钮没有起到点动控制的作用，只起到停车的作用	拆开按钮盒，核对接线，把 SB3 的动断触点并接在 SB2 两侧，而把 SB3 的动合辅助触点和接触器 KM 的自锁触点串联，改正接线后重新试车

（2）故障现象：合上刀开关 QS，按下按钮 SB2，接触器 KM 通电动作；松开按钮 SB2，接触器 KM 保持通电状态；但当按下按钮 SB1 时则接触器 KM 不释放；按下按钮 SB3（没有按到底时），接触器 KM 先断电释放，当按钮 SB3 按到底时，接触器 KM 又通电吸合，松开按钮 SB3，接触器 KM 断电。其可能原因及处理方法见表 2.2.4。

表 2.2.4　可能原因及处理方法

可能原因	处理方法
按钮 SB3 上端错接到按钮 SB1 上端，使启动按钮正常工作，并且能够自锁；按钮 SB1 不起作用；按钮 SB3 也能实现点动控制	拆开按钮盒，核对接线检查无误后，重新试车

任务 3　两台三相异步电动机的顺序控制与检修

任务目标

（1）熟悉按顺序工作时的联锁控制方法。

（2）熟悉几种典型顺序控制线路的分析方法。

（3）掌握顺序控制线路的安装和调试方法。

（4）掌握顺序控制线路的检查和试车方法。

（5）掌握顺序控制线路的常见故障现象及排除方法。

知识储备

一、顺序控制线路及其检查试车

1. 按顺序工作时的联锁控制

在生产实践中，常要求各种运动部件之间或生产机械设备之间能够按顺序工作。例如车床主轴转动前，要求油泵电动机先启动给主轴加润滑油，然后主轴电动机才启动；主轴电动机停止后，才允许油泵电动机停止给主轴加润滑油。按顺序控制的电气控制原理图如图 2.3.1 所示。

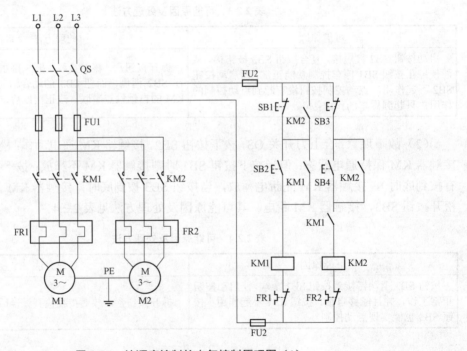

图 2.3.1　按顺序控制的电气控制原理图（1）

图 2.3.1 中，M1 为油泵电动机，M2 为主轴电动机，分别由 KM1、KM2 控制。SB1、SB2 为 M1 的停止、启动按钮，SB3、SB4 为 M2 的停止、启动按钮。在图 2.3.1 中，将接触器 KM1 的动合辅助触点串入接触器 KM2 的线圈线路中，这样当接触器 KM1 线圈通电，动合辅助触点闭合后，才允许 KM2 线圈通电，即电动机 M1 启动后才允许电动机 M2 启动。将主轴电动机接触器 KM2 的动合触点并联在油泵电动机 M1 的停止按钮 SB1 两端，同样当主轴电动机 M2 启动后，SB1 被 KM2 的动合触点短路，不起作用，直到控制主轴电动机的接触器 KM2 断电，油泵停止按钮 SB1 才能起到断开接触器 KM1 线圈线路的作

用，油泵电动机才能停止转动，从而实现了按顺序启动、按顺序停止的联锁控制。

由以上分析，可以得到以下控制方法：

（1）当要求甲接触器线圈通电后才允许乙接触器线圈通电，则在乙接触线圈线路中串入甲接触器的动合辅助触点。

（2）当要求乙接触器线圈断电后才允许甲接触器线圈断电，则将乙接触器的动合辅助触点并联在甲接触器的停止按钮两端。

2. 两台电动机启、停的先后顺序

对于两台电动机 M1（如油泵电动机）和 M2（如主轴电动机），要求 M1 启动后，M2 才能启动；M1 停止后，M2 立即停止；M1 运行时，M2 可以单独停止。其控制线路如图 2.3.2（a）所示。

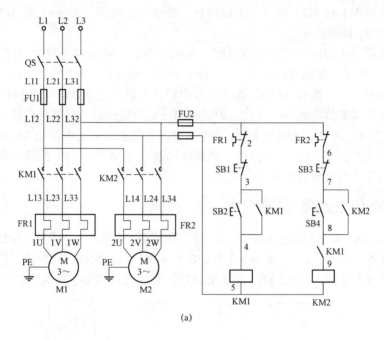

(a)

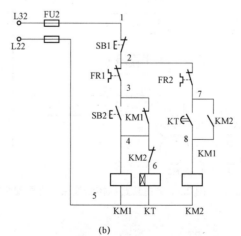

(b)

图 2.3.2　按顺序控制的电气控制原理图（2）

图2.3.2（a）中将接触器 KM1 的动合辅助触点串入接触器 KM2 的线圈线路。这样就保证了只有在控制电动机 M1 的接触器 KM1 吸合，动合辅助触点 KM1（8-9）闭合后，再按下 SB4 才能使 KM2 的线圈通电动作，主触点闭合使电动机 M2 启动，达到了电动机 M1 先启动，而 M2 后启动的目的。

在停止时，按下 SB1，KM1 线圈断电，主触点断开，使电动机 M1 停止转动，同时 KM1 的动合辅助触点 KM1（3-4）断开，切断自锁电路，KM1 的动合辅助触点 KM1（8-9）断开，使 KM2 线圈断电释放，主触点断开，电动机 M2 断电而停转，达到电动机 M1 停止后，电动机 M2 立即停止的目的。当电动机 M1 运行时，按下电动机 M2 的停止按钮 SB3，电动机 M2 可以单独停止。

3. 按时间原则控制电动机的顺序启动

两台电动机 M1 和 M2，要求 M1 启动后，经过一定时间（如 6 s）后 M2 自行启动，但要求 M1 和 M2 同时停车。

该控制线路须用时间继电器实现延时，时间继电器的延时时间整定为 6 s，主线路仍如图2.3.2（a）所示，控制线路如图2.3.2（b）所示。线路的工作过程分析如下：按下 M1 的启动按钮 SB2，接触器 KM1 的线圈通电并自锁，主触点闭合，电动机 M1 启动并运行，同时时间继电器 KT 线圈通电，开始延时。经过 6 s 的延时后，时间继电器的通电延时动合触点 KT（7-8）闭合，接触器 KM2 线圈通电，主触点闭合，电动机 M2 启动并运行，动合辅助触点 KM2（7-8）闭合自锁，动断辅助触点 KM2（4-6）断开，时间继电器的线圈断电，为下次实现延时做好准备。

二、按照电气控制原理图接线

按图2.3.2（a）所示按规定标好线号，画出接线图，如图2.3.3所示。接线时注意：按钮盒中引出 2 号、3 号、4 号、6 号、7 号、8 号 6 根导线，SB1、SB2 用 1 根三芯护套线与接线端子排 XT 连接，SB3、SB4 用 1 根三芯护套线与接线端子排 XT 连接。

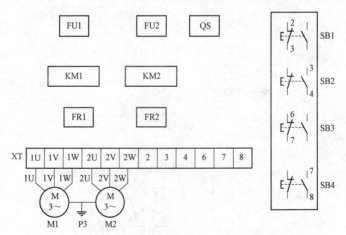

图2.3.3 图2.3.2 的主线路和控制线路的电气安装接线图

三、线路检查

对图2.3.2 所示主线路与控制线路接线完成后，先进行常规检查。对照电气控制原理图逐线核对检查。用手拨动各接线端子处的接线，排除虚接故障，然后在断电的情况下，用万用表电阻"$R \times 1$"挡位检查。断开 QS，摘下接触器灭弧罩。先检查主线路，再检查控制线路，方法同前。重点检查控制线路中顺序控制的触点：首先将万用表的一只表笔放在 SB3 的上端，将另一只表笔放在 KM2 线圈的下端，按下按钮 SB4，此时应该为断开；然后按下接触器 KM1 的触点支架，再按下 SB4，应测得 KM2 线圈的电阻值，即电路为接通状态；最后松开 KM1 的触点支架，电路断开。

四、通电试车

完成上述各项检查工作以后，再检查三相电源，将接触器灭弧罩装好，把热继电器电流整定值按电动机的需要调节好，在确认线路无误的情况下通电试车。试车方法同前。

实训操作：顺序控制线路的安装

一、所需的工具、材料

（1）所需工具有常用电工工具、万用表等。
（2）所需材料见表 2.3.1。

表 2.3.1　所需材料

图上代号	元件名称	型号规格	数量	备注
M1	三相交流异步电动机	Y－112M－4/4 kW，三角形连接，380 V，8.8 A，1 440 r/min	1 台	
M2	三相交流异步电动机	Y90S－2/1.5 kW，星形连接，380 V，3.4 A，2 845 r/min	1 台	
QS	转换开关	HD10－25/3	1 个	
FU1	熔断器	RL1－60/25A	3 个	
FU2	熔断器	RL1－15/2A	2 个	
KM1，KM2	交流接触器	CJ10－10，380 V	2 个	
FR1	热继电器	JR36－20/3，整定电流 8.8 A	1 个	
FR2	热继电器	JR36－20/3，整定电流 3.4 A	1 个	
SB1，SB3	启动按钮	LA10－2H	2 个	绿色
SB2，SB4	停止按钮		2 个	红色
—	接线端子	JX2－Y010	2 个	
—	导线	BVR－1.5 mm², 1 mm²	若干	
—	线槽	40 mm × 40 mm	5 m	
—	冷压接头	1.5 mm², 1 mm²	若干	

图上代号	元件名称	型号规格	数量	备注
—	缠绕管	$\phi 8$ mm	1 m	
—	异型管	1.5 mm²	若干	
—	油记笔	黑（红）色	1 个	
—	开关板	500 mm × 400 mm × 30 mm	1 个	

二、实训内容与步骤

（1）根据表 2.3.1 配齐所用电气元件，并检查电气元件质量。

（2）根据图 2.3.2 画出电气元件布置图，如图 2.3.4 所示。

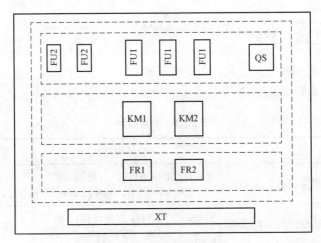

图 2.3.4　电气元件布置图

（3）根据电气元件布置图安装电气元件、线槽，各电气元件的安装位置整齐、匀称、间距合理。

（4）布线。布线时以接触器为中心，按由里向外，由低至高，先电源线路，再控制线路，后主线路的顺序进行，以不妨碍后续布线为原则。同时，布线应层次分明，不得交叉。布线完成后的情况如图 2.3.5 所示。

（5）整定热继电器。

（6）连接电动机和按钮金属外壳的保护接地线。

（7）连接电动机和电源。

（8）检查。通电前，应认真检查有无错接、漏接造成不能正常运转或短路事故的现象。

（9）通电试车。试车时，注意观察接触器情况。观察电动机运转是否正常，若有异常现象应马上停车。

（10）试车完毕，应遵循停转、切断电源、拆除三相电源线、拆除电动机线的顺序。

图 2.3.5 布线完成后的情况

三、注意事项

（1）该控制线路是两个正转启动控制线路的合成，不过是在接触器 KM2 的线圈回路中串接了一个接触器 KM1 的常开触点。接线时，注意接触器 KM1 的自锁触点与常开触点的接线务必正确，否则会造成电动机 M2 不启动，或者电动机 M1 和电动机 M2 同时启动。

（2）螺旋式熔断器的接线务必正确，以确保安全。

（3）编码套管要正确。

（4）控制板外配线必须加以防护，以确保安全。

（5）电动机及按钮金属外壳必须保护接地。

（6）通电试车、调试及检修时，必须在指导教师的监护和允许下进行。

（7）要做到安全操作和文明生产。

四、评分表

评分表见表 2.3.2。

表 2.3.2 "顺序控制线路的安装" 评分表

项目	技术要求	配分	评分细则	评分记录
安装前检查	正确无误地检查所需电气元件	5	电气元件漏检或错检，每个扣 1 分	
安装电气元件	按电气元件布置图合理安装电气元件	15	不按电气元件布置图安装，扣 3 分	
			电气元件安装不牢固，每个扣 0.5 分	
			电气元件安装不整齐、不合理，扣 2 分	
			损坏电气元件，扣 10 分	

续表

项目	技术要求	配分	评分细则	评分记录
布线	按电气安装接线图正确接线	40	不按电气安装线路图接线，扣10分	
			线槽内导线交叉超过3次，扣3分	
			线槽对接不成90°，每处扣1分	
			接点松动，露铜过长，反圈，有毛刺，标记线号不清楚或遗漏或误标，每处扣0.5分	
			损伤导线，每处扣1分	
通电试车	正确整定电气元件，检查无误，通电试车一次成功	40	热继电器未整定或整定错误，扣5分	
			熔体选择错误，每组扣10分	
			试车不成功，每返工一次扣5分	
定额工时（90 min）	准时		每超过5 min，从总分中倒扣3分，但不超过15分	
安全、文明生产	满足安全、文明生产要求		违反安全、文明生产规定，从总分中倒扣5分	

维护操作

见实训操作中的注意事项，不再赘述。

任务4　三相异步电动机的自动往复控制与检修

任务目标

（1）了解电动机位置控制、自动循环控制的概念。
（2）熟悉自动往复控制线路的分析方法。
（3）掌握自动往复控制线路的安装和调试方法。
（4）掌握自动往复控制线路的检查和试车方法。
（5）掌握自动往复控制线路故障的检查与排除方法。

知识储备

一、限位控制线路分析

限位控制线路是指电动机拖动的运动部件到达规定位置后自动停止，当按返回按钮时使机械设备返回起始位置而自动停止。停止信号是由安装在规定位置的行程开关发出的。当运动部件到达规定的位置时，挡铁压下行程开关，行程开关的动断触点断开，发出停止信号。限位控制线路电气控制原理图如图 2.4.1 所示。

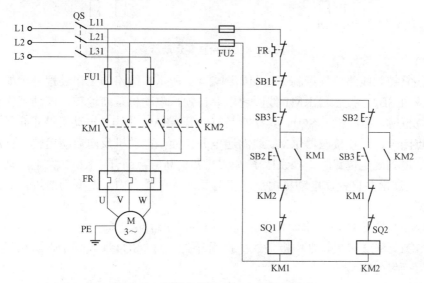

图 2.4.1　限位控制线路电气控制原理图

图 2.4.1 中，SB1 为停止按钮，SB2 为电动机正转启动按钮，SB3 为电动机反转启动按钮，SQ1 为前进到位行程开关，SQ2 为后退到位行程开关。

线路控制过程分析如下：合上刀开关 QS，当按下电动机正转启动按钮 SB2 时，接触器 KM1 线圈通电吸合，电动机正向启动并运行，拖动运动部件前进。到达规定位置后，运动部件的挡铁压下行程开关 SQ1，使 SQ1 动断触点断开，KM1 线圈断电释放，电动机停止转动，运动部件停止在行程开关的安装位置。此时即使按下按钮 SB2，接触器 KM1 线圈也不会通电，电动机也就不会正向启动。当需要运动部件后退、电动机反转时，按下电动机反转启动按钮 SB3，接触器 KM2 线圈通电吸合，电动机反向启动运行，拖动运动部件后退，到达规定位置后，运动部件的挡铁压下行程开关 SQ2，使 SQ2 动断触点断开，接触器 KM2 线圈断电释放，电动机停止转动，运动部件停止在行程开关的安装位置。由此可见，行程开关的动断触点相当于运动部件到位后的停止按钮。

二、自动往复控制线路分析

在实际生产中，生产机械设备实现往返运动，如机床的工作台、加热炉的加料设备等均需自动往复运行。自动往复的可逆运行常用行程开关来检测往复运动的相对位置，进而通过行程开关的触点控制正反转回路的切换，以实现生产机械的自动往复运动。

图 2.4.2 所示为工作台往复运动示意。工作台由电动机拖动，它通过机械传动机构向前或向后运动。在工作台上装有挡铁（图 2.4.2 中的 A 和 B），机床床身上装有行程开关 SQ1～SQ4，挡铁分别和 SQ1～SQ4 碰撞，其中 SQ1、SQ2 用来控制工作台的自动往返，SQ3、SQ4 起左、右极限保护的作用。

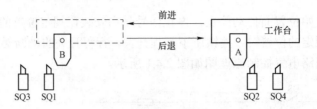

图 2.4.2　工作台往复运动示意

自动往复控制线路电气控制原理图如图 2.4.3 所示。线路的工作过程分析如下：按下正向启动按钮 SB2，接触器 KM1 线圈通电并自锁，电动机正向运转，拖动工作台前进。到达规定位置时，挡铁压下 SQ1，其动断触点断开，KM1 失电，电动机停止正转，但 SQ1 的动合触点闭合，又使接触器 KM2 线圈通电并自锁，电动机反向启动运转，拖动工作台后退。当后退到规定位置时，挡铁压下 SQ2，其动断触点断开，KM2 失电，动合触点闭合，KM1 又通电并自锁，电动机由反转变为正转，工作台由后退变为前进，如此周而复始地工作。

按下停止按钮 SB1 时，电动机停止，工作台停止运动。

如果 SQ1、SQ2 失灵，则由极限保护行程开关 SQ3、SQ4 实现保护，防止工作台因超出极限位置而发生事故。

通过上述分析可知，工作台每经过一个自动往复循环，电动机要进行两次反接制动过程，并产生较大的反接制动电流和机械冲击力，因此该线路只适用于循环周期较长而电动机转轴具有足够刚性的电力拖动系统。

三、按照电气控制原理图接线

按照图 2.4.3 所示往复运动控制线路接线，接线要求与正反转控制线路基本相同。注意：接线端子排 XT 与各行程开关之间的连接线必须用护套线，走线时应将护套线固定好，

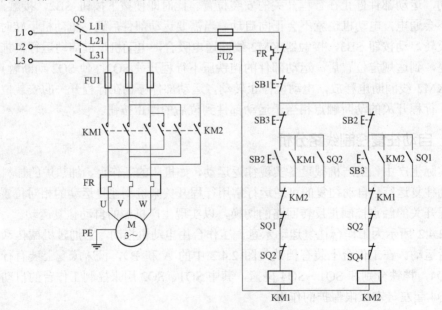

图 2.4.3　自动往复控制线路电气控制原理图

走线路径不可影响运动部件正、反两个方向的运动。接线前先用万用表校线，套好标有线号的套管，核对检查无误后才可接到端子上。特别注意行程开关的动合、动断触点端子的区别，以防止错接。

注意：在控制线路中将左、右限位开关 SQ3 和 SQ4 的动断触点分别串在接触器 KM1、KM2 线圈线路中，这样即可以实现限位保护。SQ1 和 SQ2 的作用是行程控制，这两组开关不可装反，否则会引起错误动作。

四、线路检查

按照电气控制原理图和电气安装接线图逐线检查线路并排除虚接的情况，然后用万用表按规定的步骤检查。断开 QS，先检查主线路，再拆下电动机接线，检查辅助线路的正/反转启动、自锁、按钮及辅助触点联锁等控制和保护作用（方法同双重联锁正反转控制线路），排除发现的故障。

完成上述各项工作后再作如下检查。

1. 检查限位控制

按下按钮 SB2 不松开或按下 KM1 触点架测得 KM1 线圈电阻值后，再按下行程开关 SQ3 的滚轮，使其动断触点断开，万用表应显示线路由通到断。接着按下 SB3 不松开或按下接触器 KM2 触点架测得 KM2 线圈的电阻值后，再按下行程开关 SQ4 的滚轮，使其动断触点断开，万用表应显示线路由通到断。

2. 检查行程控制

按下按钮 SB2 不松开，测得接触器 KM1 线圈的电阻值，再稍微按下 SQ1 的滚轮，使其动断触点分断，万用表应显示线路由通到断；将 SQ1 的滚轮按到底，万用表应显示线路由断而通，测得 KM2 线圈的电阻值。按下 SB3 不松开，应测得 KM2 线圈的电阻值，再稍微按下 SQ2 的滚轮，使其动断触点分断，万用表应显示线路由通到断；将 SQ2 的滚轮按到底，万用表应显示线路由断而通，测得接触器 KM1 线圈的电阻值。

五、通电试车

检查好三相电源后，装好接触器的灭弧罩，在确认一切完好的情况下通电试车。

1. 空操作试车

合上刀开关 QS，按照电气、机械联锁的正反转控制线路的试验步骤检查各控制、保护环节的动作。试验结果完好后，再按一下 SB2 使接触器 KM1 线圈通电并吸合，然后用绝缘棒按下 SQ3 的滚轮，使其动断触点分断，则接触器 KM1 因失电而释放。再按下 SB3 使 KM2 线圈通电而动作，同样，用绝缘棒按下 SQ4 滚轮，KM2 因失电而释放。反复试验几次，检查极限保护动作的可靠性。

按下 SB2 使 KM1 通电动作后，用绝缘棒稍按 SQ1 滚轮，使其动断触点分断，KM1 应释放，将 SQ1 滚轮按到底，则 KM2 通电动作；再用绝缘棒缓慢按下 SQ2 滚轮，则应先后看到 KM2 释放，将 SQ2 滚轮按到底，则 KM1 通电动作。反复试验几次以后，检查行程控制动作的可靠性。

2. 空载试车和带负载试车

断开刀开关 QS，接好电动机接线。合上刀开关 QS，做好立即停车的准备，然后做下面几项试验：

（1）行程控制试验。做好立即停车的准备，正向启动电动机，运动部件前进，当运动部件移动到规定位置附近时，注意观察挡铁与行程开关 SQ1 滚轮的相对位置。SQ1 被挡铁压下后，电动机应先停转再反转，运动部件后退。当运动部件移动到规定位置附近时，注意观察挡铁与行程开关 SQ2 滚轮的相对位置。SQ2 被挡铁压下后，电动机应先停转再正转，运动部件前进。

如果运动部件到达行程开关，挡铁已将开关滚轮压下而电动机不能停车，应立即断电停车进行检查。主要检查该方向上行程开关的接线、触点及相关接触器触点的动作，排除故障后重新试车。

（2）电动机转向试验。按下按钮 SB2，电动机启动，拖动设备上的运动部件开始移动。如果移动方向为前进即指向 SQ1，则符合要求；如果运动部件后退，则应立即断电停车，将刀开关 QS 上端子处任意两相电源线对调后，再接通电源试车。电动机的转向符合要求后，按下 SB3 使电动机拖动部件反向运动，检查 KM2 的换相作用。

（3）限位控制试验。启动电动机，在设备运行中用绝缘棒按压该方向上的极限保护行程开关，电动机应断电停车。否则应检查限位行程开关的接线及触点动作情况，排除故障。

（4）正反向控制试验。方法同电气、机械联锁的正反转控制，试验检查 SB1、SB2、SB3 三个按钮的控制作用。

实训操作：自动往复控制线路的安装

一、所需的工具、材料

（1）所需工具有常用电工工具、万用表等。

（2）所需材料见表 2.4.1。

表 2.4.1 所需材料

图上代号	元件名称	型号规格	数量	备注
M	三相交流异步电动机	Y－112M－4/4 kW，三角形连接，380 V，8.8 A，1 440 r/min	1 台	
QS	转换开关	HD10－25/3	1 个	
FU1	熔断器	RL1－60/25A	3 个	
FU2	熔断器	RL1－15/2A	2 个	
KM1，KM2	交流接触器	CJ10－10，380 V	2 个	
FR	热继电器	JR36－20/3，整定电流 8.8 A	1 个	
SB1	正转按钮		1 个	绿色
SB2	反转按钮	LA10－3H	1 个	黑色
SB3	停止按钮		1 个	红色

续表

图上代号	元件名称	型号规格	数量	备注
SQ1，SQ2	行程开关	LX1－111	2个	
—	接线端子	JX2－Y010	2个	
—	导线	BVR－1.5 mm², 1 mm²	若干	
—	冷压接头	1.5 mm², 1 mm²	若干	
—	塑料线槽	40 mm×40 mm	5 m	
—	缠绕管	φ8 mm	1 m	
—	异型管	1.5 mm²	若干	
—	油记笔	黑（红）色	1个	
—	开关板	800 mm×600 mm×30 mm	1个	

二、实训内容与步骤

（1）根据表 2.4.1 配齐所用电气元件，并检查电气元件质量。

（2）根据图 2.4.3 画出电气元件布置图，如图 2.4.4 所示。

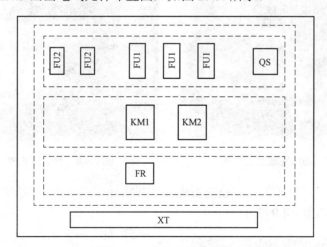

图 2.4.4　电气元件布置图

（3）根据电气元件布置图安装电气元件、线槽。各电气元件的安装位置整齐、匀称、间距合理，电气元件的接线端子与线槽直线距离为 30 mm，便于电气元件的更换和接线，安装好的电气元件和线槽如图 2.4.5 所示。

（4）布线。布线时以接触器为中心，按由里向外、由低至高，先电源线路，再控制线路，后主线路的顺序进行，以不妨碍后续布线为原则。同时，布线应层次分明，不得交叉。

① 布电源线路，如图 2.4.6 所示。

② 布控制线路，然后布主线路。

③ 布线完成后，清理线槽内杂物并梳理好导线，如图 2.4.7 所示。

图 2.4.5 安装好的电气元件和线槽

图 2.4.6 电源线路

④ 盖好线槽盖板，整理线槽外部线路，保持导线的高度一致性，如图 2.4.8 所示。

图 2.4.7 布线完成后的情况

图 2.4.8 整理线槽外部线路

⑤ 安装按钮、行程开关并与控制板连接（在实际生产设备中，按钮、行程开关安装在机械设备上），如图 2.4.9 所示。

图 2.4.9 安装按钮、行程开关

（5）整定热继电器。

（6）连接电动机和按钮金属外壳的保护接地线。

（7）连接电动机和电源。

（8）检查。通电前，应认真检查有无错接、漏接造成不能正常运转或短路事故的现象。

（9）通电试车。试车时注意观察接触器情况。观察电动机运转是否正常，若有异常现象应马上停车。

（10）试车完毕，应遵循停转、切断电源、拆除三相电源线、拆除电动机线的顺序。

三、注意事项

（1）注意接触器 KM1、KM2 联锁的接线务必正确，否则会造成主线路中两相电源短路。

（2）注意接触器 KM1、KM2 换相正确，否则会造成电动机不能反转。

（3）螺旋式熔断器的接线务必正确，以确保安全。

（4）安装行程开关后，应检查手动动作是否灵活。

（5）通电试车时，搬动行程开关 SQ1，接触器 KM1 不断电释放，可能是 SQ1 和 SQ2 接反；如果搬动行程开关 SQ1，接触器 KM1 断电释放，KM2 闭合，电动机不反转，且继续正转，可能是 KM2 的主触头接线错误。对两种情况都应断电纠正后再试。

（6）编码套管要正确。

（7）线槽盖板应成 90°对接，控制板外配线必须加以防护，以确保安全。

（8）电动机及按钮金属外壳必须保护接地。

（9）通电试车、调试及检修时，必须在指导教师的监视和允许下进行。

（10）要做到安全操作和文明生产。

四、评分表

评分表见表 2.4.2。

表 2.4.2　"自动往复控制线路的安装"评分表

项目	技术要求	配分	评分细则	评分记录
安装前检查	正确无误地检查所需电气元件	5	电气元件漏检或错检，每个扣 1 分	
安装电气元件	按电气元件布置图合理安装电气元件	15	不按电气元件布置图安装，扣 3 分	
			电气元件安装不牢固，每个扣 0.5 分	
			电气元件安装不整齐、不合理，扣 2 分	
			损坏电气元件，扣 10 分	
布线	按电气安装接线图正确接线	40	不按电气安装线路图接线，扣 10 分	
			线槽内导线交叉超过 3 次，扣 3 分	
			线槽对接不成 90°，每处扣 1 分	
			接点松动，露铜过长，反圈，有毛刺，标记线号不清楚或遗漏或误标，每处扣 0.5 分	
			损伤导线，每处扣 0.5 分	
通电试车	正确整定电气元件，检查无误，通电试车一次成功	40	热继电器未整定或整定错误，扣 5 分	
			熔体选择错误，每组扣 10 分	
			试车不成功，每返工一次扣 5 分	
定额工时（120 min）	准时		每超过 5 min，从总分中倒扣 3 分，但不超过 10 分	
安全、文明生产	满足安全、文明生产要求		违反安全、文明生产规定，从总分中倒扣 5 分	

一、线路常见故障现象及处理方法

（1）故障现象：电动机启动后设备运行，运动部件到达规定位置，挡铁压下行程开关时接触器动作，但运动部件的运动方向不改变，继续按原方向移动而不能返回；行程开关动作的两个接触器可以切换，表明行程控制作用及接触器线圈所在的控制线路接线正确。其可能原因及处理方法见表 2.4.3。

表 2.4.3　可能原因及处理方法

可能原因	处理方法
主线路接错，KM1 和 KM2 主触点介入线路时没有换相	重接主线路，换相连线后重新试车

（2）故障现象：挡铁压下行程开关后，电动机不停；检查接线没有错误，用万用表检查行程开关的动断触点动作情况以及线路连接情况均正常；在正反转试验时，按下或松开按钮 SB1、SB2、SB3，线路工作正常。其可能原因及处理方法见表 2.4.4。

表 2.4.4　可能原因及处理方法

可能原因	处理方法
运动部件的挡铁和行程开关滚轮的相对位置不符合要求，滚轮行程不够，造成行程开关动断触点不能分断，电动机不能停转	用手摇动电动机转轴，注意挡铁压下行程开关的情况。调整挡铁与行程开关的相对位置后，重新试车

二、自动往复控制线路的维护

见实训操作中的注意事项，不再赘述。

任务 5　三相交流异步电动机正反转控制与检修

（1）熟悉电气互锁，掌握按钮、电气双重互锁的方法及目的。
（2）熟悉正反转控制线路的分析方法。
（3）掌握正反转控制线路的安装和调试方法。
（4）掌握正反转控制线路的检查和试车方法。

（5）掌握正反转控制线路的常见故障现象及处理方法。

知识储备

一、正反转控制线路

1. 电气互锁的正反转控制线路

有些生产工艺常常要求生产机械能够进行上、下、左、右、前、后等相反方向的运动，这就要求拖动该生产机械的电动机能够正反向转动。三相交流电动机可借助正反向接触器改变定子绕组相序来实现此功能。

图 2.5.1 所示为三相异步电动机实现正反转的控制线路的电气控制原理图。图中，KM1、KM2 分别为控制电动机正、反转的接触器，对应主触点接线相序分别是，KM1 按 U–V–W 相序接线，KM2 按 W–V–U 相序接线，即将 U、V 两相对调，所以两个接触器分别通电吸合时，电动机的旋转方向不一样，从而实现电动机的可逆运转。

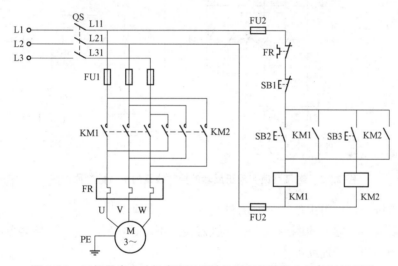

图 2.5.1 三相异步电动机实现正反转的控制线路的电气控制原理图

图 2.5.1 所示控制线路尽管能够完成正反转控制，但在按下正转启动按钮 SB2 时，KM1 线圈通电并且自锁，接通正序电源，电动机启动正转。若出现操作错误，即在按下正转启动按钮 SB2 的同时又按下反转启动按钮 SB3，KM2 线圈通电并自锁，这样会在主电路中发生 U、V 两相电源短路事故。

为了避免上述电源短路事故发生，就要保证控制电动机正反转的两个接触器线圈不能同时通电吸合，即在同一时间只允许两个接触器中有且只有一个通电，这种控制作用称为互锁或联锁。图 2.5.2 所示为电气互锁实现正反转的控制线路的电气控制原理图。在正反转控制的两个接触器线圈电路中互串对方的一对动断触点，这对动断触点称为互锁触点或联锁触点。当按下正转启动按钮 SB2 时，正转接触器 KM1 线圈通电，主触点闭合，电动机启动正转运行。同时，由于 KM1 的动断辅助触点断开，切断了反转接触器

KM2 的线圈线路，这样，即使按下反转启动按钮 SB3，也不会使反转接触器 KM2 的线圈通电工作。同理，在反转接触器 KM2 动作后，也保证了正转接触器 KM1 的线圈线路不能再工作。

线路控制过程分析如下：合上刀开关 QS，正向启动时，按下正向启动按钮 SB2，则正转接触器 KM1 线圈通电，动断辅助触点 KM1（7-8）断开，实现互锁；KM1 主触点闭合，电动机 M 正向启动运行；动合辅助触点 KM1（3-4）闭合，实现自锁。当反向启动时，按下停止按钮 SB1，则接触器 KM1 线圈失电，动合辅助触点 KM1（3-4）断开，切除自锁；KM1 主触点断开，电动机断电；KM1（7-8）动断辅助触点闭合。若再按下反转启动按钮 SB3，接触器 KM2 线圈通电，动断辅助触点 KM2（4-5）断开，实现互锁；KM2 主触点闭合，电动机 M 反向启动；动合辅助触点 KM2（3-7）闭合，实现自锁。

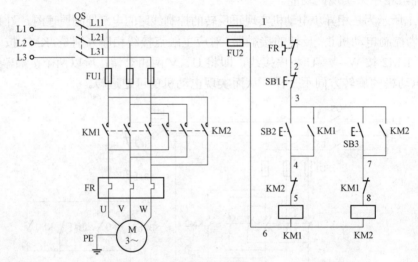

图 2.5.2　电气互锁实现正反转的控制线路的电气控制原理图

由上述分析，可以得出如下控制方法：

（1）当要求甲接触器线圈通电，乙接触器线圈不能通电时，则在乙接触器的线圈线路中串入甲接触器的动断辅助触点。

（2）当要求甲接触器的线圈通电时乙接触器线圈不能通电，而乙接触器线圈通电时甲接触器线圈也不能通电，则在两个接触器线圈线路中互串对方的动断辅助触点。

2. 电气、按钮双重互锁的正反转控制线路

在图 2.5.2 所示的电气互锁实现正反转的控制线路中，如果只有电气互锁的正反转控制，则实现电动机由正转变反转或由反转变正转的操作中，必须先停电动机，再进行反向或正向启动的控制，这样不便于操作。为此设计了电气、按钮双重互锁的正反转控制线路（如图 2.5.3 所示），以实现电动机直接由正转变为反转或者由反转直接变为正转。它是在图 2.5.2 所示控制线路的基础上，采用复合按钮，用启动按钮的动断触点构成按钮互锁，形成具有电气、按钮双重互锁的正反转控制线路。该线路既可以实现正转→停止→反转、反转→停止→正转的操作，又可以实现正转→反转→停止、反转→正转→停止的操作。

图 2.5.3 所示控制线路仍采用了由接触器动断触点组成的电气互锁，并添加了由按钮

SB2 和 SB3 的动断触点组成的机械互锁。这样，当电动机由正转变为反转时，只需按下反转启动按钮 SB3，便会通过 SB3 的动断辅助触点断开 KM1 线圈线路，KM1 起互锁作用的触点闭合，接通 KM2 线圈线路，实现电动机反转运行。

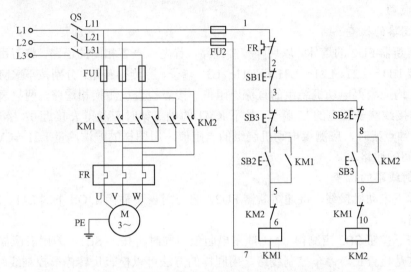

图 2.5.3　电气、按钮双重互锁正反转控制线路的电气控制原理图

注意：在此类控制线路中，复式按钮不能代替电气联锁触点的作用。这是因为，当主线路中某一接触器的主触点发生熔焊即一对触点的动触点和静触点烧蚀在一起的故障时，相同的机械连接使该接触器的动合、动断辅助触点在线圈断电时不复位，即接触器的动断触点处于断开状态，这样可防止在操作者不知出现熔焊故障的情况下将反方向旋转的接触器线圈通电使主触点闭合而造成电源短路故障，这种保护作用只采用复式按钮是无法实现的。

该线路是一种典型的既能实现电动机直接正反转控制的要求，又能保证可靠工作的控制线路，因此常用在电力拖动控制系统中。

二、按照电气控制原理图接线

接线时应注意：

（1）主线路从 QS 到接线端子排 XT 之间的走线方式与全压启动线路完全相同。两只接触器主触点端子之间的连线可直接在主触点所在位置的平面内走线，不必靠近安装底板，以减少导线的弯折。

（2）在对控制线路进行接线时，可先接好两只接触器的自锁电路，然后连接按钮联锁线，核对检查无误后，再连接辅助触点联锁线。每接一条线，在图上标出一个记号，随做随核查，避免漏接、错接和重复接线。

三、线路检查

首先按照电气控制原理图、电气安装接线图逐线核对检查。主要检查主线路两只接触器 KM1 和 KM2 之间的换相线，控制线路的自锁、按钮互锁及接触器辅助触点的互锁线路。特别注意，自锁触点用接触器自身的动合辅助触点，互锁触点是将自身的动断触点串入对方的线圈线路中。同时检查各端子处接线是否牢靠，排除虚接故障。接着在断电的情况下，用万用表电阻"$R \times 1$"挡位检查。断开 QS，摘下接触器 KM1 和 KM2 的灭弧罩。

1. 主线路的检查

取下熔断器 FU2 的熔体，以切除控制线路。首先检查各相间的通路，将万用表的两支表笔分别接 L11～L21、L21～L31 和 L11～L31 端子，应测得断路；分别按下 KM1 和 KM2 的触点架，均应测得电动机绕组的直流电阻值。接着检查电源换相通路，两只表笔分别接 L11 端子和接线端子板上的 U 端子，按下 KM1 的触点架时应测得 R 接近 0；松开 KM1 而按下 KM2 触点架时，应测得电动机绕组的电阻值。用同样的方法测量 L21 与 V 相、L31 与 W 相之间的通路。

2. 控制线路的检查

（1）拆下电动机接线，接通熔断器 FU2，将万用表表笔接在 QS 下端 L11、L21 端子，应测得断路。

（2）按下按钮 SB2 应测得 KM1 线圈电阻值，同时再按下 SB1，万用表应显示线路由通到断。这是检查正转停车控制线路，用同样的方法可以检查反转停车控制线路。

（3）按下 KM1 触点支架如测得 KM1 线圈电阻值，说明自锁线路正常。用同样的方法检测 KM2 线圈的自锁线路。

（4）检查电气互锁线路。按下按钮 SB2 或接触器 KM1 触点架，测得 KM1 线圈电阻值后，再同时按下接触器 KM2 触点架使动断辅助触点断开，万用表应显示线路由通到断，说明 KM2 的电气互锁触点功能正常。用同样的方法检查 KM1 对 KM2 的互锁作用。

（5）检查按钮互锁线路。按下 SB2 或接触器 KM1 触点架，测得 KM1 线圈电阻值后，再同时按下反转启动按钮 SB3，万用表应显示线路由通到断，说明 SB3 机械互锁按钮工作正常。用同样的方法检查 SB2 的机械互锁按钮工作情况。

四、通电试车

上述检查一切正常后，检查三相电源，装好接触器的灭弧罩，在确认无误的情况下通电试车。

1. 空操作试车

拆下电动机接线，合上刀开关 QS。

检查正转→反转→停止、反转→正转→停止的操作。按一下 SB2，KM1 应立即动作并能保持吸合状态，按下 SB3，KM1 应立即释放，将 SB3 按到底后松开，KM2 动作并保持吸合状态；按下 SB2，KM2 应立即释放，将 SB2 按到底后松开，KM1 动作并保持吸合状态；按下 SB1，接触器释放。注意：操作时注意听接触器动作的声音，检查互锁按钮动作是否可靠，操作按钮时速度要慢。

2. 带负载试车

切断电源后接好电动机接线，合上刀开关试车，操作方法同空载操作试车。注意观察电动机启动时的转向和运行声音，如有异常应立即停车检查。

实训操作：三相交流异步电动机正反转控制线路的安装

一、所需的工具、材料

（1）所需工具有常用电工工具、万用表等。

（2）所需材料见表 2.5.1。

表 2.5.1　所需材料

图上代号	元件名称	型号规格	数量	备注
M	三相交流异步电动机	Y－112M－4/4 kW，三角形连接，380 V，8.8 A，1 440 r/min	1 台	
QS	转换开关	HD10－25/3	1 个	
FU1	熔断器	RL1－60/25A	3 个	
FU2	熔断器	RL1－15/2A	2 个	
KM1，KM2	交流接触器	CJ10－10，380 V	1 个	
FR	热继电器	JR36－20/3，整定电流 8.8 A	1 个	
SB1	正转按钮		1 个	绿色
SB2	反转按钮	LA10－3H	1 个	黑色
SB3	停止按钮		1 个	红色
—	接线端子	JX2－Y010	2 个	
—	导线	BV－1.5 mm², 1 mm²	若干	
—	导线	BVR－1 mm²	若干	
—	冷压接头	1 mm²	若干	
—	异型管	1.5 mm²	若干	
—	油记笔	黑（红）色	1 个	
—	开关板	500 mm×400 mm×30 mm	1 个	

二、实训内容与步骤

（1）根据表 2.5.1 配齐所用电气元件，并检查电气元件质量。

（2）根据图 2.5.2 画出电气元件布置图，如图 2.5.4 所示。

（3）根据电气元件布置图安装电气元件，各电气元件的安装位置整齐、匀称、间距合理、便于电气元件的更换，紧固电气元件时用力均匀、紧固程度适当。

（4）布线。布线时以接触器为中心，按由里向外，由低至高，先电源电路，再控制电路，后主线路的顺序进行，以不妨碍后续布线为原则。

① 布电源线路。

② 布控制线路。

③ 布主线路。

④ 连接按钮，完成的控制板如图 2.5.5 所示。

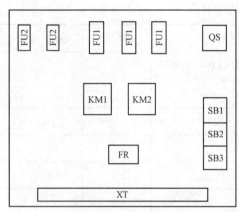

图 2.5.4　电气元件布置图　　　　图 2.5.5　完成的控制板

（5）整定热继电器。

（6）连接电动机和按钮金属外壳的保护接地线。

（7）连接电动机和电源。

（8）检查。通电前，应认真检查有无错接、漏接造成不能正常运转或短路事故的现象。

（9）通电试车。试车时，注意观察接触器情况。观察电动机运转是否正常，若有异常现象应马上停车。

（10）试车完毕，应遵循停转、切断电源、拆除三相电源线、拆除电动机线的顺序。

三、注意事项

（1）注意接触器 KM1、KM2 联锁的接线务必正确，否则会造成主电路中两相电源短路。

（2）注意接触器 KM1、KM2 换相正确，否则会造成电动机不能反转。

（3）螺旋式熔断器的接线务必正确，以确保安全。

（4）第一次试车时，取下主熔断器的熔体，只试控制线路。看控制是否正常和有联锁作用。确认无误后，装上主熔断器熔体试车，观察电动机运行情况（加时 10 min）。

（5）编码套管要正确。

（6）控制板外配线必须加以防护，以确保安全。

（7）电动机及按钮金属外壳必须保护接地。

（8）通电试车、调试及检修时，必须在指导教师的监视和允许下进行。

（9）要做到安全操作和文明生产。

四、评分表

评分表见表 2.5.2。

表 2.5.2 "三相交流异步电动机正反转控制线路的安装"评分表

项目	技术要求	配分	评分细则	评分记录
安装前检查	正确无误地检查所需电气元件	5	电气元件漏检或错检，每个扣 1 分	
安装电气元件	按电气元件布置图合理安装电气元件	15	不按电气元件布置图安装，扣 3 分	
			电气元件安装不牢固，每个扣 0.5 分	
			电气元件安装不整齐、不合理，扣 2 分	
			损坏电气元件，扣 10 分	
布线	按电气安装接线图正确接线	40	不按电气安装接线图接线，扣 10 分	
			布线不美观，主线路、控制线路每个扣 0.5 分	
			接点松动，露铜过长，反圈，有毛刺，标记线号不清楚或遗漏或误标，每处扣 0.5 分	
			损伤导线，每处扣 1 分	
通电试车	正确整定电气元件，检查无误，通电试车一次成功	40	热继电器未整定或整定错误，扣 5 分	
			熔体选择错误，每组扣 10 分	
			试车不成功，每返工一次扣 5 分	
定额工时（120 min）	准时		每超过 5 min，从总分中倒扣 3 分，但不超过 10 分	
安全、文明生产	满足安全、文明生产要求		违反安全、文明生产规定，从总分中倒扣 5 分	

维护操作

线路常见故障现象及处理方法

（1）故障现象：按下 SB2，KM1 动作，但松开按钮时接触器释放，按下 SB3，KM2

动作，松开按钮，KM2 释放。其可能原因及处理方法见表 2.5.3。

表 2.5.3　可能原因及处理方法

可能原因	处理方法
将 KM1 动合辅助触点并接在 SB3 动合按钮上，将 KM2 的动合辅助触点并接到 SB2 的动合按钮上，导致 KM1、KM2 均不能实现自锁，如图 2.5.6（a）所示	查找错接的线，并重新接线

（2）故障现象：按下按钮 SB2，接触器 KM1 剧烈振动，主触点严重起弧，电动机时转时停；松开 SB2 则 KM1 释放。按下 SB3 时 KM2 的现象与 KM1 相同。因为当按下按钮时，接触器通电动作后，动断互锁触点断开，切断自身线圈线路，造成线圈失电，触点复位，又使线圈通电而动作，接触器将不断地接通、断开，进而产生振动。其可能原因及处理方法见表 2.5.4。

表 2.5.4　可能原因及处理方法

可能原因	处理方法
将 KM1 的动断互锁触点接入 KM1 的线圈线路，将 KM2 的动断互锁触点接入 KM2 的线圈线路，如图 2.5.6（b）所示	认真检查并按电气控制原理图重新接线

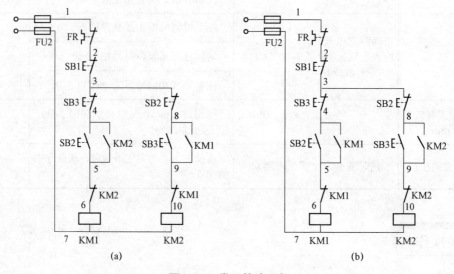

(a)　　　　　　　　　　　(b)

图 2.5.6　常见故障现象

任务6　三相交流异步电动机降压起动控制与检修

任务目标

（1）熟悉降压启动的方法及目的。

（2）熟悉三相笼型异步电动机定子串电阻、串电抗器、串自耦变压器降压启动，星－三角降压启动的控制线路的分析方法。

（3）掌握星－三角控制线路的安装和调试方法。

（4）掌握星－三角控制线路的检查和试车方法，熟悉其常见故障现象及排除方法。

（5）熟悉软启动控制线路的分析方法及适用场合。

知识储备

三相笼型异步电动机容量在 10 kW 以上时，常采用降压启动，降压启动的目的是限制启动电流。启动时，通过启动设备使加到电动机定子绕组两端的电压小于电动机的额定电压，启动结束时，将电动机定子绕组两端的电压升至电动机的额定电压，使电动机在额定电压下运行。降压启动虽然限制了启动电流，但是由于启动转矩和电压的平方成正比，因此降压启动时，电动机的启动转矩也随之减小，所以降压启动多用于空载或轻载启动。

降压启动的方法很多，常用的有定子串电阻降压启动、定子串电抗器降压启动、定子串自耦变压器降压启动、星－三角降压启动等。无论哪种方法，对控制的要求都是相同的，即给出启动信号后，先降压，当电动机转速接近额定转速时再加至额定电压，在启动过程中，转速、电流、时间等参量都发生变化，原则上这些变化参量都可以作为启动的控制信号。但是由于以转速和电流为变化参量控制电动机启动受负载变化、电网电压波动的影响较大，常造成启动失败，而采用以时间为变化参量控制电动机启动，换接是靠时间继电器的动作，负载变化或电网电压波动都不会影响时间继电器的整定时间，可以按时切换，不会造成启动失败。所以，大多采用以时间为变化参量来控制电动机启动，且用通电延时型时间继电器。

一、定子串电阻（或电抗器）降压启动

1. 工作原理

三相笼型异步电动机定子串电阻降压启动电气控制原理图如图 2.6.1 所示。电动机启动时在三相定子绕组中串接电阻，使定子绕组上电压降低，启动结束后再将电阻短接，使电动机在额定电压下运行。该线路是根据启动过程中时间的变化，利用时间继电器控制降压电阻的切除，时间继电器的延时时间按启动过程所需时间整定。

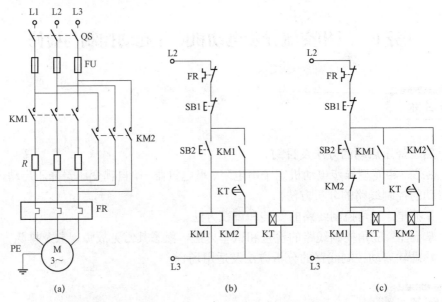

图 2.6.1　三相笼型异步电动机定子串电阻降压启动电气控制原理图

2．控制线路分析

合上主线路［图 2.6.1（a）］中的电源刀开关 QS，按下控制线路［图 2.6.1（b）］中的启动按钮 SB2，接触器 KM1 通电并自锁，同时，时间继电器 KT 通电开始计时，电动机定子绕组在串入电阻 R 的情况下启动，当达到时间继电器 KT 的整定值时，其延时闭合的动合触点闭合，使接触器 KM2 通电吸合，KM2 的 3 对主触点闭合，将启动电阻 R 短接，电动机在额定电压下稳定正常运转。

通过对图 2.6.1（b）的分析可知，KM1、KT 只是在电动机启动过程中起作用，但如果不采取措施而使其在电动机运行过程中一直通电，这样不但消耗了电能，而且增加了出现故障的可能性。为此常采用图 2.6.1（c）所示的控制线路，在接触器 KM1 和时间继电器 KT 的线圈线路中串入接触器 KM2 的动断触点，这样当 KM2 线圈通电时，其动断触点断开，使 KM1、KT 线圈断电，以达到减少能量损耗，延长接触器、继电器的使用寿命和减少故障的目的。同时注意接触器 KM2 要有自锁环节。

定子串电阻降压启动方法由于启动设备简单，在中小型生产机械设备上应用广泛。但是由于定子串电阻降压启动时电阻产生的能量损耗较大，为了节省能量可采用电抗器代替电阻，但其成本较高。它的控制线路与电动机定子串电阻的控制线路相同，在此不再分析。

二、定子串自耦变压器降压启动

1．工作原理

定子串自耦变压器降压启动是通过自耦变压器把电压降低后，再加到电动机的定子绕组上，以达到减小启动电流的目的。启动时电源电压接到自耦变压器的一次侧，改变自耦变压器抽头的位置可以获得不同的二次电压，而自耦变压器常有 85%、80%、65%、60% 和 40% 等抽头，启动时将自耦变压器二次侧接到电动机定子绕组上，由此，电动机定子绕组得到的电压即自耦变压器不同抽头所对应的二次电压。当启动完毕时，自耦变压器被切除，额定电压直接加到电动机定子绕组上，使电动机在额定电压下正常运行。

2. 控制线路分析

图 2.6.2 所示为用 3 个接触器控制的定子串自耦变压器降压启动电气控制原理图，其中 KM1、KM2 为降压接触器，KM3 为正常运行时的接触器，KT 为通电延时型时间继电器，K 为中间继电器。

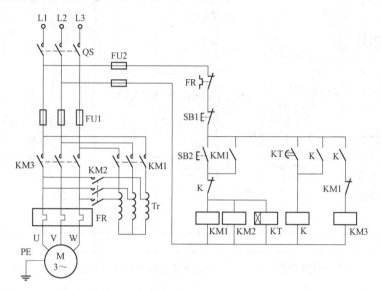

图 2.6.2 用 3 个接触器控制的定子串自耦变压器降压启动电气控制原理图

线路的工作过程分析如下：合上电源开关 QS，按下启动按钮 SB2，接触器 KM1、KM2、KT 的线圈通电并通过 KM1 的动合辅助触点自锁，KM1、KM2 的主触点闭合将自耦变压器接入电源和电动机之间，电动机定子绕组从自耦变压器的二次侧获得不同抽头所对应的降压电压使电动机启动，同时，时间继电器 KT 开始延时。当电动机转速上升到接近额定转速时，对应的时间继电器 KT 延时结束，其延时动合触点闭合，使中间继电器 K 通电动作并自锁，中间继电器 K 的动断触点断开使 KM1、KM2、KT 的线圈均断电，将自耦变压器从电源和电动机间切除，K 的动合触点闭合使接触器 KM3 线圈通电动作，主触点闭合接通电动机主线路，使电动机在额定电压下运行。

定子串自耦变压器降压启动方法适用于正常工作时电动机定子绕组接成星形或三角形、电动机容量较大、启动转矩可以通过改变抽头的连接位置得到改变的情况。它的缺点是不允许频繁启动，价格较高，而且只用于 10 kW 以上的三相异步电动机。

图 2.6.3 所示为用两个接触器控制的工厂常用定子串自耦变压器降压启动电气控制原理图。图中，指示灯 HL1、HL2、HL3 分别用于电动机正常运行、降压启动及停车指示。

线路的工作过程分析如下：启动时，合上电源开关 QS，按下启动按钮 SB2，接触器 KM1 线圈和时间继电器 KT 线圈同时通电，KM1 的动合主触点闭合，将自耦变压器 Tr 接入电动机主电路，互锁触点断开，切断接触器 KM2 线圈线路，并使自耦变压器作星形连接，电动机由自耦变压器二次侧供电实现降压启动，KM1 的两个动合辅助触点一个用于自锁，一个用于接通指示灯 HL2。KM1 的动断辅助触点断开，使指示灯 HL3 熄灭，同时

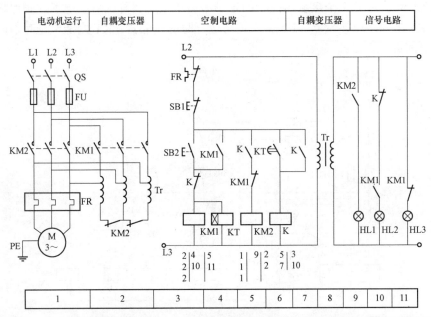

图 2.6.3 用两个接触器控制的工厂常用定子串自耦变压器降压启动电气控制原理图

KT 开始延时，当电动机转速上升到接近额定转速时，对应的时间继电器 KT 延时时间到，KT 的延时动合触点闭合，中间继电器 K 线圈通电，其动断触点断开，使接触器 KM1 线圈断电，HL2 熄灭，主触点断开，切除自耦变压器，KM1 的动断触点闭合，而中间继电器 K 的动合触点已经闭合，为此接通 KM2 的线圈线路，KM2 的主触点闭合，接通电动机主电路，使电动机在额定电压下运行，KM2 的动合辅助触点闭合，接通指示灯 HL1。

这种启动方法对定子绕组采用星形或三角形连接的电动机都适用，可以获得较大的启动转矩，根据需要选用自耦变压器二次侧的抽头，但是设备体积大。

三、星–三角降压启动

对于正常运行时定子绕组为三角形连接的三相笼型异步电动机，可采用星–三角降压启动方法达到限制启动电流的目的。Y 系列的三相笼型异步电动机 4.0 kW 以上者均为三角形连接，都可以采用星–三角降压启动的方法。

1. 工作原理

电动机启动时，首先将定子绕组暂时连接为星形，进行降压启动，在该启动过程中，每相绕组上的电压为全压启动时的 $1/\sqrt{3}$，启动电流为全压启动时的电流，启动转矩为全压启动时的 1/3。当启动完毕，电动机转速达到额定转速时，再将电动机定子绕组改接为三角形连接，使电动机在额定电压下运行。

由于星–三角降压启动方法的启动转矩仅为全压启动时的 1/3，因此这种降压启动方法多用于空载或轻载启动中。

2. 控制线路分析

图 2.6.4 是三相笼型异步电动机星–三角降压启动电气控制原理图。

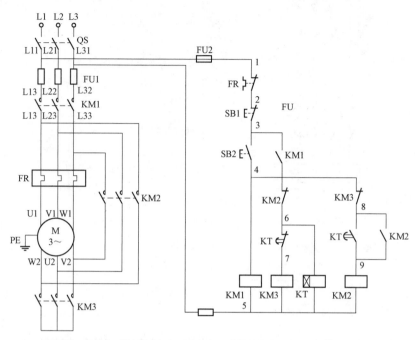

图 2.6.4　三相笼型异步电动机星–三角降压启动电气控制原理图

在主线路中，接触器 KM1 的作用是引入电源，KM3 为将电动机接成星形连接的接触器，KM2 为将电动机接成三角形连接的接触器。当 KM1 和 KM3 接通时，电动机首先在星形连接下启动；当 KM1 和 KM2 接通时，电动机进入三角形连接正常运行。由于接触器 KM2 和 KM3 分别将电动机接成星形和三角形，故不能同时接通，为此在 KM2 和 KM3 的线圈线路中必须互锁。在主线路中因为将热继电器 FR 接在电动机为三角形连接的方式下，所以热继电器 FR 的额定电流为相电流。

控制线路工作过程分析如下：合上电源开关 QS，按下启动按钮 SB2，接触器 KM1 和 KM3 以及时间继电器 KT 的线圈均通电，且利用 KM1 的动合辅助触点自锁。其中，KM3 的主触点闭合，将电动机接成星形连接，使电动机在接入三相电源的情况下进行降压启动，其互锁的动断触点 KM3（4–8）断开，切断 KM2 线圈线路；时间继电器 KT 延时时间到后，其动断触点 KT（6–7）断开，接触器 KM3 线圈断电，主触点断开，电动机中性点断开；KT 动合触点 KT（8–9）闭合，接触器 KM2 线圈通电并自锁，电动机接成三角形连接并正常运行，同时 KM2 动断触点 KM2（4–6）断开，断开 KM3、KT 线圈线路，使电动机在三角形连接下运行时，接触器 KM3、时间继电器 KT 均处于断电状态，以减少电路故障、延长触点的使用寿命。

四、用两个接触器实现星–三角降压启动

图 2.6.4 所示的控制线路适用于电动机容量在 13 kW 以上的场合。当电动机的容量较小（4～13 kW）时通常采用图 2.6.5 所示的用两个接触器实现的星–三角降压启动控制线

路电气控制原理图。

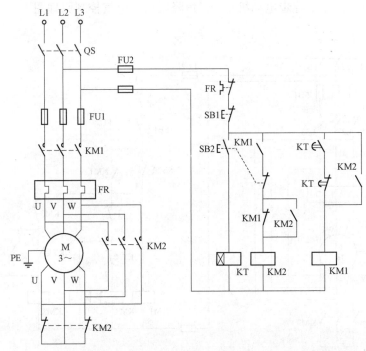

图 2.6.5　用两个接触器实现的星-三角降压启动控制线路电气控制原理图

线路的工作过程分析：合上刀开关 QS，按下启动按钮 SB2，时间继电器 KT 和接触器 KM1 线圈同时通电，利用 KM1 的动合辅助触点自锁，接触器 KM1 的主触点闭合，接通主线路，时间继电器 KT 开始延时，而 KM2 线圈因 SB2 动断触点和 KM1 动断触点的相继断开而始终不能通电，KM2 的动断辅助触点闭合，将电动机接成星形。当电动机转速上升到接近额定转速时，时间电器 KT 延时时间也到，其延时动断触点断开，KM1 线圈断电，电动机瞬时断电。KM1 的动断触点及 KT 的延时动合触点闭合，接通 KM2 的线圈线路，KM2 通电动作并自锁，KM2 在主线路中的动断触点断开，主触点闭合，电动机定子绕组接成三角形。同时 KM2 的动合辅助触点闭合，再次接通 KM1 线圈，KM1 主触点闭合接通三相电源，电动机在额定电压下运行。

本线路的主要特点如下：

（1）主线路中使用了接触器 KM2 的动断辅助触点，如果工作电流过大就会烧坏触点，因此这种控制线路只适用于功率较小的电动机。

（2）由于该线路使用了两个接触器和一个时间继电器，因此线路简单。另外，在由星形连接转换为三角形连接时，KM2 是在不带负载的情况下吸合的，这样可以延长其使用寿命。

在该线路的设计中，充分利用了电器中联动的动合、动断触点在动作时，动断触点先断开，动合触点后闭合，中间有个延时的特点。例如，在按下 SB2 时，动断触点先断开，动合触点后闭合；KT 延时时间到，动断延时触点先断开，动合延时触点后闭合等。理解和掌握电器的这一特点，有助于分析、设计电气控制线路。

五、异步电动机软启动控制

1. 软启动的概念及特点

顾名思义，软启动不是直接启动，它利用电力电子技术即可控硅技术，可使电动机在启动过程中电压无级平滑地从初始值上升到全压，频率由零渐渐变化到额定频率，这样电动机在启动过程中的启动电流就由过去不可控的过载冲击电流变为可控的、可根据需要调整大小的启动电流。电动机启动的全过程都不存在冲击转矩，而是平滑地启动运行。这就是所谓的电动机软启动。

目前的软启动有两种方法，一种是采用专门的软启动器实现软启动，另一种是采用变频器控制实现软启动。传统的软启动方法已经很少使用了。

2. 软启动器的工作原理

图 2.6.6 所示为软启动器内部工作原理示意。它主要由三相交流调压线路和控制线路构成。其基本原理是利用晶闸管的移相控制原理，通过改变晶闸管的导通角，改变其输出电压，达到通过调压方式控制启动电流和启动转矩的目的。控制线路按预定的不同启动方式，通过检测主线路的反馈电流，控制其输出电压，可以实现不同的启动特性。最终软启动器输出全压，电动机全压运行。由于软启动器为电子调压并对电流检测，因此它还具有对电动机和本身的热保护，限制转矩和电流冲击、三相电源不平衡、缺相、断相等保护功能，并可实时检测和显示电流、电压、功率因数等参数。

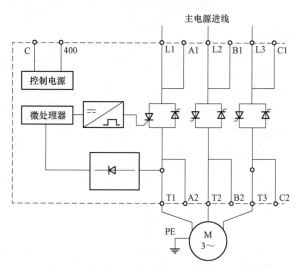

图 2.6.6 软启动器内工部工作原理示意

3. 软启动控制线路分析

用一台软启动器对多台电动机进行软启动控制，可以降低控制系统的成本。通过设计合适的线路可以实现对多台电动机软启动、软停车控制，但不能同时启动或停车，只能一台一台分别启动或停车。因为一台软启动器可以对多台电动机实现既能软启动又能软停车，这样控制线路复杂，同时还要使用软启动器内部的一些特殊功能，因此下面以一台软启动器对两台电动机进行软启动、自由停车的控制线路为例进行分析。

软启动器的启动、停车采用两线控制方式，即将 RUN 和 STOP 端子连接在一起，通过控制动合触点 K5 和 PL 端子相连，如图 2.6.7 所示。K5 触点接通表示启动信号，K5 触点断开表示停车信号。由于电动机启动结束后，由旁路接触器为电动机供电，图 2.6.7 中主线路的接线方式将整个软启动短接，软启动器的各种保护对电动机无效，因此每台电动机要各自增加进行过载保护的热继电器。

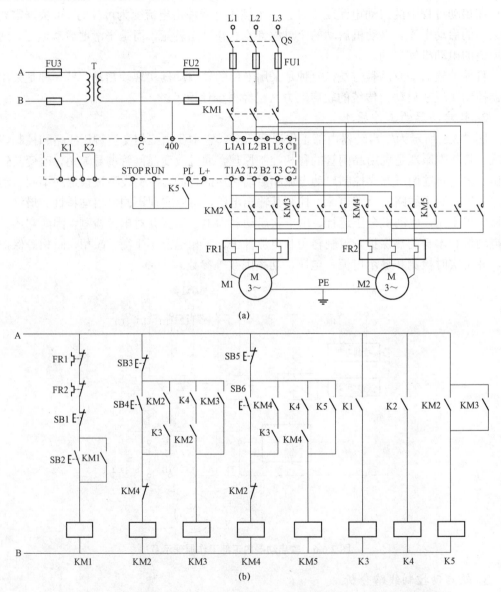

图 2.6.7 用一台软启动器对两台电动机启动和自由停车的电气控制原理图

（a）主线路；（b）控制线路

该线路的工作过程分析如下：将 K1 设置为隔离继电器。在控制线路中，按下启动按钮 SB2，接触器 KM1 线圈通电并自锁，软启动器的进线电源上电。若启动第一台电动机 M1，按启动按钮 SB4，接触器 KM2 线圈通电，其动合辅助触点闭合，使中间继电器 K5

线圈通电，启动信号加入软启动器，隔离继电器 K1 触点接通，中间继电器 K3 线圈通电，K3 动合触点闭合而使接触器 KM2 自锁，电动机软启动开始。当软启动结束时，软启动器的启动结束继电器 K2 触点闭合，中间继电器 K4 线圈通电，K4 动合触点闭合使旁路接触器 KM3 线圈通电并自锁，此时 KM2 和 KM3 均接通。软启动器旁路后，使隔离继电器 K1 触点断开，启动结束继电器 K2 触点也断开，继电器 K3 线圈断电，K3 动合触点断开，使 KM2 线圈自锁电路断开，接触器 KM2 线圈失电，第一台电动机从软启动器上切除，此时软启动器处于空闲状态。同理，若对第二台电动机进行软启动，则按启动按钮 SB6。若使第一台电动机停机，按停止按钮 SB3，则 KM3 线圈失电，主触点断开，电动机自由停机。同样，要使第二台电动机停车，按下停车按钮 SB5 即可。第二台电动机的启、停控制与第一台电动机的分析方法类似。

为防止软启动器带两台电动机同时启动，KM2 和 KM4 线圈线路增加了互锁触点。

实训操作：三相异步电动机定子串电阻降压启动控制线路的安装

一、所需的工具、材料

（1）所需工具有常用电工工具、万用表、钳形电流表等。
（2）所需材料见表 2.6.1。

表 2.6.1 所需材料

图上代号	元件名称	型号规格	数量	备注
M	三相交流异步电动机	Y−132M−4/7.5 kW，三角形连接，380 V，15.4 A，1 440 r/min	1 台	
QS	转换开关	HD10−25/3	1 个	
FU1	熔断器	RL1−60/35A	3 个	
FU2	熔断器	RL1−15/2A	3 个	
KM、KMY、KM△	交流接触器	CJ10−20，380 V	3 个	
FR	热继电器	JR36−20/3，整定电流 15.4 A	1 个	
KT	时间继电器	JS7−2A，380 V	1 个	
SB1	启动按钮	LA10−2H	1 个	绿色
SB2	停止按钮		1 个	红色
—	接线端子	JX2−Y010	2 个	
—	导线	BVR−2.5 mm², 1 mm²	若干	
—	线槽	40 mm × 40 mm	5 m	
—	冷压接头	1.5 mm², 1 mm²	若干	
—	异型管	1.5 mm²	若干	
—	油记笔	黑（红）色	1 个	
—	开关板	木制，500 mm × 400 mm	1 个	

二、实训内容与步骤

（1）根据表2.6.1配齐所用电气元件，并检查电气元件质量。

（2）根据图2.6.4，画出电气元件布置图，如图2.6.8所示。

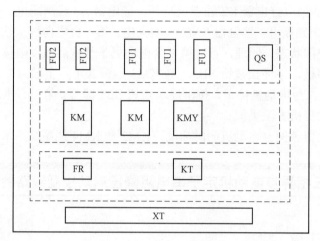

图2.6.8　电气元件布置图

（3）根据电气元件布置图安装电气元件、线槽，各电气元件的安装位置整齐、匀称、间距合理。

（4）布线。布线时以接触器为中心，按由里向外，由低至高，先电源线路，再控制线路，后主线路进行，以不妨碍后续布线为原则。同时，布线应层次分明，不得交叉。布线完成后的情况如图2.6.9所示。

图2.6.9　布线完成后的情况

（5）连接电动机。

① 先将图2.6.10（a）所示的电动机接线盒内接线柱上的连接片拆除，拆除后的情况

如图 2.6.10（b）所示。

(a)	(b)

图 2.6.10　拆除后的情况

② 对应连接好控制板到电动机接线柱的连接线，如图 2.6.11 所示。

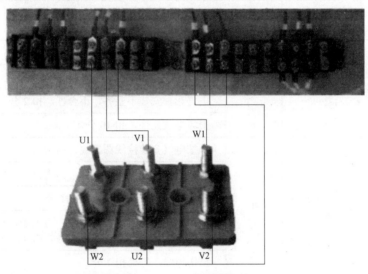

图 2.6.11　连接好连接线

（6）连接电动机和按钮金属外壳的保护接地线。

（7）整定时间。

（8）整定热继电器。

（9）检查。通电前，应认真检查有无错接、漏接造成不能正常运转或短路事故的现象。

（10）通电试车。通电试车时，注意观察接触器、继电器的运行情况。观察电动机运转是否正常，若有异常现象应马上停车。

（11）试车完毕，应遵循停转、切断电源、拆除三相电源线、拆除电动机线的顺序。

三、注意事项

（1）注意接触器 KMY、KM△的接线，否则会由于相序接反而造成电动机反转。

（2）接触器 KMY 的进线必须从三相定子绕组的末端引入，否则会造成短路事故。

（3）控制板外配线必须加以防护，以确保安全。

（4）螺旋式熔断器的接线务必正确，以确保安全。

（5）电动机及按钮金属外壳必须保护接地。

（6）热继电器的整定电流应按电动机功率进行整定。

（7）时间继电器接线时，用手指按住接线部分，并且不要用力过度，以免损坏器件。

（8）通电试车、调试及检修时，必须在指导教师的监护和允许下进行。

（9）要做到安全操作和文明生产。

四、评分表

评分表见 2.6.2。

表 2.6.2 "三相异步电动机定子串电阻降压启动控制线路的安装"评分表

项目	技术要求	配分	评分细则	评分记录
安装前检查	正确无误地检查所需电气元件	5	电气元件漏检或错检，每个扣 1 分	
安装电气元件	按电气元件布置图合理安装电气元件	15	不按电气元件布置图安装，扣 3 分	
			电气元件安装不牢固，每个扣 0.5 分	
			电气元件安装不整齐、不合理，扣 2 分	
			损坏电气元件，扣 10 分	
布线	按电气安装接线图正确接线	40	不按电气安装接线图接线，扣 10 分	
			线槽内导线交叉超过 3 次，扣 3 分	
			线槽对接不成 90°，每处扣 1 分	
			接点松动，露铜过长，反圈，有毛刺，标记线号不清楚或遗漏或误标，每处扣 0.5 分	
			损伤导线，每处扣 1 分	
通电试车	正确整定电气元件，检查无误，通电试车一次成功	40	热继电器未整定或整定错误，扣 5 分	
			时间未整定或整定错误，每个扣 5 分	
			熔体选择错误，每组扣 5 分	
			试车不成功，每返工一次扣 5 分	
定额工时（180 min）	准时		每超过 5 min，从总分中倒扣 3 分，但不超过 10 分	
安全、文明生产	满足安全、文明生产要求		违反安全、文明生产规定，从总分中倒扣 5 分	

维护操作

星-三角降压启动常见故障现象及处理方法如下：

（1）故障现象：在空操作试车时，按下启动按钮 SB2 后接触器 KM1、KM3 和时间继电器 KT 通电动作，但过整定时间后，线路没有转换。其可能原因及处理方法见表 2.6.3。

表 2.6.3　可能原因及处理方法

可能原因	处理方法
使用空气阻尼式时间继电器,在调整电磁机构的安装方向后,电磁机构的安装位置不准确	应检查时间继电器电磁机构的安装位置是否准确,用手按压 KT 的衔铁,约经过整定时间后,延时器的顶杆已放松,顶住了衔铁,而未听到延时触点动作的声音。电磁机构与延时器距离太近,使气囊动作不到位。调整电磁机构的安装位置,使衔铁动作后,延时器的顶杆能够完全复位

（2）故障现象：线路空操作试验工作正常，带负载试车时，按下启动按钮 SB2，KM1 和 KM3 均通电动作，但电动机发出异响，转子向正、反两个方向颤动；立即按下停止按钮 SB1，KM1 和 KM3 释放时，灭弧罩内有较强的电弧。

检查分析：空操作试验时线路工作正常，说明控制线路接线正确。带负载试车时，电动机的故障现象是缺相启动引起的。检查主线路熔断器及 KM1、KM3 主触点未见异常，检查连接线时，发现 KM3 主触点的中性点短接线接触不良，使电动机 W 相绕组末端引线未接入线路，电动机形成单相启动，大电流造成强电弧。由于缺相，绕组内不能形成旋转磁场，使电动机转轴的转向不定。其可能原因及处理方法见表 2.6.4。

表 2.6.4　可能原因及处理方法

可能原因	处理方法
KM3 主触点的星形连接的中性点的短接线接触不良,使电动机一相绕组末端引线未接入线路,电动机形成单相启动	接好中性点的接线,紧固好各接线端子,重新通电试车

（3）故障现象：空操作试验时，星形连接启动正常，过整定时间后，接触器 KM3 和 KM2 换接，再过一个整定时间，又换接一次……如此重复。其可能原因及处理方法见表 2.6.5。

表 2.6.5　可能原因及处理方法

可能原因	处理方法
控制线路中, KM2 接触器的自锁触点接线松脱	接好 KM2 自锁触点的接线,重新试车

任务 7　三相交流异步电动机的电气制动与检修

任务目标

（1）熟悉三相笼型异步电动机的制动方法及目的。
（2）熟悉三相笼型异步电动机的反接制动和能耗制动控制线路的分析方法。

（3）掌握三相笼型异步电动机的反接制动和能耗制动控制线路的安装和调试方法

（4）熟悉三相笼型异步电动机的反接制动和能耗制动控制线路分析及检查试车的方法。

知识储备

有些生产工艺要求电动机能迅速而准确地停车，但电动机断电后，由于惯性作用，停车时间较长。这就要求对电动机进行强迫制动。制动停车的方式有机械制动和电气制动两种。机械制动实际上就是利用电磁铁操作机械装置，迫使电动机在切断电源后迅速停止制动的方法，常见的如电磁抱闸制动和电磁铁制动；电气制动实际上就是在电动机停止转动的过程中产生一个与原来转动方向相反的制动转矩来迫使电动机迅速停止转动的方法。三相笼型异步电动机常用的电气制动方法有反接制动和能耗制动。

一、反接制动控制线路

在电动机处于电动运行状态时，将电动机定子电路的电源两相反接，因机械惯性，转子的转向不变，而电源相序改变，使旋转磁场的方向变为和转子的旋转方向相反，转子绕组中的感应电动势、感应电流和电磁转矩的方向都发生了改变，电磁转矩变成了制动转矩。制动过程结束，如需停车，应立即切断电源，否则电动机将反向启动。所以在一般的反接制动线路中常利用速度继电器来反映速度，以实现自动控制。

在反接制动时，由于反向旋转磁场的方向和电动机转子作惯性旋转的方向相反，因而转子和反向旋转磁场的相对转速接近两倍同步转速，定子绕组中流过的反接制动电流相当于启动时电流的 2 倍，冲击很大。因此，反接制动虽有制动快、制动转矩大等优点，但是由于有制动电流冲击过大、能量消耗大、适用范围小等缺点，故此种制动方法仅适用于 10 kW 以下的小容量电动机。通常在笼型异步电动机的定子回路中串接电阻以限制反接制动电流。

1. 电动机单向运行反接制动控制线路

图 2.7.1 为三相笼型异步电动机单向运行串电阻反接制动控制线路的电气控制原理图。在控制线路中停止按钮 SB1 采用复合按钮。

（1）线路的工作过程分析。合上电源刀开关 QS，按下启动按钮 SB2，接触器 KM2 线圈通电并自锁，主触点闭合，电动机启动单向运行；动断辅助触点 KM2 断开，实现互锁。当电动机的转速大于 120 r/min 时，速度继电器 KS 的动合触点 KS 闭合，为反接制动做好准备。

停车时，按下停止按钮 SB1，则动断触点 SB1 先断开，接触器 KM2 线圈断电；KM2 主触点断开，使电动机脱离电源；KM2 断开，切除自锁；KM2 闭合，为反接制动做准备。此时电动机虽脱离电源，但由于机械惯性，电动机仍以很高的转速旋转，因此速度继电器的动合触点 KS 仍处于闭合状态。将 SB1 按到底，其动合触点 SB1 闭合，从而接通反接制动接触器 KM1 的线圈，动合触点闭合自锁，动断触点断开，实现互锁；KM1 主触点闭合，使电动机定子绕组 U、W 两相交流电源反接，电动机进入反接制动的运行状态，电动机的转速迅速下降。当转速 $n<100$ r/min 时速度继电器的触点复位，KS 断开，接触器 KM1 线圈断电，反接制动结束。

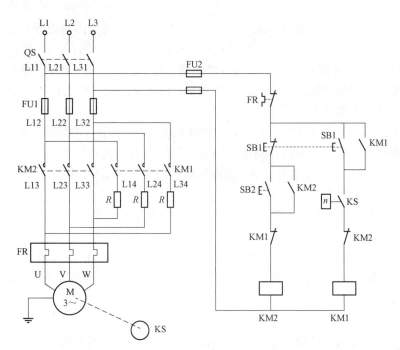

图 2.7.1 三相笼型异步电动机单向运行串电阻反接制动控制线路的电气控制原理图

（2）按照电气控制原理图接线。按照电气控制原理图（图 2.7.1）接线。在接主线路时，接触器 KM2 及 KM1 主触点的相序不可接错。接线端子排 XT 与电阻箱之间须使用护套线。速度继电器安装在电动机轴头或传动箱上预留的安装平面上，须用护套线经过接线端子排与控制线路连接，如果是 JY1 系列速度继电器，由于每组都有动合、动断触点，使用公共触点时，接线前须用万用表测量核对，以免错接造成线路故障。另外，在使用速度继电器时，必须先根据电动机的运转方向正确选择速度继电器的触点，然后接线。

（3）对控制线路的检查。检查速度继电器的转子、联轴器与电动机轴的转动方向是否一致、速度继电器的触点切换动作是否正常，同时要检查限流电阻箱的接线端子及电阻情况、电动机和电阻箱的接地情况。测量每只电阻的阻值是否符合要求。接线完成后按电气控制原理图逐线进行核对检查以排除错接和虚接情况，然后断开刀开关 QS，摘下接触器 KM2 和 KM1 的灭弧罩，用万用表的电阻"$R×1$"挡位进行以下检测：

① 检查主线路：首先断开 FU2，切除辅助线路，然后按下 KM2 触点架，分别测量 QS 下端 L11～L21、L21～L31 及 L11～L31 之间的电阻，应测得电动机各相绕组的电阻值；松开 KM1 触点架，则应测得断路。按下 KM1 触点架，分别测量 QS 下端 L11～L21、L21～L31 及 L11～L31 之间的电阻，应测得电动机各相绕组串联两只限流电阻后的电阻值；松开 KM1 触点架，应测得断路。

② 检查控制线路：拆下电动机接线，连通 FU2，将万用表笔分别接 L11、L31 端子，作以下检测：

a. 检查启动控制。按下 SB2，应测得 KM2 线圈电阻值；松开 SB2，则应测得断路；按下 KM2 触点架，应测得 KM2 线圈电阻值；松开 KM2 触点架，应测得断路。

b. 检查反接制动控制。按下 SB2，再按下 SB1，万用表显示由通而断；松开 SB2，将 SB1 按到底，同时转动电动机轴，使其转速约达 120 r/min，使 KS 的动合触点闭合，应测得 KM1 线圈电阻值；电动机停转则测得线路由通而断。同样，按下 KM1 触点架，同时转动电动机轴使 KS 的动合触点闭合，应测得 KM1 线圈电阻值。在此应注意电动机轴的转向应能使速度继电器的动合触点闭合。

c. 检查联锁线路。按下 KM2 触点架，测得 KM2 线圈电阻值的同时，再按下 KM1 触点架使其动断触点分断，应测得线路由通而断；同样将万用表的表笔接在速度继电器 KS 动触点接线端和 L31 端，将测得 KM1 线圈电阻值，再按下 KM2 触点架使其动断触点分断，也应显示线路由通而断。

（4）通电试车。万用表检查情况正常后，检查三相电源，装好接触器的灭弧罩，装好熔断器，指导在老师的监护下试车。

合上 QS，按下 SB2，观察电动机启动情况；轻按 SB1，KM2 应释放，使电动机断电后惯性运转而停转。在电动机转速下降的过程中观察 KS 触点的动作。再次启动电动机后，将 SB1 按到底，电动机应刹车，在 1～2 s 内停转。

2. 电动机可逆运行的反接制动

三相笼型异步电动机可逆运行反接制动控制线路的电气控制原理图如图 2.7.2 所示。

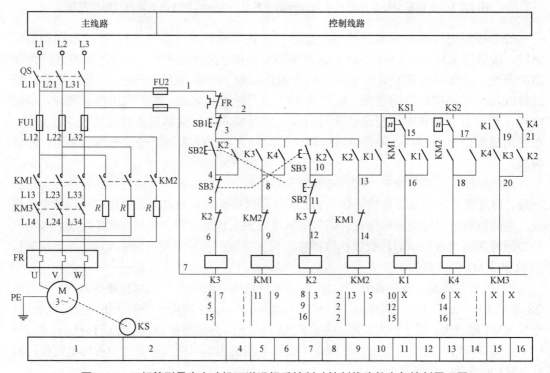

图 2.7.2　三相笼型异步电动机可逆运行反接制动控制线路的电气控制原理图

其中，接触器 KM1、KM2 分别为正、反转接触器，KM3 为短接电阻 R 的接触器，电阻 R 既是反接制动电阻，也是限制启动电流的电阻。K1～K4 为中间继电器，KS1 为速度继电器在正转闭合时的动合触点，KS2 为速度继电器在反转闭合时的动合触点。

线路分析如下（在此以正转过程为例）：先合上电源刀开关 QS，再按下正转启动按钮 SB2，此时中间继电器 K3 线圈通电，动断触点 K3（11–12）【7】断开以互锁 K2 中间继电器线路，动合触点 K3（3–4）【4】闭合自锁，动合触点 K3（3–8）【5】闭合，使接触器 KM1 线圈通电，KM1 主触点闭合，使电动机定子绕组在串入降压启动电阻 R 的情况下接通电动机正序的三相电源。当电动机转速上升到大于 120 r/min 时，速度继电器正转闭合的动合触点 KS1（2–15）【11】闭合，使中间继电器 K1 通电并自锁，这时动合触点 K1（2–19）【15】和 K3（19–20）【15】闭合，接通接触器 KM3 的线圈线路，KM3 主触点闭合，电阻 R 被短接，电动机在额定电压下正向运行。在电动机正转运行的过程中，若按下停止按钮 SB1，则 K3、KM1、KM3 三只线圈相继断电。此时，由于惯性，电动机转子的转速仍然很高，动合触点 KS1（2–15）【11】仍处于闭合状态，中间继电器 K1 的线圈仍通电，其动合触点 K1（2–13）【10】仍闭合，因此在接触器 KM1（13–14）【9】动断触点复位后，接触器 KM2 线圈通电，主触点闭合，使定子绕组经电阻 R 接通反相序的三相交流电源，对电动机进行反接制动，电动机的转速迅速下降。当电动机的转速低于 100 r/min 时，速度继电器 KS1 动合触点 KS1（2–15）【11】断开，中间继电器 K1 线圈断电，K1（2–13）【10】断开，接触器 KM2 线圈断电释放，主触点断开，电动机反接制动过程结束。电动机反向启动、制动及停车的过程与上述正转过程基本相同。

二、能耗制动控制线路

三相笼型异步电动机能耗制动就是在电动机脱离电源之后，在定子绕组上加一个直流电压，通入直流电流，定子绕组产生一个恒定的磁场，转子因惯性继续旋转而切割该恒定的磁场，在转子导条中便产生感应电动势和感应电流，同时将运动过程中存储在转子中的机械能转变为电能，又消耗在转子电阻上的一种制动方法。

能耗制动的特点是制动电流较小，能量损耗小，制动准确，但它需要直流电源，制动速度较慢，所以它适用于要求平稳制动的场合。能耗制动有如下两种方式。

1. 按时间原则控制的能耗制动控制线路

按时间原则控制的能耗制动控制线路如图 2.7.3 所示。

1) 线路的工作过程分析

合上电源刀开关 QS，按下启动按钮 SB2，接触器 KM1 线圈通电动作并自锁，主触点接通电动机主电路，电动机在额定电压下启动运行。

停车时，按下停止按钮 SB1，其动断触点断开使接触器 KM1 线圈断电，主触点断开，切断电动机电源，SB1 的动合触点闭合，接触器 KM2、时间继电器 KT 的线圈均通电并经 KM2 的动合辅助触点和 KT 的瞬时动断触点自锁；同时，KM2 的主触点闭合，给电动机两相定子绕组通入直流电流，进行能耗制动。经过一定时间后，KT 延时时间到，其动断延时触点断开，接触器 KM2 线圈断电释放，主触点断开，切断直流电源，并且时间继电器 KT 线圈断电，为下次制动做好准备。在该控制线路中，时间继电器 KT 的整定值即制动过程的时间。该线路利用 KM1 和 KM2 的动断触点进行互锁的目的是防止交流电和直流电同时进入电动机定子绕组而造成事故。

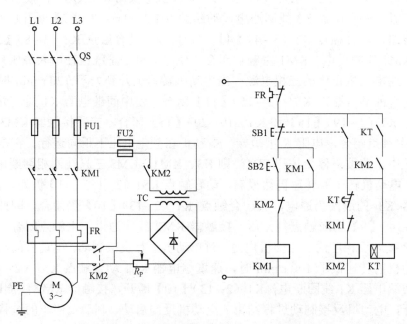

图 2.7.3　按时间原则控制的能耗制动控制线路

2）线路检查

首先检查制动作用。启动电动机后，轻按 SB1，观察 KM1 释放后电动机能否惯性运转。再启动电动机后，将 SB1 按到底使电动机进入制动过程，待电动机停转后立即松开 SB1。记下电动机制动所需要的时间。注意：进行制动时，要将 SB1 按到底，然后根据制动过程的时间来调整时间继电器的整定时间。切断电源后，调整 KT 的延时为刚才记录的时间，接好 KT 线圈连接线，检查无误后接通电源。启动电动机，待达到额定转速后进行制动，电动机停转时，KT 和 KM2 应刚好断电释放，反复试验调整以达到上述要求。

2. 按速度原则控制的可逆运行能耗制动

按速度原则控制的可逆运行能耗制动控制线路的电气控制原理图如图 2.7.4 所示。图中，接触器 KM1 和 KM2 分别为正、反接触器，KM3 为制动接触器，KS 为速度继电器，KS1、KS2 分别为正、反转时速度继电器对应的动合触点。

线路的工作过程分析如下（在此以正转过程为例进行分析）：

启动时，合上电源刀开关 QS，按下正转启动按钮 SB2，接触器 KM1 线圈通电并自锁，电动机正转，当电动机转速上升到 120 r/min 时，速度继电器动合触点 KS1 闭合，为能耗制动做好准备。

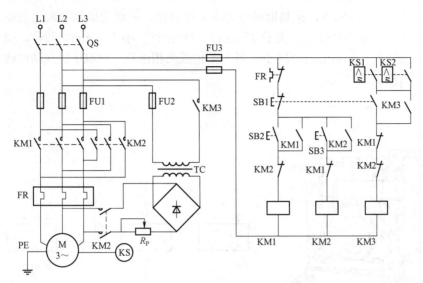

图 2.7.4 按速度原则控制的可逆运行能耗制动控制线路的电气控制原理图

停车时，按下停止按钮 SB1，接触器 KM1 线圈断电，SB1 的动合触点闭合，接触器 KM3 线圈通电动作并自锁，主触点闭合，将直流电源接入电动机定子绕组中进行能耗制动，电动机转速迅速下降。当转速下降到 100 r/min 时，速度继电器 KS 的动合触点 KS1 断开，KM3 线圈断电，能耗制动结束，以后电动机自由停车。

注意：试车时尽量避免过于频繁启动、制动，以免电动机过载及由半导体元件组成的整流器过热而损坏元器件。

能耗制动控制线路中使用了整流器，如果主线路接线错误，除了会造成熔断器 FU1 动作，接触器 KM1 和 KM2 主触点烧伤以外，还可能烧毁过载能力差的整流器。因此试车前应反复核对和检查主线路接线，且必须进行空操作试车，线路动作正确、可靠后，才可进行空载试车和带负载试车，以避免造成事故。

三、电磁机构制动控制线路

利用机械装置使电动机断开电源后迅速停转的方法叫作机械制动。机械制动常用的方法有：电磁抱闸制动器制动和电磁离合器制动。

1. 电磁抱闸制动器制动

1）电磁铁

电磁铁利用电磁吸力来操纵牵引机械装置，以完成预期的动作，或进行钢铁零件的吸持固定、铁磁物体的起重搬运等，因此它是将电能转化为机械能的一种低压电器。

电磁铁主要由铁芯、衔铁、线圈和工作机构 4 个部分组成。按线圈中通过电流的种类，电磁铁可分为交流电磁铁和直流电磁铁。

（1）交流电磁铁。

线圈中通过交流电的电磁铁称为交流电磁铁。

为了减小涡流与磁滞损耗，交流电磁铁的铁芯和衔铁用硅钢片叠压铆成，并在铁芯端部装有短路环。交流电磁铁的种类很多，按电流相数分为单相、二相和三相；按线圈额定电压可分为 220 V 和 380 V；按功能可分为牵引电磁铁、制动电磁铁和起重电磁铁。制动电磁铁按衔铁行程分为长行程（大于 10 mm）和短行程（小于 5 mm）两种。交流短行程制动电磁铁为转动式，制动力矩较小，多为单相或两相结构。MZDI 型制动电磁铁与电磁制动器结构如图 2.7.5 所示。

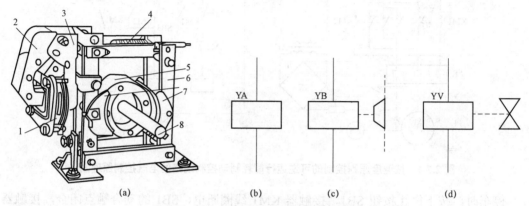

(a)　　　　　　　　(b)　　　　　(c)　　　　　(d)

图 2.7.5　MZDI 型制动电磁铁与电磁制动器

(a) 结构；(b) 电磁铁的一般符号；(c) 电磁制动器符号；(d) 电磁阀符号

1—线圈；2—衔铁；3—铁芯；4—弹簧；5—闸轮；6—杠杆；7—闸瓦；8—轴

制动电磁铁由铁芯、衔铁和线圈三部分组成。

闸瓦制动器包括闸轮、闸瓦、杠杆和弹簧等部分。闸轮装在被制动轴上，当线圈通电后，U 形衔铁绕轴转动吸合，衔铁克服弹簧拉力，迫使制动杠杆带动闸瓦向外移动，使闸瓦离开闸轮，闸轮和被制动轴可以自由转动。当线圈断电后，衔铁会释放，在弹簧的作用下，制动杠杆带动闸瓦向里运动，使闸瓦紧紧抱住闸轮完成制动。

（2）直流电磁铁。

线圈中通以直流电的电磁铁称为直流电磁铁。

直流长行程制动电磁铁主要用于闸瓦制动器，其工作原理与交流制动电磁铁相同。MZZ2-H 型制动电磁铁的结构如图 2.7.6 所示。

（3）电磁铁的选用。

根据机械负荷的要求选择电磁铁的种类和结构。

根据控制系统电压选择电磁铁线圈电压。

电磁铁的功率应不小于制动或牵引功率。对于制动电磁铁，当制动器的型号确定后，应根据规定正确选配电磁铁。

（4）电磁铁的安装与使用。

安装电磁铁前应清除灰尘和污垢，并检查衔铁有无机械卡阻。

电磁铁要牢固地固定在底座上，并在紧固螺钉下放弹簧垫圈锁紧。制动电磁铁要调整好制动电磁铁与制动器之间的连接关系，保证制动器获得所需的制动力矩和力。

电磁铁应按电气安装接线图接线，并接通电源，操作数次，检查衔铁动作是否正常以及有无噪声。

定期检查衔铁行程的大小，该行程在运行过程中由于制动面的磨损而增大。当衔铁行程达到正常值时，即进行调整，以恢复制动面和转盘间的最小空隙。不让行程增加到正常值以上，因为这样可能引起吸力的显著下降。

检查连接螺钉的旋紧程度，注意可动部分的机械磨损。

2）电磁抱闸制动器断电制动控制线路

电磁抱闸制动器分为断电制动型和通电制动型两种。

（1）断电制动型电磁抱闸制动器的工作原理：当制动电磁铁的线圈得电时，制动器的闸瓦与闸轮分开，无制动作用；当线圈失电时，闸瓦紧紧抱住闸轮制动。电磁抱闸制动器断电制动控制线路如图 2.7.7 所示。

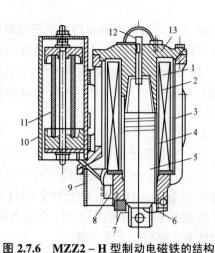

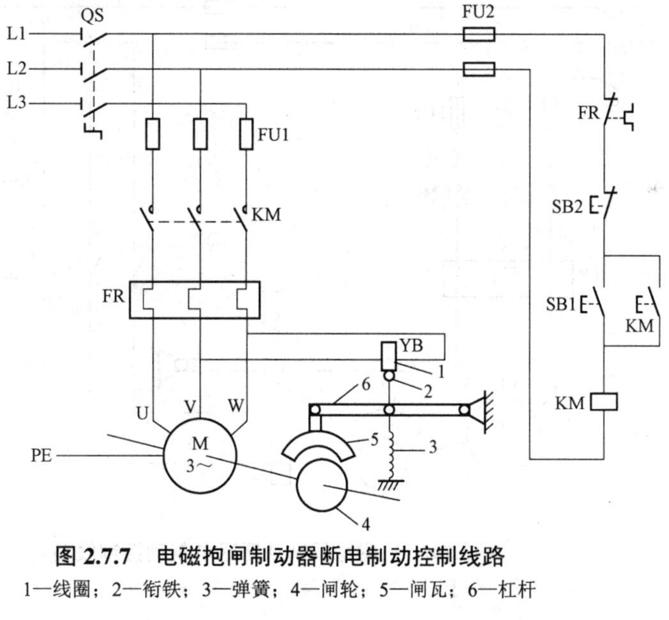

图 2.7.6　MZZ2－H 型制动电磁铁的结构

1—黄铜垫圈；2—线圈；3—外壳；4—导向管；5—衔铁；
6—法兰；7—油封；8—接线板；9—盖；10—箱体；
11—管形电阻；12—缓冲弹簧；13—钢盖

图 2.7.7　电磁抱闸制动器断电制动控制线路

1—线圈；2—衔铁；3—弹簧；4—闸轮；5—闸瓦；6—杠杆

线路工作原理如下：

先合上电源开关 QS。

启动运转：按下启动按钮 SB1，接触器 KM 线圈得电，其自锁触点和主触点闭合，电动机 M 接通电源，同时电磁抱闸制动器 YB 线圈得电，衔铁与铁芯吸合，衔铁克服弹簧拉力，迫使制动杠杆向上移动，从而使制动器的闸瓦与闸轮分开，电动机正常运转。

制动停转：按下停止按钮 SB2，接触器 KM 线圈失电，其自锁触点和主触点分断，电动机 M 失电，同时电磁抱闸制动器线圈 YB 也失电，衔铁与铁芯分开，在弹簧拉力的作用下闸瓦紧紧抱住闸轮，使电动机迅速制动而停转。

（2）通电制动型电磁抱闸制动器的工作原理：当线圈得电时，闸瓦紧紧抱住闸轮制动；当线圈失电时，闸瓦与闸轮分开，无制动作用。电磁抱闸制动器通电制动控制线路如图 2.7.8 所示。

线路的工作原理如下：

先合上电源开关 QS。

启动运转：按下启动按钮 SB1，接触器 KM1 线圈得电，其自锁触点和主触点闭合，电动机 M 启动运转。由于接触器 KM1 联锁触点分断，使接触器 KM2 不能得电动作，所以电磁抱闸制动器的线圈无电，衔铁与铁芯分开，在弹簧拉力的作用下，闸瓦与闸轮分开，电动机不受制动而正常运转。

制动停转：按下复合按钮 SB2，其常闭触点先分断，使接触器 KM1 线圈失电，其自锁触点和主触点分断，电动机 M 失电，KM1 联锁触点恢复闭合，待 SB2 常开触点闭合后，接触器 KM2 线圈得电，KM2 主触点闭合，电磁抱闸制动器 YB 线圈得电，铁芯吸合衔铁，衔铁克服弹簧拉力，带动杠杆向下移动，使闸瓦紧抱闸轮，电动机被迅速制动而停转。KM2 联锁触点分断而对 KM1 联锁。

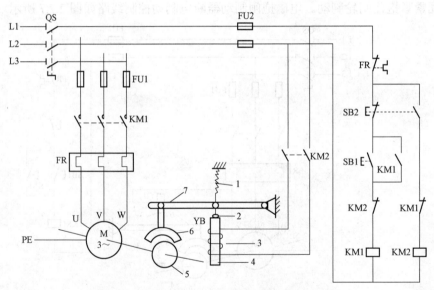

图 2.7.8　电磁抱闸制动器通电制动控制线路
1—弹簧；2—衔铁；3—线圈；4—铁芯；5—闸轮；6—闸瓦；7—杠杆

2. 电磁离合器制动

电磁离合器的制动原理和电磁抱闸制动器的制动原理类似。断电制动型电磁离合器的结构示意如图 2.7.9 所示。其结构及制动原理简述如下：

1）结构

电磁离合器主要由制动电磁铁（包括动铁芯 1、静铁芯 3 和激磁线圈 2、静摩擦片 4、动摩擦片 5 以及制动弹簧 9 等）组成。电磁铁的静铁芯 3 靠导向轴（图中未画出）连接在电动葫芦本体上，动铁芯 1 与静摩擦片 4 固定在一起，并只能作轴向移动而不能绕轴转动。动摩擦片 5 通过连接法兰 8 与绳轮轴 7（与电动机共轴）由键 6 固定在一起，可随电动机一起转动。

2）制动原理

电动机静止时，激励线圈 2 无电，制动弹簧 9 将静摩擦片 4 紧紧地压在动摩擦片 5 上，此时电动机通过绳轮轴 7 被制动。当电动机通电运转时，激励线圈 2 也同时得电，电磁铁的动铁芯 1 被静铁芯 3 吸合，使静摩擦片 4 与动摩擦片 5 分开，于是动摩擦片 5

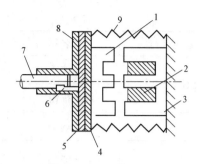

图 2.7.9 断电制动型电磁离合器的结构示意
1—动铁芯；2—激励线圈；3—静铁芯；4—静摩擦片；
5—动摩擦片；6—键；7—绳轮轴；
8—法兰；9—制动弹簧

连同绳轮轴 7 在电动机的带动下正常启动运转。当电动机切断电源时，激励线圈 2 也同时失电，制动弹簧 9 立即将静摩擦片 4 连同铁芯 1 推向转动着的动摩擦片 5，强大的弹簧张力迫使动、静摩擦片之间产生足够大的摩擦力，使电动机断电后立即受制动停转。

实训操作：三相交流异步电动机能耗制动控制线路的安装

一、所需的工具、材料

（1）所需工具包括常用电工工具、万用表、直流电流表等。

（2）所需材料见表 2.7.1。

表 2.7.1 所需材料

图上代号	元件名称	型号规格	数量	备注
M	三相交流异步电动机	Y－112M－4/4 kW，三角形连接，380 V，8.8 A，1 440 r/min	1 台	
QS	转换开关	HD10－25/3	1 个	
FU1	熔断器	RL1－60/35A	3 个	
FU2	熔断器	RL1－15/2A	2 个	
FU3，FU4	熔断器	RL1－15/15A	2 个	
KM1，KM2	交流接触器	CJ10－10，380 V	2 个	
FR	热继电器	JR36－20/3，整定电流 8.8 A	1 个	
KT	时间继电器	JS7－2A，380 V	1 个	
VC	整流二极管	10 A，300 V	4 个	
TC	变压器	BK－500，380/110 V	1 个	
R	可调电阻	2 Ω/1 kΩ	1 个	

续表

图上代号	元件名称	型号规格	数量	备注
SB1，SB2	启动按钮	LA10－2H	1个	绿色
	停止按钮		1个	红色
—	接线端子	JX2－Y010	2个	
—	导线	BVR－1.5 mm², 1 mm²	若干	
—	线槽	40 mm×40 mm	5 m	
—	冷压接头	1.5 mm², 1 mm²	若干	
—	异型管	1.5 mm²	若干	
—	油记笔	黑（红）色	1个	
—	开关板	木制，500 mm×400 mm×30 mm	1个	
—	开关板	木制，300 mm×400 mm×30 mm	1个	

二、实训内容与步骤

（1）根据表2.7.1配齐所用电气元件，并检查电气元件质量。

（2）根据图2.7.3画出电气元件布置图，如图2.7.10所示。

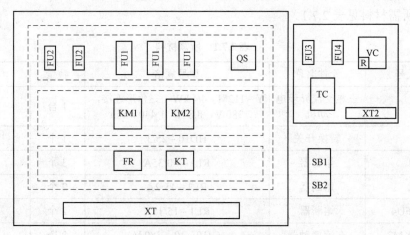

图2.7.10 电气元件布置图

（3）根据电气元件布置图安装电气元件、线槽，各电气元件的安装位置应整齐、匀称、间距合理。

（4）布线。布线时以接触器为中心，按由里向外，由低至高，先电源线路，再控制线路，后主线路的顺序进行，以不妨碍后续布线为原则。同时，布线应层次分明，不得交叉。布线完成后的控制板如图2.7.11所示。

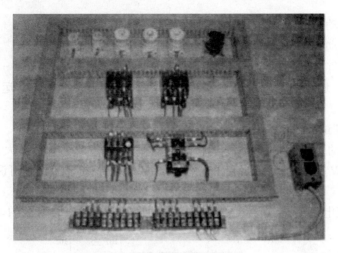

图 2.7.11　布线完成后的控制板

（5）安装、布置制动单元部分，如图 2.7.12 所示。

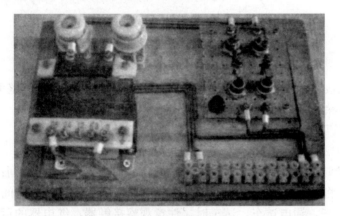

图 2.7.12　制动单元部分

（6）连接制动单元直流电源与主控制板，如图 2.7.13 所示。

图 2.7.13　连接制动单元直流电源与控制板

（7）连接电动机和按钮金属外壳的保护接地线。

（8）连接电动机和电源。

（9）整定热继电器。

（10）检查。通电前，应认真检查有无错接、漏接造成不能正常运转或短路事故的出现。

（11）通电调试。

① 调试制动电流。制动电流过小，制动效果差；制动电流过大，会烧坏绕组。Y-112M-4/4 kW 的电动机所需制动电流为 14 A，如不相符，应调整可调电阻 R。调试方法如下：

a. 断开直流电路 105#线，串接一个 20 A 的直流电流表，如图 2.7.14 所示。

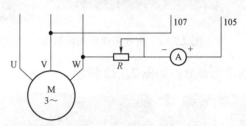

图 2.7.14　串接直流电流表

b. 按下停止按钮 SB2，观察电流表的指示值，根据电流的大小调整可调电阻 R。

c. 调整后拆除直流电流表，恢复接线。

注意：a. 直流电流表的极性。

b. 应点动 SB2，以免烧坏绕组。

② 调试制动时间。根据电动机制动情况调节时间继电器 KT 的时间：已经制动停车，KM2 没有断开，将时间调短；还没有制动停车，KM2 已经断开，将时间调长。

（12）调试完毕，通电试车。试车时，注意观察接触器、继电器的运行情况。观察电动机运转是否正常，若有异常现象应马上停车。

（13）试车完毕，应遵循停转、切断电源、拆除三相电源线、拆除电动机线的顺序。

三、注意事项

（1）整流元件要先固定在固定板上，再安装在安装板上。

（2）电阻用紧固件安装在控制板上。

（3）时间继电器的整定时间应适当，不宜过长或过短。

（4）制动控制时，停止按钮 SB2 要按到底。

（5）控制板外配线必须加以防护，以确保安全。

（6）螺旋式熔断器的接线务必正确，以确保安全。

（7）电动机及按钮金属外壳必须保护接地。

（8）热继电器的整定电流应按电动机功率进行整定。

（9）通电试车、调试及检修时，必须在指导教师的监护和允许下进行。

（10）要做到安全操作和文明生产。

四、评分表

评分表见表 2.7.2。

表 2.7.2 "三相交流异步电动机能耗制动控制线路的安装"评分表

项目	技术要求	配分	评分细则	评分记录
安装前检查	正确无误地检查所需电气元件	5	电气元件漏检或错检，每个扣 1 分	
安装电气元件	按电气元件布置图合理安装电气元件	15	不按电气元件布置图安装，扣 3 分	
			电气元件安装不牢固，每个扣 0.5 分	
			电气元件安装不整齐、不合理，扣 2 分	
			整流元件安装不符合要求，扣 5 分	
			损坏电气元件，每个扣 10 分	
布线	按电气安装接线图正确接线	40	不按电气安装接线图接线，扣 10 分	
			线槽内导线交叉超过 3 次，扣 3 分	
			线槽对接不成 90°，每处扣 1 分	
			接点松动，露铜过长，反圈，有毛刺，标记线号不清楚或遗漏或误标，每处扣 0.5 分	
			损伤导线，每处扣 1 分	
通电试车	正确整定电气元件，检查无误，通电试车一次成功	40	热继电器未整定或错误，扣 5 分	
			熔体选择错误，每组扣 5 分	
			时间未整定或整定错误，每个扣 5 分	
			制动电流未整定或整定错误，扣 5 分	
			试车不成功，每返工一次扣 5 分	
定额工时（120 min）	准时		每超过 5 min，从总分中倒扣 3 分，但不超过 10 分	
安全、文明生产	满足安全、文明生产要求		违反安全、文明生产规定，从总分中倒扣 5 分	

维护操作

电动机单向运行反接制动的控制线路的常见故障现象及处理方法如下：

（1）故障现象：电动机启动后，速度继电器 KS 的摆杆摆向没有使用的一组触点，使电路中使用的速度继电器 KS 的触点不能实现控制作用。其可能原因及处理方法见

表 2.7.3。

表 2.7.3　可能原因及处理方法

可能原因	处理方法
停车时没有制动作用	首先断电，再将控制线路中的速度继电器的触点换成未使用的一组，重新试车（注意：使用速度继电器时，须先根据电动机的转向正确选择速度继电器的触点，然后接线）

（2）故障现象：速度继电器 KS 的动合触点在转速较高时（远大于 100 r/min）就复位，致使电动机制动过程结束，KM1 断开时，电动机转速仍较高，不能很快停车。其可能原因及处理方法见表 2.7.4。

表 2.7.4　可能原因及处理方法

可能原因	处理方法
速度继电器在出厂时切换动作转速已调整到 100 r/min，但在运输、使用过程中因振动等原因，可能使触点的复位机构的锁定螺钉松动而造成误差	先切断电源，松开触点复位弹簧的锁定螺钉，将弹簧的压力调小后再将螺钉锁紧。重新试车观察制动情况，反复调整几次，直至故障被排除

（3）故障现象：速度继电器 KS 的动合触点断开过晚。其可能原因及处理方法见表 2.7.5。

表 2.7.5　可能原因及处理方法

可能原因	处理方法
在转速降低到 100 r/min 时还没有断开，造成 KM1 线圈断电释放过晚，在电动机制动过程结束后，电动机又慢慢反转	将复位弹簧压力适当调大，反复试验调整后，将锁定螺钉旋紧即可

任务8　绕线转子异步电动机起动控制与检修

任务目标

（1）熟悉三相绕线转子异步电动机串电阻启动控制线路的分析方法。
（2）掌握三相绕线转子绕组串频敏变阻器控制线路的安装和调试方法。
（3）掌握三相绕线转子绕组串频敏变阻器控制线路故障的检查与排除方法。
（4）掌握频敏变阻器的调整方法。

知识储备

三相绕线转子异步电动机较直流电动机结构简单，维护方便，调速和启动性能比笼型异步电动机优越。有些生产机械要求电动机有较大的启动转矩和较小的启动电流，而对调速要求不高。但笼型异步电动机不能满足上述启动性能的要求，在此种情况下可采用绕线转子异步电动机拖动，通过滑环可以在转子绕组中串接外加电阻或频敏变阻器，从而达到限制启动电流、增大启动转矩及调速的目的。

一、绕线转子绕组串电阻启动控制线路分析

启动时，启动电阻全部接入；启动过程中，启动电阻逐段被短接。电阻短接的方式有三相电阻平滑短接法和三相电阻不平滑短接法。如果用接触器控制被短接电阻，则都采用平滑短接法，即各相启动电阻同时被短接。

1. 工作原理

图 2.8.1 为三相绕线转子异步电动机串电阻启动控制电路的电气控制原理图。该控制线路在启动过程中，通过时间继电器的控制，将转子线路中的电阻分段切除，达到限制启动电流的目的。在该控制线路中，为了可靠，控制线路采用直流操作。启动、停止和调速采用主令控制器 SA 控制，KA1、KA2、KA3 为过电流继电器，KT1、KT2 为断电延时型时间继电器。

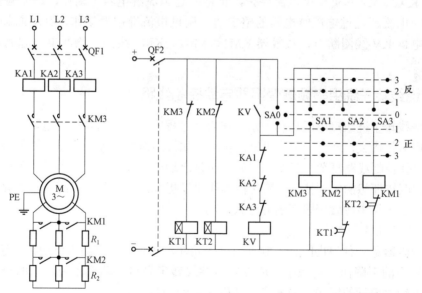

图 2.8.1　三相绕线转子异步电动机串电阻启动控制电路的电气控制原理图

2. 控制线路分析

（1）启动前，先将万能转换开关 SA 手柄置到"0"位，则触点 SA0 接通，再合上低压断路器 QF1 和 QF2，于是断电延时型时间继电器 KT1、KT2 线圈通电，它们的延时动断触点瞬时打开；零位继电器 KV 线圈通电并自锁，为接触器 KM1、KM2、KM3 线圈的

通电做好准备。

（2）启动电动机时，将万能转换开关 SA 由"0"位打到正"3"位或反"3"位（在此以正"3"位为例进行分析），万能转换开关 SA 的触点 SA1、SA2、SA3 闭合，接触器 KM3 线圈通电，主触点闭合，电动机在转子每相串两段电阻 R_1 和 R_2 的情况下启动，KM3 的动断辅助触点断开，KT1 线圈断电开始延时。当 KT1 延时时间到时，其动断延时的触点闭合，KM2 线圈通电，一方面 KM2 的动合主触点闭合，切除电阻 R_2；另一方面 KM2 的动断辅助触点断开，使 KT2 线圈断电开始延时。当 KT2 延时时间到时，其动断延时的触点闭合，KM1 线圈通电，主触点闭合，切除电阻 R_1，电动机在额定电压下正常运行。

（3）电动机的调速。当要求电动机调速时，可将万能转换开关 SA 的手柄打到"1"位或"2"位。如果将万能转换开关 SA 的手柄打到正"1"位，其触点只有 SA1 接通，接触器 KM2、KM1 的线圈均不通电，电阻 R_1、R_2 均被接入转子线路中，电动机便在低速下运行；如果将万能转换开关 SA 的手柄打到正"2"位，电动机将在转子串入一段电阻 R_1 的情况下运行，较串两段电阻时的转速高，这样就实现了由低速向高速的转换，也就达到了调速的目的。

（4）电动机停车控制。当要求电动机停车时，将万能转换开关 SA 的手柄打回到"0"位，此时接触器 KM1、KM2、KM3 线圈均断电，其中 KM3 的主触点断开，使电动机脱离电源而断电停车。

（5）保护环节的实现。线路中的零位继电器 KV 起失压保护的作用，电动机在启动前必须将万能转换开关 SA 的手柄打回到"0"位，否则电动机不能启动。过电流继电器 KA1、KA2、KA3 实现过电流保护，正常时过电流继电器不动作，动断触点闭合；若线路中的电流超过过电流继电器的整定值，则过电流继电器动作，其动断触点断开，使零位继电器 KV 线圈断电，接触器 KM1、KM2、KM3 线圈也均断电，起到过电流保护的作用。

二、绕线转子绕组串频敏变阻器启动控制线路

采用绕线转子绕组串电阻启动方法，在启动过程中，逐段切除启动电阻，使启动电流和启动转矩瞬间增大，产生一定的机械冲击力。如果想减小电流的冲击，必须增加电阻的级数，这将使控制线路复杂，工作不可靠，而且启动电阻体积较大。为了改善电动机的启动性能，获取较理想的机械特性，简化控制线路及提高工作可靠性，绕线转子异步电动机可以采取转子绕组串频敏变阻器的方法来启动。

1. 频敏变阻器

频敏变阻器是一种静止的、无触点的电磁元件，其阻抗能够随着电动机转速的上升、转子电流频率的下降而自动减小，所以它是绕线转子异步电动机较为理想的一种启动装置，常用于较大容量的绕线转子异步电动机的启动控制。

频敏变阻器实质上是一个铁芯损耗非常大的三相电抗器。它的铁芯由 40 mm 左右厚的钢板或铁板叠成，并制成开启式，在铁芯上分别装有线圈，3 个线圈接成星形，将其串联在转子线路中，如图 2.8.2 所示。转子一相的等效电路如图 2.8.2（b）所示。图中 R_2 为绕组的直流电阻，R 为频敏变阻器的涡流损耗的等效电阻，X 为电抗，R 与 X 并联。

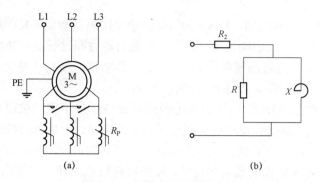

图 2.8.2　频敏变阻器等效电路

当电动机接通电源启动时，频敏变阻器通过转子线路得到交变电动势，产生交变磁通，其电抗为 X。频敏变阻器铁芯由较厚的钢板制成，在交变磁通的作用下，产生很大的涡流损耗和较小的磁滞损耗（涡流损耗占总损耗的 4/5 以上）。由于电抗 X 和电阻 R 都是因为转子线路流过交变电流而产生的，其大小和电流随电流频率的变化而变化。转子电流的频率 f_2 与电源频率 f_1 的关系为：$f_2 = sf_1$。其中，s 为转差率。当电动机刚启动转速为零时，转差率 $s=1$，即 $f_2 = f_1$；当 s 随着转速上升而减小时，f_2 便下降。频敏变阻器的 X、R 是与 f_2 的平方成正比的。由此可见，启动开始，频敏变阻器的等效阻抗很大，限制了电动机的启动电流；随着电动机转速的升高，转子电流频率降低，等效阻抗自动减小，从而达到了自动改变电动机转子阻抗的目的，实现了平滑无级启动。当电动机正常运行时，f_2 很小（为 $5\% f_1 \sim 10\% f_1$），其阻抗值很小。另外，在启动过程中，转子等效阻抗及转子回路感应电动势都是由大到小，所以实现了近似恒转矩的启动特性。因此频敏变阻器的频率特性特别适合控制绕线转子异步电动机的启动过程，故常用它来取代绕线转子绕组串电阻启动中的各段电阻。

2. 绕线转子绕组串频敏变阻器启动控制线路分析

图 2.8.3 为三相绕线转子异步电动机转子串频敏变阻器启动控制线路的电气控制原理图。

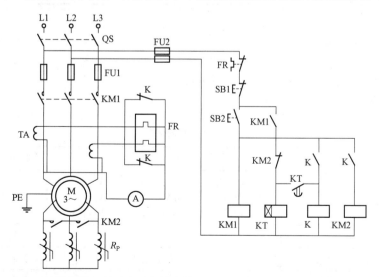

图 2.8.3　三相绕线转子异步电动机串频敏变阻器启动控制线路的电气控制原理图

图中，KM1 为电源引入接触器，KM2 为短接频敏变阻器接触器，KT 为控制启动时间的通电延时型时间继电器。在启动过程中，为了避免启动时间过长而使热继电器误动作，用中间继电器 K 的动断触点将热继电器 FR 的发热元件短接。又由于是大电流系统，因此，热继电器 FR 接在电流互感器 TA 的二次侧。

控制线路的工作过程分析如下：合上电源刀开关 QS，按下启动按钮 SB2，接触器 KM1 线圈通电并自锁，主触点闭合使电动机接通三相交流电源，于是电动机转子串频敏变阻器启动；同时，时间继电器 KT 线圈通电开始延时，当延时时间到时，KT 的动合延时闭合触点闭合，中间继电器 K 线圈通电并自锁，K 的动断触点断开，热继电器 FR 投入线路作过载保护；K 的两个动合触点闭合，一个用于自锁，另一个接通 KM2 线圈线路，KM2 的主触点闭合将频敏变阻器切除，电动机进入正常运转状态。

3. 频敏变阻器的调整

频敏变阻器上、下铁芯的气隙大小可调，出厂时该气隙被调为零。当频敏变阻器选用得当时，就可以得到恒转矩的启动特性。反之，则会出现特性过硬或过软而导致频敏变阻器线圈过热、电动机长时间受大电流冲击以及启动困难等现象。在使用过程中，可以根据实际需要进行调整。频敏变阻器的调整主要包括以下两点：

（1）线圈匝数的改变。频敏变阻器线圈大多留有几组抽头。增加或减小匝数将改变频敏变阻器的等效阻抗，可起到调整电动机启动电流和启动转矩的作用。如果启动电流过大、启动过快，应换接匝数多的抽头；反之，则换接匝数较少的抽头。

（2）磁路的调整。电动机刚启动时，启动转矩过大，有机械冲击；启动结束后，稳定转速低于额定转速较多，短接频敏变阻器时冲击电流又过大。这时可增加上、下铁芯间的气隙，使启动电流略有增加，而启动转矩略有减小，但启动结束后的转矩有所增加，于是稳定运行时的转速得以提高。

实训操作：绕线转子绕组串电阻启动自动控制线路的安装

一、所需的工具、材料

（1）所需工具包括常用电工工具、万用表等。
（2）所需材料见表 2.8.1。

表 2.8.1 所需材料

图上代号	元件名称	型号规格	数量	备注
M	绕线式异步电动机	YZR132M1-6, 2.2 kW，星形连接，定子电压 380 V，电流 6.1 A；转子电压 132 V，电流 12.6 A；908 r/min	1 台	
QS	转换开关	HD10-25/3	1 个	
FU1	熔断器	RL1-60/25A	3 个	
FU2	熔断器	RL1-15/2A	2 个	

续表

图上代号	元件名称	型号规格	数量	备注
KM1，KM2 KM3，KM4	交流接触器	CJ10－20，380 V	4个	
FR	热继电器	JR36－20/3，整定电流6.1 A	1个	
R_1，R_2，R_3	启动电阻	ZX－3.7 Ω，2.1 Ω，1.2 Ω	各1个	
SB1，SB2	启动按钮	LA10－2H	1个	绿色
	停止按钮			红色
—	接线端子	JX2－Y010	3个	
—	导线	BVR－2.5 mm²，1 mm²	若干	
—	塑料线槽	40 mm × 40 mm	5 m	
—	冷压接头	2.5 mm²，1 mm²	若干	
—	异型管	1.5 mm²	若干	
—	开关板	木制，500 mm × 400 mm	1个	

二、实训内容与步骤

（1）根据表2.8.1配齐所用电气元件，并检查电气元件质量。

（2）根据图2.8.1画出电气元件布置图，如图2.8.4所示。

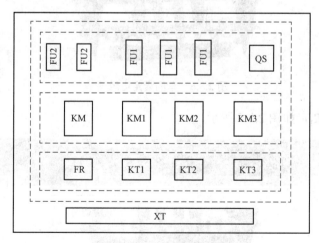

图2.8.4　电气元件布置图

（3）根据电气元件布置图安装电气元件、线槽，各电气元件的安装位置应整齐、匀称、间距合理。

（4）布线。布线时以接触器为中心，按照由里向外，由低至高，先电源线路，再控制线路、后主线路的顺序进行，以不妨碍后续布线为原则。同时，布线应层次分明，不得交叉。布线完成后的情况如图2.8.5所示。

图 2.8.5　布线完成的情况

（5）安装、连接电阻器。

① 将电阻器之间牢固紧定后进行连接，如图 2.8.6 所示。

图 2.8.6　牢固紧定电阻器

② 连接电阻 R_1，如图 2.8.7 所示。

图 2.8.7　连接电阻 R_1

③ 连接电阻 R_2，如图 2.8.8 所示。

图 2.8.8　连接电阻 R_2

④ 连接电阻 R_3，如图 2.8.9 所示。

图 2.8.9　连接电阻 R_3

⑤ 连接转子绕组 K、L、M 与电阻，如图 2.8.10 所示。

⑥ 连接定子绕组，如图 2.8.11 所示。

（6）连接电动机、电阻和按钮金属外壳的保护接地线。

（7）连接电源。

（8）整定时间继电器、热继电器。

（9）检查。通电前，应认真检查有无错接、漏接造成不能正常运转或短路事故的现象。

173

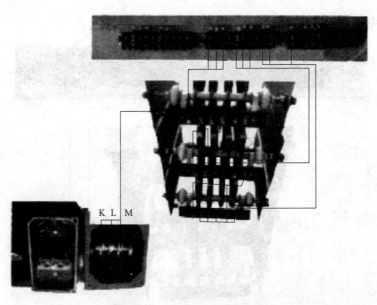

图 2.8.10 连接转子绕组与电阻

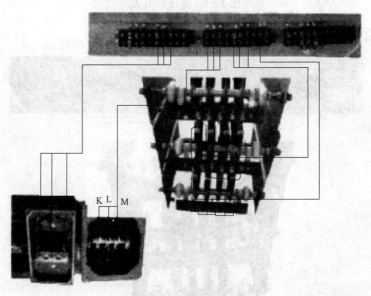

图 2.8.11 连接定子绕组

（10）通电试车。试车时，注意观察接触器情况。观察电动机运转是否正常，若有异常现象应马上停车。

（11）试车完毕，应遵循停转、切断电源、拆除三相电源线、拆除电动机定子绕组线和转子绕组线的顺序。

三、注意事项

（1）接触器 KM1、KM2、KM3 与时间继电器 KT1、KT2、KT3 的接线务必正确，否则会造成按下启动按钮，将电阻全部切除启动，电动机过流的现象。

（2）电阻接线前应检查电阻片的连接线是否牢固、有无松动现象。

（3）控制板外配线必须套管加以防护，以确保安全。

（4）电动机、电阻及按钮金属外壳必须保护接地。

（5）将时间整定为 3 s。

（6）通电试车、调试及检修时，必须在指导教师的监护和允许下进行。

（7）电动机旋转时，注意转子滑环与电刷之间的火花，如果火花大或滑环有灼伤痕迹，应立即停车检查。

（8）电阻必须采取遮护或隔离措施，以防止发生触点事故。

（9）要做到安全操作和文明生产。

四、评分表

评分表见表 2.8.2。

表 2.8.2 "绕线转子绕组串电阻启动自动控制线路的安装"评分表

项目	技术要求	配分	评分细则	评分记录
安装前检查	正确无误地检查所需电气元件	5	电气元件漏检或错检，每个扣 1 分	
安装电气元件	按电气元件布置图合理安装电气元件	15	不按电气元件布置图安装，扣 3 分	
			电气元件安装不牢固，每个扣 0.5 分	
			电气元件安装不整齐、不合理，扣 2 分	
			损坏电气元件，扣 10 分	
布线	按电气安装接线图正确接线	40	不按电气安装接线图接线，扣 10 分	
			线槽内导线交叉超过 3 次，扣 3 分	
			线槽对接不成 90°，每处扣 1 分	
			接点松动，露铜过长，反圈，有毛刺，标记线号不清楚或遗漏或误标，每处扣 0.5 分	
			损伤导线，每处扣 1 分	
通电试车	正确整定电气元件，检查无误，通电试车一次成功	40	热继电器未整定或整定错误，扣 5 分	
			熔体选择错误，每组扣 5 分	
			电阻连接不正确，扣 5 分	
			时间继电器未整定或整定错误，扣 5 分	
			试车不成功，每返工一次扣 5 分	

续表

项目	技术要求	配分	评分细则	评分记录
定额工时 （120 min）	准时		每超过 5 min，从总分中倒扣 3 分，但不超过 10 分	
安全、文明生产	满足安全、文明生产要求		违反安全、文明生产规定，从总分中倒扣 5 分	

维护操作

常见故障及排除方法如下：

（1）电动机空载电流大。

可能原因为：电源电压高、轴承内的润滑脂干涸、电动机有卡滞处、定转子间的气隙过大、重换定子绕组匝数不够或接线错误。

有针对性地选择下列方法排除：测量电源电压找出原因、清洗轴承后加润滑脂、检查传动机构加以改正、更换电动机、按要求的匝数和正确的接线改正。

（2）电动机三相电流不平衡。

可能原因为：三相电源电压不平衡、定子绕组有部分线圈短路同时线圈局部过热、重换定子绕组后部分线圈接线有错、重换定子绕组后部分线圈匝数有错。

有针对性地选择下列方法排除：测量电源电压找出原因、用双臂电桥测量定子绕组线圈电阻找出短路点、按正确的接线改正、用双臂电桥测量定子绕组线圈电阻加以改正。

（3）电动机声音不正常。

可能原因为：轴承损坏或缺油、缺相运行（单相运转）、转子或风扇平衡不好、电动机接线有误、转子回路有一相开路、定子铁芯压得过松、槽楔膨胀、电动机轴与减速器不同轴。

有针对性地选择下列方法排除：更换轴承或加油、检查电源或定子绕组断相原因并修复、拆下重做平衡、重新检查接线与下线并纠正错误、检查开路点并作处理、重新夹紧后用电焊点焊数处、修理或更换、调整电动机与减速器相对位置使其同轴。

（4）电动机振动。

可能原因为：轴承间隙大、定转子气隙不均匀、转子变形、电动机基座不平或地脚螺栓松动、修理后的电动机轴承的轴颈与轴的中心线不同轴、转子不平衡。

有针对性地选择下列方法排除：更换轴承、检修端盖轴承孔、拆开电动机将转子放在车床上用千分表检查修理、检查基座拧紧螺栓、修理电动机轴、拆下重做动平衡使之达到技术要求。

（5）电刷冒火，集电环过热或烧坏。

可能原因为：电刷的牌号或尺寸不符合要求，电刷的压力不足或过大，电刷与集电环表面不平、不圆或不清洁，电刷之间电流不平衡，电刷与刷握配合松紧不适宜，电动机过载。

有针对性地选择下列方法排除：按规定更换电刷，调整电刷的压力或更换弹簧，重新研磨电刷，清扫修理集电环，检查刷架、馈线及电刷情况并考虑更换同规格同材质电刷，重新调整配合间隙，减轻负载。

（6）电动机整机过热。

可能原因为：电源电压过高或过低、电动机实际负载持续率数值超过了额定的数值、电动机所带动的机构有卡滞现象、三相电源或定子绕组有一相断线、定子接线错误、定子绕组有匝间短路或有接地处、定子铁芯部分硅钢片间绝缘不良或有毛刺、电动机受潮或浸漆后烘干不彻底、绕线转子绕组的焊接点脱焊且转速和转矩也显著降低、电动机通风不良、电动机超载、电动机周围环境温度过高。

有针对性地选择下列方法排除：调整电压使其符合要求，按电动机额定负载持续率工作，检修所带动的机构，检测检查三相电源和定子绕组并核对及更正接线，用电桥测量绕组直流电阻或用绝缘电阻表测量绕组对地绝缘电阻，局部或全部更换线圈，拆开电动机修理铁芯并彻底烘干，仔细检查各焊接点并将脱焊处补上，检查风扇旋转是否正常、通风机是否堵塞、是否在额定负载下运行，更换成适合该环境温度绝缘等级的电动机。

（7）转子铁芯或定子铁芯局部过热。

可能原因为：转子铁芯内或定子铁芯内发生了局部短路。

排除方法：拆开电动机，清除毛刺或其他引起短路的原因，然后在修理过的地方涂以绝缘漆。

（8）电动机在额定负载下转速不足或转子温度高。

可能原因为：电路中有接触不牢的地方。

排除方法：对绕组与集电环、绕组端头、中性点接头进行检查修复。

（9）电动机转速慢，额定功率下降。

可能原因为：制动器未完全打开、电压偏低、定子或转子绕组的相间接法有误、导电器接触不良、转子电阻没能按规定要求切除。

有针对性地选择下列方法排除：调整制动器、测量电源电压、检查并更正接线、检查移动供电装置、检查加速电阻接触器是否动作。

（10）电动机绝缘降低。

可能原因为：电动机受潮、绕组灰尘多、绝缘材料老化。

有针对性地选择下列方法排除：烘干处理、清扫灰尘、更换绝缘材料或绕组。

（11）电动机外壳带电。

可能原因为：接线盒内的线头或线槽绝缘不良、机壳接地不良。

有针对性地选择下列方法排除：进行绝缘处理、加装接地线。

（12）电动机带负载后不能起动或加负载时就停转。

可能原因为：电源电压过低、绕组接线有误、定转子绕组有断线处、定子绕组匝间短路、起动电阻数据不符合要求。

有针对性地选择下列方法排除：测量电源电压；改正接线；测量定/转子绕组电阻并修复断线处；用电桥测量定子绕组电阻值，如有短路，需更换绕组；按设计要求改正起动电阻。

（13）转子与定子发生摩擦（电动机扫膛）。

可能原因为：轴承损坏、定子或转子铁芯发生变形、绕组松脱、轴承与定子或转子与定子不同心。

有针对性地选择下列方法排除：更换轴承、拆开电动机、整修铁芯、修理绕组、检查端盖轴承孔是否过大并作处理。

任务 9　直流电动机的电气控制与检修

任务目标

（1）熟悉直流电动机的启动控制线路的分析方法。
（2）熟悉直流电动机反接控制线路的分析方法。
（3）掌握直流电动机启动和制动控制的安装和调试方法。
（4）掌握并励直流电机的工作原理及特性。
（5）掌握通过改变励磁电流进行调速的原理及操作方法。

知识储备

在精密机械加工与冶金工业生产过程中，如高精度金属切削机床、轧钢机、造纸机、龙门刨床、电气机车等生产机械都是用直流电动机来拖动的。这是因为直流电动机具有启动转矩大、调速范围广、调速精度高、能够实现无级平滑调速以及可以频繁启动等一系列优点，对需要能够在大范围内实现无级平滑调速或需要大启动转矩的生产机械，常用直流电动机来拖动。

一、直流电动机启动控制、正反转控制的相关知识

1. 直流电动机的启动控制

直流电动机启动控制的要求与交流电动机类似，即在保证足够大的启动转矩下，尽可能地减小启动电流，通常以时间为变化参量分级启动，启动级数不宜超过 3 级。他励、并励直流电动机在启动控制时必须在施加电枢电压前，先接上额定的励磁电压，至少是同时。其原因之一是保证启动过程中产生足够大的反电动势以减小启动电流；其二是保证产生足够大的启动转矩，加速启动过程；其三是避免励磁磁通为零时产生"飞车"事故。

2. 直流电动机的正反转控制

改变直流电动机转向有两种方法：一是保持电动机励磁绕组端电压的极性不变，改变电枢绕组端电压的极性；二是保持电枢绕组端电压的极性不变，改变电动机励磁绕组端电压的极性。上述两种方法都可以改变电动机的旋转方向，但是如果两者的电压极性同时改变，则电动机的旋转方向维持不变。在采用改变电枢绕组端电压极性的方法时，因主电路电流较大，故接触器的容量也较大，并要求采用灭弧能力强的直流接触器，这给使用带来不便。因此，对于大电流系统，采用改变直流电动机励磁电流的极性来改变转向更合理，因为电动机的励磁电流仅为电枢电流的 2%～5%，故使用的接触器容量小得多。但为了避

免在改变励磁电流方向过程中，因励磁电流为零而产生"飞车"现象，要求在改变励磁的同时要切断电枢回路的电源。另外，考虑到励磁回路的电感量很大，触点断开时容易产生很高的自感电动势，故需加装吸收装置。在直流电动机正反转控制电路中，通常要设有制动和联锁电路，以确保在电动机停转后再反向启动，以免直接反向产生过大的电流冲击。

二、直流电动机控制线路分析

直流电动机虽有他励、并励、串励和复励之分，但在控制线路上差别不大。按时间原则控制分级启动应用最广泛。其他原则应用较少，制动方式多采用以转速（电动势）为变化参量控制。

图 2.9.1 为直流并励电动机以时间为变化参量控制启动，以电动势为变化参量控制反接制动的控制线路的电气控制原理图。电路中设两级启动电阻和一级反接电阻，启动电阻分别由 KM2、KM3 的动合触点控制接入或切除，反接电阻由 KM1 的动合触点控制接入或切除，要求在启动时迅速切除反接电阻；反接时，将反接电阻接入电路中，以限制反接制动电流，直至转速接近零时，切除反接制动电阻以便反向启动。

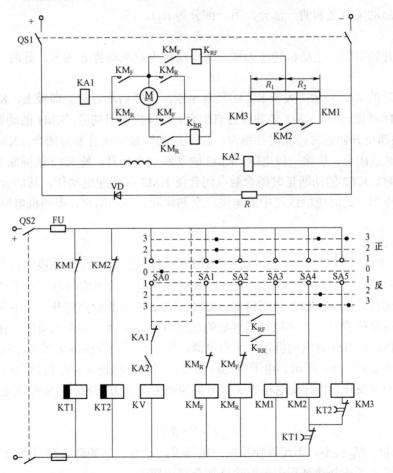

图 2.9.1 直流并励电动机启动制动控制线路的电气控制原理图

图中，KM_F、KM_R 分别为直流电动机正、反转时的接触器；KR_F、KR_R 分别为直流电动机正、反转时电枢电动势的反接继电器；KA1 为过电流继电器，用于过电流保护；KA2 为用于弱磁保护的弱磁继电器，防止磁场减弱或消失引起电动机"飞车"，它的吸合值一般整定为额定励磁电流的 0.8 倍；电阻 R 和二极管 VD 构成吸收回路。

线路的工作过程分析如下。

1. 启动前的准备

启动前将主令控制器 SA 的手柄置于"0"位，触点 SA0 接通，合上电源开关 QS1、QS2，若电动机励磁绕组工作正常，KA2 达到吸合值而动作，其动合触点闭合使零位继电器 KV 线圈接通并自锁，同时断电延时型时间继电器 KT1、KT2 线圈均接通，动断触点瞬时打开，为电动机启动做好准备。

2. 启动过程

启动时将主令控制器 SA 的手柄扳向正转位置（例如位置"3"），此时主令控制器的触点 SA1、SA4、SA5 接通，KM_R 线圈通电，动合触点闭合，一方面主触点将电动机接通正向电源，另一方面辅助触点将反接继电器 KR_F 接通，此时的等效电路如图 2.9.2（a）所示。KR_F 线圈上的电压应是电枢反电动势 E 和电阻 R_1 上电压降的代数和（其中，电阻 R_1 是取反接电阻和启动电阻之和的一部分，另一部分为 R_2），即

$$U_K = E + R_1 I$$

在启动开始瞬间，电动机转速为零，即电动机电枢电动势 E 为零，此时

$$U_K = R_1 I$$

选择合适的 R_1，使 $R_1 I$ 大于 K_{RF} 的吸合电压，这样启动时它立即吸上，K_{RF} 的动合触点闭合，KM1 线圈通电，KM1 的动合触点闭合，将反接电阻切除。KM1 的动断触点断开，使 KT1 线圈断电开始延时，延时结束时，KT1 的动断延时闭合触点闭合，KM2 线圈通电动作，动合触点闭合，切除一段电阻，KM2 的动断触点断开，使 KT2 线圈断电开始延时。当延时结束时，KT2 的动断延时闭合触点闭合使 KM3 线圈通电动作，其动合触点闭合，又切除一段电阻，此时电枢线路中的电阻已全部切除，启动结束，电动机电枢在额定电压下运行。

3. 反接过程

反接时，将主令控制器 SA 的手柄从正转位置扳向反转位置（例如扳向反向位置"3"），在过"0"位的瞬间，KM_F、KM_R、KM1、KM2、KM3 线圈均断电，由于 KM1、KM2 的动断触点闭合，KT1、KT2 线圈通电，KT1、KT2 的动断触点打开。当主令控制器 SA 的手柄扳到反转位置时，主令控制器 SA 的触点 SA2、SA4、SA5 均接通，接触器 KM_R 线圈通电动作，一方面将电动机接入反向电源，另一方面使反接继电器 KR_R 线圈通电，其等效电路如图 2.9.2（b）所示。由于电动机的机械惯性，转速 n 和电枢反电动势 E 的大小和方向都来不及变化，此时反电动势 E 的方向与电阻压降方向相反，反接继电器 K_{RR} 的线圈电压为：

$$U_K = -E + R_1 I$$

可见，此时 U_K 很小，不足以使反接继电器 K_{RR} 动作，它的动合触点不闭合，KM1 线圈不通电，保证了在制动过程中电枢线路加全部电阻。

随着电动机转速的降低，反电动势逐渐减小，K_{RR} 线圈电压 U_K 逐渐增加。当电动

转速接近零时，U_K 接近 R_1I，继电器 K_{RR} 动作，K_{RR} 的动合触点闭合，接通接触器 KM1 线圈，切除反接电阻，电动机反向启动。其中，各电器的动作情况与正转时类似，请读者自行分析。

反接继电器 K_{RF} 和 K_{RR} 线圈一端连接在电枢上，另一端连接在电枢线路外加电阻 R_1 与 R_2 之间，如图 2.9.1 所示。R_1 与 R_2 之和是外加电阻总值，它是由限制启动电流和反接电流的要求决定的。

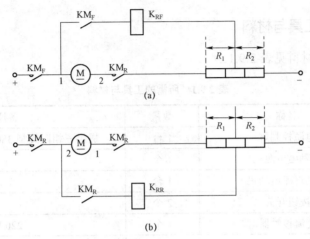

图 2.9.2　并励直流电动机正、反转等效电路
（a）正转；（b）反转

反接过程中的注意事项如下：

（1）在反接过程中，应使反接继电器不吸合，在反接瞬间，令反接继电器的电压为零。

（2）在额定转速时，E 接近外加电压。

（3）在启动时，要求反接继电器立即吸合。

（4）在启动瞬间启动电流主要由外加电阻决定。

（5）为了使反接继电器在启动时可以可靠吸合，通常吸合电压取上述值的 80%，作为反接继电器实际整定的吸合电压，即

$$U_D = 0.8 \times \frac{U}{2} = 0.4U$$

4．调速控制

如果将主令控制器 SA 的手柄置到位置"1"或"2"，电枢线路中的启动电阻在电动机启动完毕时将有两段或一段不被切除，电源电压将有一部分降落到电阻上，相当于电动机电枢电压降低，电动机转速降低，实现了电动机在不同转速下运行。

5．保护环节

（1）当线路中的电流达到预定值时，过电流继电器 KA1 动作，动断触点断开，零压继电器 KV 线圈断电，所有接触器均断电释放，电动机停止，实现了过电流保护。

（2）当电动机出现弱磁或励磁消失时，继电器 KA2 动作，动合触点断开，零位继电器 KV 线圈断电，所以接触器均释放，实现弱磁保护。

（3）本线路的失压保护也由零位继电器 KV 实现。

本控制线路适用于要求迅速反转的场合，对于不要求反转或不经常反转（有些生产机械正常工作时不要求反转，只在检修和处理事故或调整时才需要反转），而要求准确停车的场合，可以采用能耗制动。

实训操作：直流电动机改变励磁电流进行调速控制

一、所需的工具与材料

所需的工具与材料见表 2.9.1。

表 2.9.1　所需的工具与材料

序号	名称	数量	备注
1	电源控制屏	1 台	提供三相四线制 380 V、220 V 电压
2	励磁电源	1 个	
3	并励直流电动机	1 台	
4	按钮开关	2 个	
5	交流接触器	1 个	220 V
6	导线	若干	
7	可调电阻	1 个	

二、实训内容与步骤

（1）检查各实训设备的外观及质量是否良好。

（2）按图 2.9.3 进行正确接线，先接主线路，再接控制线路。自己检查无误并经指导老师检查认可方可合闸实训。

① 将所有可调电阻的阻值调到最大。

② 打开空气开关，接入 220 V 交流电源。

③ 打开直流电源开关，接入 220 V 直流可调电源。

④ 按下启动按钮 SB2，观察电动机及接触器的工作情况。

⑤ 调节可调电阻的阻值，观察电动机以及转速计的工作情况。

⑥ 按下停止按钮 SB1，断开电源。

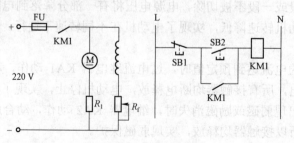

图 2.9.3　实训线路

三、注意事项

（1）并励直流电动机启动时，一般都不采用直接启动的方法，在启动时必须保证励磁绕组线路不能断路且在励磁绕组线路电流最大的情况下起动。

（2）并励直流电动机的正反转控制和反接控制都是利用改变电枢电流的方向来实现的。

（3）在励磁绕组的控制线路中不仅要有失磁保护和弱磁保护，而且要有断电时的放电线路。

（4）并励直流电动机的调速变阻器可作启动变阻器使用，而启动变阻器不能用于调速。在采用弱磁调速时，转速又不能调节得过高，以免电动机振动过大，换向条件恶化，甚至出现"飞车"事故；还要注意转速升高后，输出转矩必须减小。

四、评分表

评分表见表 2.9.2。

表 **2.9.2**　"直流电动机改变励磁电流进行调速控制"评分表

项目	技术要求	配分	评分细则	评分记录
安装前检查	正确无误地检查所需电气元件	5	电气元件漏检或错检，每个扣 1 分	
安装电气元件	按电气元件布置图合理安装电气元件	15	不按电气元件布置图安装，扣 3 分	
			电气元件安装不牢固，每个扣 0.5 分	
			电气元件安装不整齐、不合理，扣 2 分	
			损坏电气元件，扣 10 分	
布线	按电气安装接线图正确接线	40	不按电气安装接线图接线，扣 10 分	
			线槽内导线交叉超过 3 次，扣 3 分	
			线槽对接不成 90°，每处扣 1 分	
			接点松动，露铜过长，反圈，有毛刺，标记线号不清楚或遗漏或误标，每处扣 0.5 分	
			损伤导线，每处扣 1 分	
调速	正确整定电气元件，检查无误，通电调速一次成功	40	可调电阻选择错误，每组扣 5 分	
			调速不成功，每返工一次扣 5 分	
定额工时（180 min）	准时		每超过 5 min，从总分中倒扣 3 分，但不超过 10 分	
安全、文明生产	满足安全、文明生产要求		违反安全、文明生产规定，从总分中倒扣 5 分	

维护操作

直流电机的常见故障如下。

一、直流电动机不能启动

直流电动机不能启动的可能原因及处理方法如下：

（1）线路中断：检查线路是否完好，启动器接线是否正确，保险丝是否熔断，励磁欠压继电器是否动作。

（2）启动时负载过重：减去部分负载。

（3）电刷接触不良：检查刷握弹簧是否松弛。

（4）串激绕组接反：按正确的电气安装接线图接线。

（5）线路电压太低：用万用表测电压，提高电压后再启动。

（6）轴承损坏或有杂物卡死：停车后，调换轴承，排除杂物。

二、电刷火花过大

电刷火花过大的可能原因及处理方法如下：

（1）电刷与换向器接触不良或电刷磨损过短：研磨电刷接触面，更换新电刷。

（2）电刷上弹簧压力不均匀：适当调整弹簧压力，使每个电刷压力保持在 $1.47 \times 10^4 \sim 2.45 \times 10^4$ Pa，也可凭手上的感觉。

（3）刷握松动：将刷握螺栓固紧，使刷握和换向器表面平行。

（4）刷握离换向器表面距离过大：调整刷握至换向器距离，一般为 2～3 mm。

（5）电刷牌号不符合要求：更换牌号。

（6）电刷与刷握配合不当：不能过紧或过松，保证在热态时，电刷在刷握中能自由滑动，若过紧可用砂纸将电刷适当砂去一些，若过松要调换新电刷。

（7）换向器片间云母未拉净：用手拉刀刻去剩余云母。

（8）刷架中心位置不对：移动刷架座，选择火花最好位置。

（9）电动机长期超负载：调整负载在额定负载值内。

（10）换向极线圈短路：重新绕制线圈。

（11）电枢绕组断路：拆开电动机，检查电枢绕组，用毫伏表找出断路处，若不能焊接则重绕。

（12）电枢绕组短路或换向器断路：电动机运转时，换向器刷握下冒火，电枢发热，应检查云母槽中有无铜屑，或用毫伏表测换向片间电压降，检查出电枢绕组短路处。

（13）电压过高：调整外加电压到额定值。

（14）换向极引出线接反：若电动机在负载时转速稍慢并出火，应调换和刷杆连接的两线头。

三、电动机转速不正常

电动机转速不正常的可能原因及处理方法如下：

（1）励磁绕组回路开路，励磁电压过低：检查磁场线圈连接是否良好，是否接错磁场线圈或调速器内部是否断路，励磁欠压继电器是否动作，励磁电压是否正常。

（2）电刷不在正常位置：按所刻记号调整刷杆座位置。

（3）电枢及磁场线圈短路：检查换向器表面及接头片是否短路，测量磁场线圈每极直流电阻是否一样。

（4）外加电压过高或过低：用万用表测量，将电压调整到允许范围内。

思考与练习

2-1　什么是电气控制原理图、电气安装接线图和电气元件布置图？它们各起什么作用？

2-2　试设计对同一台电动机可进行两处操作的长动和点动控制线路。

2-3　鼠笼式异步电动机在什么情况下采用降压启动？几种降压启动方法各有什么优、缺点？

2-4　试设计一个线路，其要求如下：

（1）M1 启动 10 s 后，M2 自动启动；

（2）M2 运行 5 s 后，M1 停止，同时 M3 自动启动。

（3）M1 再运行 15 s 后，M2 和 M3 全部停止。

2-5　试用时间继电器、接触器等设计一个电动机自动循环正反转控制线路。

2-6　设计一个异步电动机的控制线路，其要求如下：

（1）能实现可逆长动控制；

（2）能实现可逆点动控制；

（3）有过载、短路保护。

2-7　试设计按速度原则实现单向反接制动的控制线路。

2-8　试设计在甲、乙两地控制两台电动机的控制线路。

2-9　试设计某机床工作台每往复移动一次时就发出一个控制信号，以改变主轴电动机旋转方向的控制线路。

2-10　试画出通电延时型和断电延时型时间继电器的图形符号，并设计一个延时线路，使第 1 台电动机启动 6 s 后，第 2 台电动机再启动；第 2 台电动机停止工作 5 s 后，第 1 台电动机再停机。

2-11　并励直流电动机与串励直流电动机主要有哪些区别？

2-12　并励直流电动机实现正反转控制的原理是什么？

2-13　并励直流电动机的制动方式有哪几种？各有什么特点？

2-14　串励电动机采用电枢法反接制动时，通过改变外电源的电压极性是否能达到制动目的？为什么？

2-15　串励直流电动机改变主磁通调速时，通常采用哪些方法？画出电气控制原理图，并分析工作原理。

项目三　电动机变频调速系统的安装、调试及故障处理

项目描述

变频调速具有性能良好、调速范围大、稳定性好、运行效率高等特点，特别是采用通用变频器对笼型异步电动机进行调速控制，使用方便、可靠性高、经济效益显著，所以交流电动机变频调速技术已经扩展到了工业生产的所有领域，并且在空调、电冰箱、洗衣机等家电产品中也得到了广泛的应用，通过学习要掌握电动机变频调速系统的基本原理、安装、调试、故障诊断和检修方法。

本项目主要包括以下 2 个任务：

任务 1　变频调速的基本原理；

任务 2　变频调速系统的调试；

任务 1　变频调速的基本原理

任务目标

（1）掌握变频调速的基本原理。

（2）掌握变频器的安装要求、调试方法和注意事项。

（3）熟悉变频器的日常检查、一般故障及其检修方法。

（4）了解变频器的行业应用。

（5）熟悉变频器的安装方法，能正确安装变频器的主线路和控制线路。

知识储备

由电动机转速公式 $n_0=60(1-S)f_1/P$ 可知，当 P 不变时，同步转速 n_0 和电源频率成正比。连续地改变供电电源的频率，就可以平滑地调节电动机的速度，这种调速方法称为变频调速。由于变频调速具有性能良好、调速范围大、稳定性好、运行效率高等特点，特

别是采用通用变频器对笼型异步电动机进行调速控制，使用方便，可靠性高，经济效益显著，所以交流电动机变频调速技术的应用已经扩展到了工业生产的所有领域，并且在空调、电冰箱、洗衣机等家电产品中也得到了广泛的应用。

表面看来，只要改变定子电压的频率 f_1 就可以调节转速的大小，但是事实上，只改变 f_1 并不能正常调速。这是因为定子电压 U_1，频率 f_1 和磁通 Φ 三者有一定的制约关系。异步电动机的电压方程为：

$$U_1 = E_1 = 4.44 f_1 N_1 k_1 \Phi$$

假设只改变 f_1 进行调速，而供电电压 U_1 不变，因 $k_1 N_1$ 为常数，则异步电动机的主磁通 Φ 必将改变：如 f_1 向上调，则 Φ 会下降，导致磁通太弱，铁芯利用不充分，在同样的转子电流下，输出电磁转矩小（因为转矩 $T=C_T \Phi I_2 \cos\varphi_2$），这使电动机带负载能力下降，如果是恒转矩负载会因拖不动而发生堵转；反之，f_1 向下调节，则 Φ 会增大，可能带来更大的危险。因为电动机铁磁材料的磁化曲线具有饱和特性，设计电动机时为了充分利用铁芯能力，其工频下的工作点已经接近磁饱和。调速时磁通太强，处于过励磁状态，会使电动机铁损耗增加，引起励磁电流急剧增大，使电动机迅速发热导致停机或烧坏电动机。

由上可知，只改变频率 f_1 实际上并不能正常调速。因此，要求在调节定子供电频率 f_1 的同时调节定子供电电压 U_1 的大小，通过 U_1 和 f_1 的不同配合来实现安全的变频调速。

一、基频以下恒磁通变压变频调速

当变频的范围在基频（电动机额定频率）以下时，为了保持电动机的带负载能力，应当保持气隙磁通不变，要求在降低供电频率的同时降低感应电动势，保持 E_1/f_1=常数，由于 $\Phi \propto E_1/f_1 \approx U_1/f_1$，故调节三相异步电动机的供电频率 f_1 时，按比例调节供电电压的 U_1 的大小可以近似实现 Φ 为常数。这就是恒压频比控制方式，以星形连接的电动机为例，变频调速时，如供电 50 Hz 对应 220 V 相电压（一般为额定点），则 25 Hz 需提供 110 V 相电压，10 Hz 需提供 44 V 相电压。

但是，U_1/f_1=常数的恒压频比调速方式并不是真正的恒磁通调速，这是因为电动机的主磁通 Φ 在严格意义上不与 U_1/f_1 成正比，而是与 E_1/f_1 成正比，外加电压 U_1 只是在不计定子内阻时才近似等于反电动势 E_1。当供电频率和电压变得较低时，定子内阻的影响增大，不可忽略。此时，可采用低频段电压补偿法，人为适当地提高定子电压以补偿定子电阻压降的影响来使气隙磁通大体保持不变。补偿曲线有多条，可以根据负载性质和运行状况加以选择。在额定工作点附近（50 Hz）则由于内阻压降较小，可不加补偿。定子电压和频率的关系曲线如图 3.1.1 所示。图中

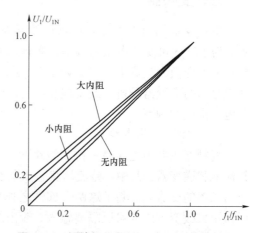

图 3.1.1 保持恒磁通的 U_1 与 f_1 配合关系曲线

U_{1N} 和 f_{1N} 分别为电动机的额定电压和额定频率。

二、基频以上恒电压弱磁变频调速

当变频的范围在基频以上时，频率由额定值增大，但电压 U_1 受额定电压 U_{1N} 的限制不能再增大，只能保持 $U_1=U_{1N}$ 不变。这样必然会使主磁通随着 f_1 的上升而减小，相当于直流电动机弱磁调速的情况，属于近似的恒功率调速方式，如图 3.1.2 所示。

由以上讨论可知，异步电动机的变频调速必须按照一定的规律同时改变其电压和频率，即必须通过变频器获得电压频率均可调节的供电电源，实现所谓的 VVVF（Variable Voltage Variable Frequency）调速控制。

用 VVVF 变频器对异步电动机进行变频控制时的控制特性如图 3.1.2 所示。机械特性如图 3.1.3 所示。

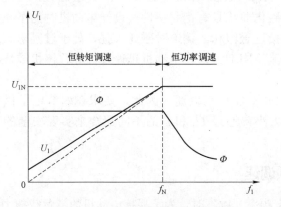

图 3.1.2　VVVF 变频调速的控制特性

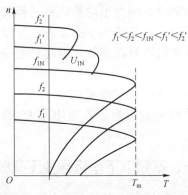

图 3.1.3　VVVF 控制方式的机械特性

如图 3.1.2 所示，在控制特性上，保持 U_1/f_1＝常数的恒磁通控制方式的特性曲线族体现为恒转矩性质，而 U_1 保持 U_{1N} 不变而 Φ 减小的控制特性曲线表现为弱磁调速的情况，属于恒功率调速性质。

三、变频器

变频器是利用电力半导体器件的通断作用将工频电源变换为另一频率的电能控制设备。为了产生可变的电压和频率，变频设备首先要把工频电源的交流电变换为直流电，再把直流电变换为交流电。在变频器中，产生变化电压或频率的主要装置是逆变器。用于电动机控制的变频器既可以改变电压，又可以改变频率，但用于荧光灯的变频器主要用于调节电源供电的频率。

1. 变频器的基本构成

变频器主要由主线路和控制线路两大部分组成。主线路通常包含两个主要组成部件：整流器和逆变器。其中，整流器将输入的交流电转换为直流电，逆变器将直流电再转换成所需频率的交流电。除了这两个部件之外，变频器还有可能包含变压器和电池。其中，变压器用来改变电压并可以隔离输入、输出的线路，电池用来补偿变频器内部线路上的能量损失。目前市场上常用的变频器的结构基本类似，如图 3.1.4 所示。

2. 变频器控制线路及基本功能

变频器的控制线路包括主控制线路、信号检测线路、门极（基极）驱动线路、外部接口线路以及保护线路等几个部分，也是变频器的核心部分。控制线路的优劣决定了变频器性能的优劣。控制线路的主要作用是将信号检测线路得到的各种信号送至运算线路，使运算线路根据要求为变频器主线路提供必要的门极（基极）驱动信号，并对变频器以及异步电动机提供必要的保护。此外，控制线路还通过 A/D、

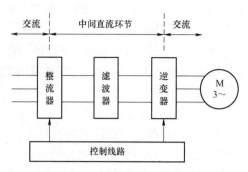

图 3.1.4　变频器的基本构成

D/A 等外部接口线路接收/发送多种形式的外部信号和给出系统内部工作状态，以使变频器能够和外部设备配合进行各种高性能的控制。

变频器的种类很多，其结构也有所不同，但大多数变频器都有类似的硬件结构，它们的区别主要是控制线路和检测线路以及控制算法不同而已。

一般的三相变频器的整流线路由三相全波整流桥组成。它的主要作用是对工频的外部电源进行整流，并给逆变线路和控制线路提供所需要的直流电源。整流线路按其控制方式可以是直流电压源，也可以是直流电流源。

直流中间线路的作用是对整流电流的输出进行平滑，以保证逆变线路和控制电源能够得到质量较高的直流电源。当整流线路是电压源时，直流中间线路的主要元器件是大容量的电解电容；而当整流线路是电流源时，平滑线路则主要由大容量电感组成。此外，由于电动机制动的需要，在直流中间线路中有时还包括制动电阻以及其他辅助线路。

逆变线路是变频器最主要的部分之一。它的主要作用是在控制线路的控制下将平滑线路输出的直流电源转换为频率和电压都任意可调的交流电源。逆变线路的输出就是变频器的输出，它被用来实现对异步电动机的调速控制。

3. 变频器的规格

变频器的标准规格如下。

1）变频器的容量

大多数变频器的容量均以所适用的电动机的功率、变频器的输出视在功率和变频器的输出电流来表征。其中，最重要的是额定电流，它是指变频器连续运行时允许输出的电流。额定容量是指额定输出电流与额定输出电压下的三相视在功率。

至于变频器所使用的电动机的功率（kW），是以标准的 4 极电动机为对象，在变频器的额定输出电流限度内可以拖动的电动机的功率。如果是 6 极以上的异步电动机，在同样的功率下，主要是由于功率因数的降低，其额定电流较 4 极异步电动机大，因此，变频器的容量应该相应扩大，以使变频器的电流不超出其允许值。

由此可见，选择变频器容量时，变频器的额定输出电流是一个关键量。因此，采用 4 极以上电动机或者多电动机并联时，必须以总电流不超过变频器的额定输出电流为原则。

2）变频器输出电压

变频器输出电压可以按照所用电动机的额定输出电压进行选择或适当调整。我国常用

交流电动机的额定电压为 220 V 和 380 V，还有一些场合采用高压交流电动机。

3）变频器输出频率

变频器的最高输出频率有 50 Hz、60 Hz、120 Hz、240 Hz 或者更高。以在额定转速以下范围内调速运转为目的，大容量通用变频器几乎都具有 50 Hz 或 60 Hz 的输出频率。最高输出频率超过工频的变频器为小容量，大容量通用变频器几乎都属于此类。

4）变频器保护结构

变频器运行时，内部产生的热量大，考虑到散热的经济性，除了小容量变频器外，几乎都采用开启式结构，并用风扇进行强制冷却。变频器设置场所在室外或工作环境恶劣时，最好装在对立盘上，采用具有冷却用热交换装置的全封闭式。对于小容量变频器，如在粉尘或油雾多、棉绒多的环境中，也要采用全封闭式结构。

5）变频器不停机选用件

如果生产过程中不允许停机，可以选择变频器不停机选用件。这样可使电动机不停止就能达到从电网切换到变频器侧的目的，即切换电网后，使自由运转中的电动机与变频器同步后，再使变频器输出功率。还有一种瞬停再启动功能控制器，即电动机在瞬间停电时，变频器可以开始工作。

6）变频器的瞬时过载能力

由于主线路半导体开关器件的过载能力较差，考虑到成本问题，通用变频器的电流瞬时过载能力常常设计为每分钟 150%额定电流或每分钟 120%额定电流。与标准异步电动机（过载能力通常为 200%左右）相比较，变频器的过载能力较差。因此，在变频器传动的情况下，异步电动机的过载能力常常不能得到充分的发挥。此外，如果考虑到通用电动机散热能力的变化，在不同转速下，电动机的转矩过载能力还应有所变化。

4. 变频器的应用

变频器除了可以用来改变交流电源的频率之外，还可以用来改变交流电动机的转速和转矩。在该应用环境下，最典型的变频器结构是三相二级电压源变频器。该变频器通过半导体开关和脉冲宽度调制（PWM）来控制各相电压。

另外，变频器还用于航空航天领域。例如，飞机上的电力设备通常需要 400 Hz 的交流电，而地面上使用的交流电一般为 50 Hz 或 60 Hz。因此，当飞机停在地面上时，需要使用变频器将地面上的 50 Hz 或 60 Hz 交流电变为 400 Hz 交流电供飞机使用。

实训操作：变频器系统的安装

一、所需的工具、材料

根据实训需要选配工具、材料，并对所选元器件进行质量检验（本实训采用成都希望森兰变频器制造有限公司生产的"全能王"SB60/61 系列通用变频器）。

（1）工具：测电笔、螺钉旋具、尖嘴钳、斜口钳、剥线钳、电工刀等常用工具。

（2）仪表：MF47 万用表等。

（3）器材：见表 3.1.1。

表 3.1.1　器材

	代号	名称	型号	规格	数量
器材	VVVF	变频调速器	SB60	2.2 kW	1 个
	M	三相异步电动机	Y2－100L1－4	2.2 kW，380 kV	1 台
	QF	低压断路器	DZ5－20/330	3 极，10 A	1 个
	R	制动电阻	—	250 Ω，600 W	1 个
	XT1	端子板	TD－2010	20 A，10 节	1 个
	XT2，XT4	端子板	TD－1015	10 A，15 节	1 个
	XT3，XT5	端子板	TD－1010	10 A，10 节	2 个
	SB1，SB2	按钮	LA10－2H	保护式，按钮数为 2	1 个
	S1～S7	钮子开关			7 个
	W1，W2	电位器		2.2 kΩ，1 W	2 个
	KA1	继电器	HH54P	3 A，线圈电压直流 24 V	1 个
	D1	二极管	1N4004	1 A，400 V	1 个
	HL3	指示灯		220 V	1 个
	HL1，HL2	指示灯	—	24 V	2 个
	mA	直流毫安表	85C1	50 mA	1 个
	V	直流电压表	85C1	50 V	1 个
支架及连接线	名称		型号	规格	数量
	主线路导线		BVR－2.5	2.5 mm²	若干
	控制线路导线		BVR－1.0	1.0 mm²	若干
	接地线		BVR－1.5	1.5 mm²	若干
	走线槽		—	18 mm×25 mm	若干
	控制板		—	600 mm×500 mm×25 mm	1 个
	硬塑料板		—	100 mm×320 mm×5 mm	1 个
	硬塑料板		—	60 mm×200 mm×5 mm	1 个

二、实训内容与步骤

（1）熟悉图 3.1.5 和图 3.1.6 所示电气安装接线图和指导老师给定的电气元件布置图。

（2）安装电气元件和走线槽。

（3）安装线路连接线。

（4）在控制板上按照图 3.1.5 和图 3.1.6 所示进行板前线槽布线。

（5）安装电动机。

（6）可靠连接变频器、电动机及电气元件的金属外壳保护接地线。

（7）自检。

安装完成的电路板，称为 LY–A 型变频器调速训练装置。训练结束后，安装的线路板留用。

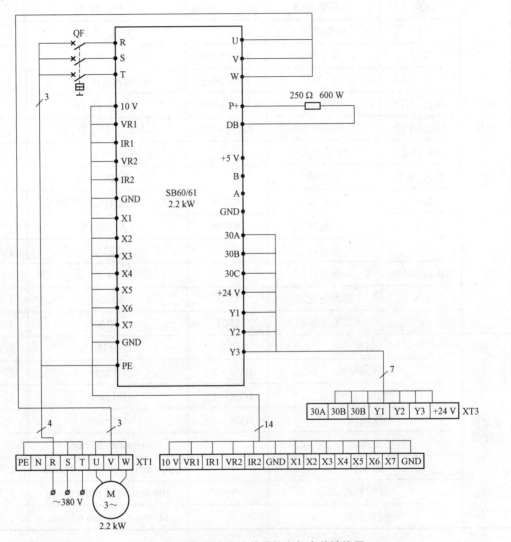

图 3.1.5　变频调速训练装置的电气安装接线图

三、注意事项

（1）注意安装和布线的工艺要求。

（2）注意接线的正、负极性，不可反接。注意电压表和电流表的安装和接线。

（3）与变频器相连的接线端子实际是将变频器主、控线路端子引出，防止实训中反复进行线路拆装而损坏变频器上的接线桩。在变频器的实际应用中并不需要这样做。

（4）变频器的主、控线路配线应尽量分开。

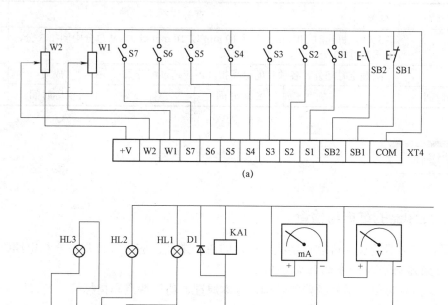

图 3.1.6 变频器调速训练装置线路

（a）变频器输入控制线路；（b）变频器输出指示线路

四、评分表

评分表见表 3.1.2。

表 3.1.2 "变频系统的安装"评分表

项目内容	配分	评分标准	扣分
装前检查	10分	电气元件漏检或错检，每只扣2分	
安装电气元件	40分	（1）不按电气元件布置图安装，扣10分； （2）电气元件安装不牢固，每只扣5分； （3）电气元件安装不整齐、不均匀、不合理，每只扣2分； （4）电气元件安装时漏装木螺钉，每只扣1分； （5）走线槽安装不符合要求，每处扣2分； （6）损坏电气元件，每只扣5～15分	
布线	50分	（1）不按电气安装连接图接线，扣25分； （2）布线不符合要求，每根扣3分； （3）节点松动，露铜过长，压绝缘层，每处扣2分； （4）焊点不规范，每处扣2分； （5）损伤导线及线芯，每处扣5分； （6）漏接接地线，扣15分	
安全、文明生产		违反安全、文明生产规定，扣5～40分	

续表

项目内容	配分	评分标准		扣分
额定时间		3.5 h，每超时 10 min（不足 10 min 以 10 min 计），从总分中倒扣 3 分，但不超过 10 分		
备注		除额定时间外，各项目的最高扣分不应超过配分数	成绩	
开始时间		结束时间	实际时间	

维护操作

一、变频器的维护与检查

为了使变频器能长期可靠地连续运行，防患于未然，应进行日常检查和定期检查。

1. 变频器维护与检查的注意事项

（1）操作者必须熟悉变频器的结构、基本原理、功能特点和指标等，具有操作变频器的经验。

（2）维护检查变频器前必须切断电源，且必须在确认主线路滤波电容放电完成，电源指示灯 HL 熄灭后再进行作业，以确保操作者的安全。

（3）变频器出厂前，生产厂家都对其进行了初始设定，一般不能随意改变。初始设定改变后再次恢复时，一般需进行初始化操作。

（4）在新型变频器的控制线路中，由于使用了许多 CMOS 芯片，所以不要用手指直接触摸电路板，以免静电作用损坏这些芯片。

（5）在通电状态下，不允许进行改变接线或拔插连接件等操作。

（6）测量仪表的选择及使用应符合厂家的规定。在变频器工作过程中不允许对线路信号进行检查。

（7）当变频器发生故障而无故障显示时，注意不能再轻易通电，以免引起更大的故障。此时，应断电后作电阻特性参数测试，初步查找出故障原因。

2. 变频器的日常检查

可不卸除外盖进行通电和启动，目测变频器的运行状况，确认无异常情况。通常应注意如下几点：

（1）键盘面板显示正常；

（2）无异常的噪声、振动和气味；

（3）没有过热或变色等异常情况；

（4）周围环境符合标准规范。

3. 变频器的定期检查与维护

为了防止元器件老化和异常等情况造成故障，变频器在使用过程中，必须定期进行保养维护，根据需要更换老化的元器件。定期维护应放在暂时停产期间，在变频器停机后进行。

定期检查时要切断电源，停止运行并卸下变频器的外盖。变频器断电后，主线路滤波电容器上仍有较高的充电电压。放电需要一定时间，一般为 5～10 min，必须等待充电指示灯熄灭，并用电压表测试，确认此电压低于安全值［＜25 V（直流）］才能开始作业。

一般的定期检查应每年进行一次，定期检查的重点是变频器运行时无法检查的部位。

1）主要的检查项目

（1）检查周围环境是否符合规范。

（2）用万用表测量主线路、控制线路电压是否正常。

（3）检查显示面板是否清楚，有无缺少字符。

（4）检查框架结构件有无松动，导体、导线有无破损。

（5）检查滤波电容器有无漏液，电容量是否降低。高性能的变频器带有自动指示滤波电容器容量的功能，由面板可显示出电容量，并且给出出厂时该电容器的容量初始值，显示容量降低率，可推算出电容器的寿命。普及型通用变频器则需要电容量测试仪测量电容量，测出的电容量为 0.85×初始电容量值。

（6）检查电阻、电抗、继电器、接触器，主要看有无断线。

（7）检查印制电路板时应注意连接有无松动，电容器有无漏液，板上线条有无锈蚀、断裂等。

（8）检查冷却风扇和通风道。

2）主要项目的维护方法

（1）冷却风机。冷却风机是全密封的，不需要对其进行清洁和润滑。但应注意，清洁散热器时，应先将扇叶固定，然后使用压缩空气操作，以保护冷却风机轴承。冷却风机损坏的前兆是轴承的噪声增大，或清洁的散热器温升高于正常水平。当变频器用于重要场合时，请在上述前兆出现时及时更换冷却风机。

变频器频繁出现过温警告或故障，则说明冷却风机工作状态可能异常。

（2）散热器。在正常的使用条件下，散热器应每年清洁一次。运行在污染较严重的场合时，散热器的清洁工作应频繁一些。当变频器不可拆卸时，应使用柔软的毛刷清洁散热器。如果变频器可以移动或在户外进行清洁，可使用压缩空气清洁散热器。

（3）电解电容器。目视电解电容器是否有漏液和变形的情况。一般情况下，电解电容的使用寿命是 100 000 h，电容值应大于标称值的 85%。实际使用寿命由变频器的使用方法和环境温度决定。降低环境温度可以延长其使用寿命，电容器的损坏不可预测。

（4）接触器、充电电阻。检查中间直流环节的接触器触点是否粗糙、充电电阻是否有过热的痕迹、绝缘电阻是否在正常范围内。

（5）接线端子、控制电源。检查螺钉、螺栓等紧固件是否松动，进行必要的紧固；检查导体、绝缘物和变压器是否有腐蚀、过热的痕迹，是否变色或破损；确认控制电源电压是否正常，确认保护、显示线路有无异常。

变频器具有十分完善的保护功能，保证电动机、变频器在工作不正常或发生故障时及时地进行处理，以确保拖动系统的安全。各种不同类型的变频器所具有的保护功能不完全相同，最常见的几种保护功能为过电流保护、对电动机的过载保护、过电压保护、欠电压保护和瞬间停电处理。

二、变频器常见故障的检修

1. 变频器常见故障处理及维修方法

新一代高性能的变频器具有较完善的自诊断功能、保护及报警功能。熟悉这些功能对正确使用和维护变频器极其重要。当变频器调速系统出现故障时，变频器大都能自动停车保护，并给出提示信息，检修时应以这些显示信息为线索，查找变频器使用说明书中有关提示故障原因的内容，分析出现故障的原因，采用合适的测量手段确认故障点并修复。

（1）整流模块损坏：一般是由电网电压或内部短路引起。在排除内部短路的情况下，更换整流桥。在现场处理故障时，应重点检查用户电网情况，如电网电压是否正常、有无电焊机等对电网有污染的设备等。

（2）逆变模块损坏：一般是由电动机或电缆损坏及驱动线路故障引起。在修复驱动线路之后，在驱动波形良好的状态下更换模块。在现场服务中更换驱动板之后，还必须注意检查电动机及连接电缆。在确定无任何故障的情况下运行变频器。

（3）上电无显示：一般是由开关电源损坏或软充电线路损坏使直流线路无直流电引起，如启动电阻损坏，也有可能是面板损坏。其处理方法是：查找变频器使用说明书中有关指示故障原因的内容，找出故障部位。可根据变频器使用说明书指示的部位重点进行检查，排除故障元件。

（4）上电后显示过电压或欠电压：一般由输入缺相、电路老化及电路板受潮引起。找出其电压检测线路及检测点，更换损坏的元件。

（5）上电后显示过电流或接地短路：一般是由电流检测线路损坏引起，如霍尔元件、运算放大器损坏等。

（6）启动显示过电流：一般是由驱动线路或逆变模块损坏引起。

（7）空载输出电压正常，带载后显示过载或过电流：该种情况一般是由参数设置不当或驱动电路老化、模块损伤引起。

为了方便起见，下面把一些常见故障的诊断及维修方法列成流程图。

（1）图 3.1.7 所示为变频器过电流故障诊断流程。

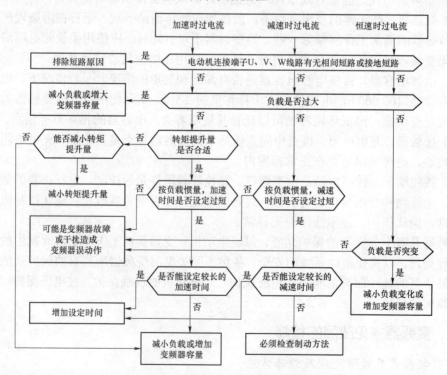

图 3.1.7　变频器过电流故障诊断流程

（2）图 3.1.8 所示为变频器欠电压故障诊断流程。

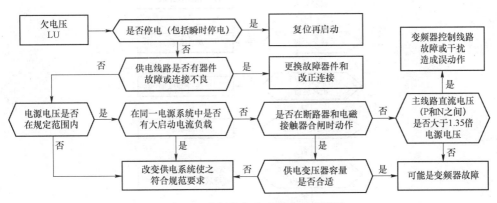

图 3.1.8　变频器欠电压故障诊断流程

（3）图 3.1.9 所示为变频器过电压故障诊断流程。

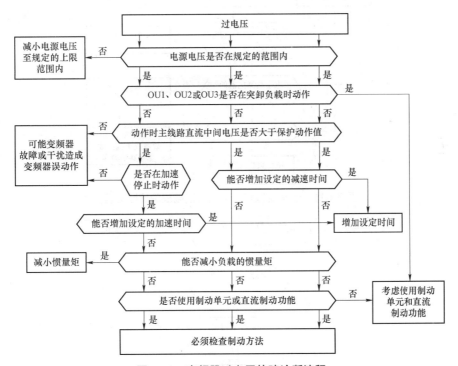

图 3.1.9　变频器过电压故障诊断流程

（4）图 3.1.10 所示为变频器过热故障诊断流程。

（5）图 3.1.11 所示为变频器过载、电动机过载故障诊断流程。

（6）图 3.1.12 所示为变频器异常发热故障诊断流程。

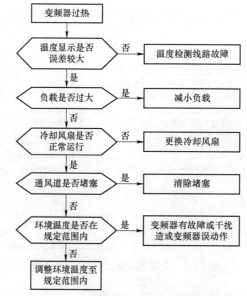

图 3.1.10　变频器过热故障诊断流程

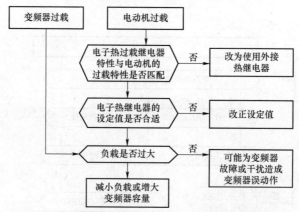

图 3.1.11　变频器过载、电动机过载故障诊断流程

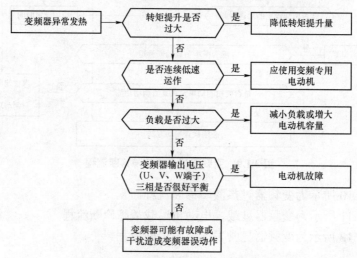

图 3.1.12　变频器异常发热故障诊断流程

任务 2　变频调速系统的调试

任务目标

（1）熟知变频调速系统的调试方法。

（2）熟练掌握变频调速系统的调试过程。

知识储备

变频调速系统的调试工作并没有严格的规定和步骤，只是大体上应遵循"先空载，后轻载，再重载"的一般规律，下面介绍通常采用的方法。

一、变频器通电前的检查

检查内容包括：变频器的型号是否有误，随机附件及说明书是否齐全；安装环境有无问题（有害气体、温度、湿度、粉尘等）；装置有无脱落、破损，螺钉、螺帽是否松动，插接件是否确实插入；连接电缆的直径、种类是否合适；主线路、控制线路以及其他电气连接有无松动；端子之间、外露导电部分是否有短路、接地现象；接地是否可靠。确认所有开关都处于断开状态，确保通电后变频器不会异常启动或发生其他异常动作。特别需要检查是否有下述接线错误：

（1）输出端子（U、V、W）是否误接了电源线。

（2）制动单元用端子是否误接了制动单元放电电阻以外的导线。

（3）屏蔽线的屏蔽部分是否像使用说明书规定的那样正确连接。

完成上述检查后，用 500 V 兆欧表测量主线路绝缘电阻是否在 10 MΩ 以上，然后检查主线路电源电压是否在容许电源电压值以内。

二、变频器的通电检查

一台新的变频器在通电时，输出端可先不接电动机，首先要熟悉它，在熟悉的基础上进行各种功能的预置。

（1）熟悉键盘，即了解键盘上各键的功能，进行试操作，并观察显示的变化情况等。

（2）按说明书要求进行"启动"和"停止"等基本操作，观察变频器的工作情况是否正常，同时还要进一步熟悉键盘的操作。

三、变频器的功能预置

变频器在和具体的生产机械使用时，需根据该机械的特性和要求，预先进行一系列的功能设置（如设定基本频率、最高频率、升降速时间等），这称为预置设定，简称预置。

（1）功能参数预置。变频器运行时基本参数和功能参数是通过功能预置得到的，因此它是变频器运行的一个重要环节。基本参数是指变频器运行所必须具有的参数，主要包括：转矩补偿，上、下限频率，基本频率，加、减速时间，电子热保护等。大多数变频器在其功能码表中都列有"基本功能"一栏，其中就包括这些基本参数。功能参数是根据选用的功能而需要预置的参数，如 PID 调节的功能参数等，如果不预置参数，变频器就按出厂时的设定选取。

功能参数的预置过程，总结起来有下面几个步骤：

① 查功能码表，找出需要预置参数的功能码。

② 在参数设定模式（编程模式）下，读出该功能码中原有的数据。

③ 修改数据，写入新数据。

预置完毕后，先就几个比较易观察的项目，如加、减速时间，点动频率，多挡速控制时的各挡频率等，检查变频器的执行情况是否与预置相符。

（2）将外接输入控制线接好，逐项检查各外接控制功能的执行情况。

（3）检查三相输出电压是否平衡。

四、变频器的空载试验

在变频器的输出端上接电动机，但电动机与负载脱开，然后进行通电试验。这样做的目的是观察变频器配上电动机后的工作情况，同时校准电动机的旋转方向，试验的主要内容如下：

（1）设置电动机的功率、极数，要综合考虑变频器的工作电流、容量和功率，根据系统的工作状况要求来选择设定功率和过载保护值。

（2）设定变频器的最大输出频率、基频，设置转矩特性。对于风机和泵类负载，要将变频器的转矩运行代码设置成变转矩和降转矩运行特性。

（3）设置变频器的操作模式，按运行键、停止键，观察电机是否能正常地启动、停止。

（4）掌握变频器运行发生故障时的保护代码，观察热保护继电器的出厂值，观察过载保护的设定值，需要时可以修改。

空载试验步骤如下：

（1）合上电源后，先将频率设置为零，慢慢增大工作频率，观察电动机的起转情况，以及旋转方向是否正确。若方向相反，则予以纠正。

（2）将频率上升至额定频率，让电动机运行一段时间。如果一切正常，再选若干个常用的工作频率，也使电动机运行一段时间。

（3）将给定频率信号突降至零（或按停止按钮），观察电动机的制动情况。

在变频器的各项参数设置中，有一个重要的参数是加、减速时间的给定，有关工作曲线如图 3.2.1 所示。

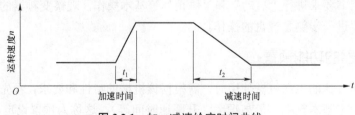

图 3.2.1 加、减速给定时间曲线

用下面的计算公式可以计算初步给定值：

加速给定时间＞加速时间 $t = \dfrac{\mathrm{GD}_T^2 \times \Delta n}{375 \times (T_M \times \alpha - T_{T\max})}$

减速给定时间＞减速时间 $t = \dfrac{\mathrm{GD}_T^2 \times \Delta n}{375 \times (T_M \times \beta - T_{T\min})}$

式中 GD_T^2——$\mathrm{GD}_T^2 = $ 电动机 $\mathrm{GD}^2 + $ 负载 GD^2（电动机轴换算值），$\mathrm{kg \cdot m}$；

Δn——加、减速前、后的电动机转速差 $n_b - n_a$，$\mathrm{r/min}$；

T_M——电动机额定转矩，$T_M = \dfrac{974 \times P}{n}$，$\mathrm{kg \cdot m}$；

$T_{L\max}$——最大负载转矩（电动机轴换算值），$\mathrm{kg \cdot m}$；

$T_{L\min}$——最小负载转矩（电动机轴换算值），$\mathrm{kg \cdot m}$；

α——平均加速转矩率；

β——平均减速转矩率（再生转矩率）；

P——电动机额定功率，kW；

n——电动机额定速率，$\mathrm{r/min}$。

电动机和变频器标准组合时的加、减速转矩率见表 3.2.1。

表 3.2.1 电动机和变频器标准组合时的加、减速转矩率

转矩率	频率范围	6～60 Hz
α		1.1
β	无制动单元	0.2
	有制动单元（制动转矩 50%）	0.5
	有制动单元（制动转矩 100%）	1.0

五、调速系统的负载试验

将电动机的输出轴通过机械传动装置与负载连接起来进行试验。

（1）起转试验。使工作频率从零开始缓慢增加，观察拖动系统能否起转及在多大频率下起转。如起转比较困难，应设法加大启动转矩。具体方法有加大启动频率、加大 U/f 值，以及采用矢量控制等。

（2）启动试验。将给定信号调至最大，按下启动键，注意观察启动电流变化以及整个拖动系统在加速过程中运行是否平稳。

若因启动电流过大而跳闸，则应适当延长升速时间。若在某一速度段启动电流偏大，则设法通过改变启动方式（S 型、半 S 型）来解决。

（3）运行试验。试验的主要内容有：

① 进行最高频率下的带负载能力试验，即检查电动机能否带动正常负载运行。

② 在负载的最低工作频率下，应考察电动机的发热情况。使拖动系统工作在负载所

需要的最低转速下，施加该转速下的最大负载，按负载所要求的连续运行时间进行低速连续运行，观察电动机的发热情况。

③ 过载试验。按负载可能出现的过载情况及持续时间进行试验，观察拖动系统能否继续工作。当电动机在工作频率以上运行时，不能超过电动机容许的最大频率范围。

（4）停机试验。将运行频率调至最高工作频率，按停止键，注意观察在拖动系统的停机过程中，是否出现因过电压或过电流而跳闸的情况，若有则适当延长减速时间。

当输出频率为零时，观察拖动系统是否有爬行现象，若有则应适当加强直流制动。

实训操作：变频调速系统的调试

一、所需的仪器、仪表及器材

选配尖嘴钳、螺钉旋具、测电笔、斜口钳、剥线钳、电工刀、MF47 型万用表等工具和仪表及 LY－A 型变频调速训练装置。

二、实训内容与步骤

（1）练习监视变频器各种运行参数的方法。按移位键"冲"，分别切换出频率、电流、电压、同步转速、负载速度、负载率等运行参数。F800＝0 和 F800＝1 时运行参数监视的切换方法分别如图 3.2.2 和图 3.2.3 所示。

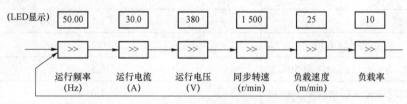

图 3.2.2　F800＝0 时运行参数监视的切换方法

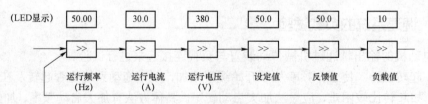

图 3.2.3　F800＝1 时运行参数监视的切换方法

（2）变频器功能预置参数的修改方法。将第一加速时间 F009 的设定由 10 s 更改为 20 s 的方法如图 3.2.4 所示。

（3）变频器面板控制操作练习。接通 LY－A 型变频调速训练装置上的断路器，变频器显示器闪烁，表明三相电源接通。首先将变频器恢复为出厂设置，将 F401 的参数值设为 1 即可，然后按照图 3.2.5 所示进行操作。

（4）外部开关运行操作练习。利用变频器控制端子上的外部接线控制电动机启停和运行频率在实际应用中使用较多。可通过改变参数 F004 的值来进行运转给定方式切换。

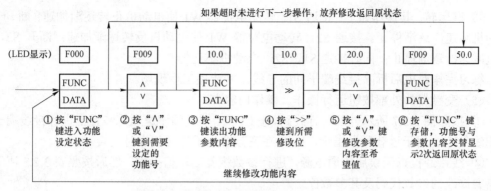

图 3.2.4 变频器功能预置参数的修改方法

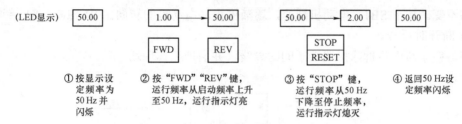

图 3.2.5 变频器面板控制操作

① 安装线路。按照图 3.2.6 所示的控制线路，在接线端子之间进行配线。

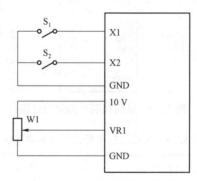

图 3.2.6 开关控制外部运行线路

② 预置参数。线路经检查无误后接通电源，在进行参数恢复出厂值操作后，按照表 3.2.2 所示修改参数代码及其参数值。

表 3.2.2 需修改的参数代码及参数值

参数代码	参数功能名称	设定范围	修改结果
F002	主给定信号	0～3	2
F004	运转给定方式	0～2	1
F009	加速时间 1	0.1～3 600 s	5
F010	减速时间 1	0.1～3 600 s	8

③ 试运转。其操作如下：接通 S1，转动电位器 W1 使电动机正转逐渐加速；断开 S1，电动机减速，逐渐停止。接通 S2，转动电位器 W1 使电动机反转逐渐加速；断开 S2，电动机减速，逐渐停止；同时接通 S1、S2，电动机不运转。

练习完毕断电后拆除接线端子间的导线，并清理工作现场。

（5）变频器的外部按钮运行操作。操作内容有：

① 按照图 3.2.7 所示外部运行线路，在 LY-A 型变频调速训练装置上进行接线端子间的配线，HL2 用于过载预报指示，KA1 在变频器处于运转状态时闭合。

② 线路经检查无误后接通电源，进行参数恢复出厂值操作，然后按照表 3.2.3 所示确定需要修改的参数代码及其参数值。

③ 接通 S1，按下 SB2，转动电位器 W1 使电动机正转逐渐加速；松开 SB2，系统运行状态不变。按下 SB1，电动机减速，逐渐停止。电动机的转向由 S1 控制，S1 接通时正转，S1 断开时反转。

练习完毕断电后拆除接线端子间的导线，并清理工作现场。

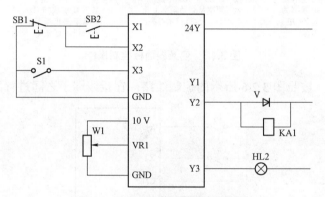

图 3.2.7　按钮控制外部运行线路

表 3.2.3　需修改的参数代码及其参数值

参数代码	参数功能名称	设定范围	修改结果
F002	主给定信号	0～3	2
F004	运转给定方式	0～2	1
F006	自锁控制	0～2	2
F009	加速时间 1	0.1～3 600 s	5
F010	减速时间 1	0.1～3 600 s	8
F501	X1 功能选择	0～16	15
F502	X2 功能选择	0～16	14
F509	Y2 输出端子	0～18	0
F510	Y3 输出端子	0～18	4

三、注意事项

（1）在操作时，要用力适中，以防止损坏键盘和按钮。

（2）电源线的安装要牢靠，注意区分接线端子的端号，确保接在 R、S、T 端子上。

（3）设定变频器参数之前要进行参数的初始化，以避免其他参数变更的影响。

（4）变频器通电及运行前应经过指导教师的检查确认，并在指导教师的监护下进行，以确保安全。

（5）注意以电动机的额定电流来确定电子热保护值（F012）的参数值。

四、评分表

评分表见 3.2.4。

表 3.2.4 "变频调速系统的调试"评分表

项目内容	配分	评分标准	扣分
参数意义的理解	20 分	能正确描述给定名称参数的功能，每错一个扣 5 分	
按图配线	30 分	（1）各接点松动或不符合要求，每个扣 5 分； （2）接线错误造成通电不成功，一次扣 10 分	
参数设定的各种操作	40 分	（1）未进行初始化操作，扣 10 分； （2）运行参数监视操作，每错一次扣 5 分； （3）参数的设定操作，每错一处扣 3 分； （4）参数的设定操作有疏漏，每少一次扣 5 分； （5）变频器面板控制操作，每错一处扣 5 分	
试运行操作	10 分	（1）操作不熟练，每处扣 3 分； （2）操作错误，每错一处扣 5 分	
安全、文明生产		违反安全、文明生产规定，扣 5~40 分	
额定时间（60 min）		每超时 5 min（不足 5 min 以 5 min 计），扣 5 分	
备注		除额定时间外，各项目的最高扣分不应超过配分数	成绩
开始时间		结束时间	实际时间

维护操作

变频调速系统故障原因分析如下。

一、过电流跳闸的原因分析

（1）重新启动时，一升速就跳闸。这是过电流十分严重的表现，主要原因有：

① 负载侧短路；

② 工作机械卡住；

③ 逆变管损坏；

④ 电动机的启动转矩过小，拖动系统转不起来。

（2）重新启动时并不立即跳闸，而是在运行过程（包括升速和降速运行）中跳闸，可能的原因有：

① 加速时间设定太短；

② 减速时间设定太短；

③ 转矩补偿（U/f）设定较大，引起低频时空载电流过大；

④ 电子热继电器整定不当，动作电流设定得太小，引起误动作。

二、电压跳闸的原因分析

（1）过电压跳闸。主要原因有：

① 电源电压过高；

② 减速时间设定太短；

③ 减速过程中，再生制动的放电单元工作不理想。若来不及放电，应增加外接制动电阻和制动单元。也可能是放电支路发生故障，实际并不放电。

（2）欠电压跳闸。可能的原因有：

① 电源电压过低；

② 启动信号无法接通；

③ 电源缺相；

④ 整流桥故障。

三、电动机不转的原因分析

（1）功能预置不当。

① 上限频率与基本频率的预置值矛盾，上限频率必须大于基本频率的预置；

② 使用外接给定时，未对"键盘给定/外接给定"的选择进行预置；

③ 其他的不合理预置。

（2）在使用外接给定方式时，"启动"信号无法接通。

如图 3.2.8 所示，当使用外接给定信号时，必须由启动按钮或其他触点来控制其启动。如不需要由启动按钮或其他触点来控制，应将 RUN 端（或 FWD 端）与 COM（SD）端短接。

（3）其他原因。

① 机械有卡住现象；

② 电动机的启动转矩不够；

③ 变频器的线路出现故障。

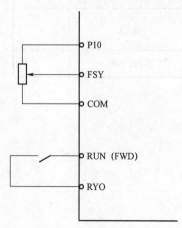

图 3.2.8　启动信号无法接通

思考与练习

3−1　变频器的结构及功能是什么？

3−2　变频器的基本构成和内部线路的基本功能是什么？

3−3　变频器使用时的要求及安装注意事项是什么？

3−4　变频器的常见故障现象有哪些？其可能原因和处理方法是什么？

3−5　简述变频器维护与检查的注意事项。

3−6　变频调速系统过电流跳闸的原因有哪些？

项目四　典型生产机械电气控制线路分析、检查及故障处理

项目描述

　　电气控制设备种类繁多，控制方式各异，控制线路也各不相同，在阅读电气控制原理图时，重要的是学会其基本分析方法。本项目通过分析几种典型的车床、铣床、钻床和磨床的电气控制线路，进一步阐述分析电气控制系统的方法与步骤，使读者进一步掌握控制线路的组成、典型环节的应用及分析控制线路的方法，从中找出规律，逐步提高阅读电气控制原理图的能力；加深对生产设备中机械、液压与电气控制紧密配合的理解；学会从设备加工工艺出发，掌握几种典型设备的电气控制；为电气控制系统的设计、安装、调试及故障处理打下基础。

　　本项目主要包括以下 6 个任务：

　　任务 1　CA6140 型卧式车床电气控制线路的分析与检修；

　　任务 2　M7130 型平面磨床电气控制线路的分析与检修；

　　任务 3　Z3040 型摇臂钻床电气控制线路的分析与检修；

　　任务 4　X62W 型卧式万能铣床电气控制线路的分析与检修；

　　任务 5　T68 型卧式镗床电气控制线路的分析与检修；

　　任务 6　QE15/3 t 型桥式起重机电气控制线路的分析与检修。

任务 1　CA6140 型卧式车床电气控制线路的分析与检修

任务目标

　　（1）熟悉 CA6140 型卧式车床的主要结构、运动形式及电力拖动控制要求。

　　（2）熟悉 CA6140 型卧式车床电气控制原理图的分析方法。

　　（3）熟悉 CA6140 型卧式车床的检修内容与操作步骤。

（4）熟悉 CA6140 型卧式车床的常见故障现象及处理方法。

知识储备

卧式车床是一种应用极为广泛的金属切削机床，可以用来车削工件的外圆、内圆、定型表面和螺纹等，也可以装上钻头或铰刀等进行钻孔和铰孔的加工。

一、CA6140 型卧式车床概述

1. 主要结构

CA6140 型卧式车床主要由床身、主轴变速箱、进给箱、溜板箱、刀架与溜板、尾架、床腿等组成，如图 4.1.1 所示。

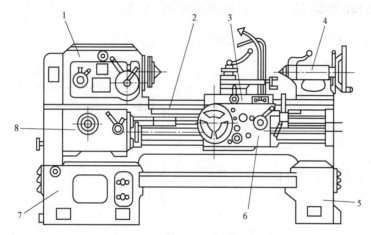

图 4.1.1 CA6140 型卧式车床的结构

1—主轴变速箱；2—床身；3—刀架与溜板；4—尾架；5，7—床腿；6—溜板箱；8—进给箱

2. 型号含义

CA6140 型卧式车床的型号含义如图 4.1.2 所示。

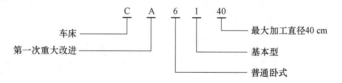

图 4.1.2 CA6140 型卧式车床的型号含义

3. 运动形式

为了加工各种旋转表面，车床必须具有切削运动和辅助运动。切削运动包括主运动和进给运动，而切削运动以外的其他必需的运动均为辅助运动。

4. 电力拖动形式以及控制要求

车床的主运动是工件的旋转运动，它是由主轴通过卡盘或顶尖带动工件旋转。电动机的动力通过主轴箱传给主轴，主轴一般只要单方向的旋转运动，只有在车螺纹时才需要用反转来退刀。CA6140 型卧式车床用操作手柄通过摩擦离合器改变主轴的旋转方向。车削加工要求主轴能在很大的范围内调速，普通车床调速范围一般大于 70 r/min。主轴的变速是靠主轴变速箱的齿轮等机械有级调速来实现的，变换主轴箱外的手柄位置，可以改变主轴的转速。进给运动是溜板带动刀具作纵向或横向的直线移动，也就是使切削能连续进行下去的运动。所谓纵向运动是指相对于操作者的左右运动，横向运动是指相对于操作者的前后运动。车螺纹时由于要求主轴的旋转速度和进给的移动距离之间保持一定的比例，因此主运动和进给运动要由同一台电动机拖动，主轴箱和车床的溜板箱之间通过齿轮传动来连接，刀架再由溜板箱带动，沿着床身导轨作直线走刀运动。车床的辅助运动包括刀架的快进运动与快退运动、尾架的移动以及工件的夹紧与松开等。在加工的过程中，为了降低工人的劳动强度和节省辅助工作时间（即提高工作效率），要求由一台单独进给电动机拖动车床刀架的快速移动。

二、CA6140 型卧式车床电气控制原理图分析

CA6140 型卧式车床的电气控制原理图如图 4.1.3 所示。

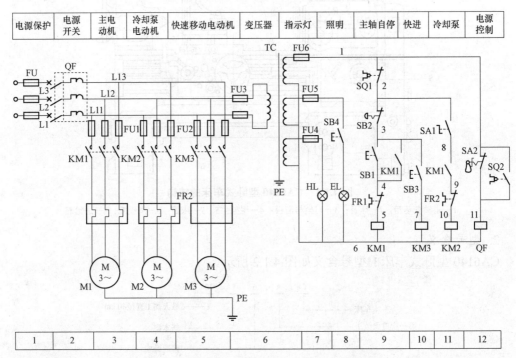

图 4.1.3　CA6140 型卧式车床的电气控制原理图

1. 主线路分析

在主线路中，M1 是主轴电动机，拖动主轴运动，并通过传动机构实现车刀的进给。接触器 KM1 控制主轴电动机 M1 的启动、运转和停止，电动机 M1 只作正转，而由摩擦离合器改变传动链来实现主轴电动机的正反转。由于主轴电动机 M1 的容量在 10 kW 以下，因此采用直接启动。进行车削加工时，刀具的温度高，须用冷却液降低温度。为此，车床备有一台冷却泵电动机拖动冷却泵，喷出冷却液，实现刀具的冷却。接触器 KM2 控制冷

却泵电动机 M2 的起停。接触器 KM3 控制快速移动电动机 M3 的起停。由于电动机 M2 和 M3 的容量都很小，因此采用熔断器 FU1 和 FU2 实现各自的短路保护。热继电器 FR1 和 FR2 分别对电动机 M1 和 M2 实现过载保护，快速移动电动机 M3 是短时工作的，故不需要过载保护。带钥匙的低压断路器 QF 是电源总开关。

2. 控制线路分析

控制线路的供电电压是 127 V，通过控制变压器 TC 将 380 V 的电源电压降为 127 V 的电压。控制变压器的一次侧由 FU3 实现短路保护，二次侧由 FU6 实现短路保护。

（1）电源开关的控制。电源开关是带有开关锁 SA2 的低压断路器 QF【2】，在合上电源开关之前，首先用开关钥匙将开关锁 SA2 右旋，再将断路器 QF 合闸。若用开关钥匙将开关锁 SA2 左旋，其触点 SA2（1-11）【12】闭合，QF【12】线圈通电，断路器 QF【2】将自动跳闸。若出现误操作，又将 QF【2】合上，QF【2】将在 0.1 s 内再次自动跳闸。由于机床的电源开关采用了钥匙开关，接通电源时，要先用钥匙打开开关锁，再合断路器，增加了安全性。同时在机床控制配电盘的壁龛门上装有安全行程开关 SQ2，当打开配电盘壁龛门时，行程开关的触点 SQ2（1-11）【12】闭合，QF 的线圈通电，自动跳闸，切除机床的电源，以确保人身安全。

（2）主轴电动机 M1 的控制。按下启动按钮 SB1（3-4）【9】，接触器 KM1 线圈通电吸合并自锁，KM1 的主触点闭合，主轴电动机 M1 启动运转。按下停止按钮 SB2（2-3）【9】，接触器 KM1 断电释放，主触点和自锁触点都断开，电动机 M1 断电停止运行。

（3）冷却泵电动机 M2 的控制。当主轴电动机启动后，KM1 的动合触点 KM1（8-9）【11】闭合，这时若旋转组合开关 SA1 使其闭合，则接触器 KM2 线圈通电，主触点闭合，冷却泵电动机 M2 通电启动，给主轴的车削提供冷却液。当主轴电动机 M1 停车时，KM1（8-9）【11】断开，冷却泵电动机 M2 随即停止。电动机 M1 和 M2 之间存在顺序启动关系，在具体的线路中用 KM1 的动合触点控制 KM2 的线圈线路。

（4）快速移动电动机 M3 的控制。通过点动控制接触器 KM3 来控制快速移动电动机 M3。按下按钮 SB3（3-7）【10】，接触器 KM3 线圈通电，主触点闭合，电动机 M3 启动并运行，拖动刀架快速移动；松开按钮 SB3（3-7）【10】，电动机 M3 停止。快速移动方向通过操作装在溜板箱上的十字手柄控制。

3. 主轴的启停

SQ1 是车床床头的挂轮架皮带罩处的安全开关。当装好皮带罩时，SQ1（1-2）【9】闭合，控制线路才有电，电动机 M1、M2、M3 才能启动。当打开车床床头的皮带罩时，SQ1（1-2）【9】断开，使接触器 KM1、KM2、KM3 断电释放，主触点全部断开，电动机全部停止转动，以确保人身和设备安全。

4. 照明和信号线路的分析

照明线路采用 36 V 安全交流电压，信号线路采用 6.3 V 交流电压，均由控制变压器二次侧提供。FU5 是照明线路的短路保护，照明灯 EL 的一端必须保护接地。FU4 为指示灯的短路保护。合上电源开关 QF，指示灯 HL 亮，表明控制线路已经通电。

三、CA6140 型卧式车床电气元件介绍

CA6140 型卧式车床电气元件明细表见表 4.1.1。

表 4.1.1　CA6140 型卧式车床电气元件明细表

代号	名　　称	型　号	规　　格	数量	用　　途
M1	主轴电动机	Y132M－4－B3	380 V，7.5 kW，1 450 r/min	1 台	工件的旋转和刀具的进给
M2	冷却泵电动机	AOB－25	380 V，90 W，3 000 r/min	1 台	用于供给冷却液
M3	快速移动电动机	AOS5634	380 V.250 W，1 360 r/min	1 台	用于刀架的快速移动
KM1	交流接触器	CJ0－10A	127 V，10 A	1 个	控制主轴电动机 M1
KM2	交流接触器	CJ0－10A	127 V，10 A	1 个	控制冷却泵电动机 M2
KM3	交流接触器	CJ0－10A	127 V，10 A	1 个	控制快速移动电动机 M3
QF	低压断路器	D25－20	380 V，20 A	1 个	电源总开关
SB1	按钮	LA2	500 V，5 A	1 个	主轴启动
SB2	按钮	LA2	500 V，5 A	1 个	主轴停止
SB3	按钮	LA2	500 V，5 A	1 个	控制快速移动电动机 M3 点动
SB4	按钮	HZ2－10/3	10 A，三级	1 个	照明灯开关
SA1	转换开关	HZ2－10/3	10 A，三级	1 个	控制冷却泵电动机
SA2	钥匙式电源开关	—	—	1 个	开关锁
SQ1	LX3－11K	行程开关	—	1 个	打开传送带罩时被压下
SQ2	LX5－11K	行程开关	—	1 个	电气箱打开时闭合
FR1	热继电器	JR16－20/3D	15.4 A	1 个	M1 过载保护
FR2	热继电器	JR2－1	0.32 A	1 个	M2 过载保护
TC	变压器	BK－200	380/127，36，6.3 V	1 个	控制与照明用变压器
FU	熔断器	RL1	40 A	1 个	全电路的短路保护
FU1	熔断器	RL1	1 A	1 个	M2 的短路保护
FU2	熔断器	RL1	4 A	1 个	M3 的短路保护
FU3	熔断器	RL1	1 A	1 个	TC 一次侧的短路保护
FU4	熔断器	RL1	1 A	1 个	信号回路的短路保护
FU5	熔断器	RL1	2 A	1 个	照明回路的短路保护
FU6	熔断器	RL1	1 A	1 个	控制回路的短路保护
EL	照明灯	K－1，螺口	40 W　36 V	1 个	机床局部照明
HL	指示灯	DX1－0	白色，配 6 V　0.15 A 灯泡	1 个	电源指示灯

实训操作：CA6140 型卧式车床电气控制线路的检修

一、所需的工具、设备及技术资料

（1）常用电工工具、万用表。

（2）CA6140 型卧式车床或模拟台。

（3）CA6140 型卧式车床电气控制原理图和电气安装接线图。

二、车床电气调试

（1）安全措施调试过程中，应做好保护措施，如有异常情况应立即切断电源开关 QF。

（2）调试步骤：

① 接通电源，合上开关 QF。

② 按下按钮 SB2，主轴电动机 M1 通电连续运行，观察电动机运行方向是否与要求相符，如果不符合，对调电动机 M1 的相序。

③ 合上按钮 SB4，冷却泵电动机 M2 通电连续运行，并观察运转方向。

④ 按下按钮 SB3，刀架快速移动，电动机 M3 点动运行。

在实物机床上调试时，注意将主轴操作手柄、进给操作手柄置于中间位置，使电动机空载运行，最好在操作人员的协助下进行。

三、电气控制线路检修的一般步骤

1. 故障调查

通过问、看、听、摸等方法了解故障发生后出现的异常，以便判断故障的部位、准确迅速地排除故障。

（1）问：询问操作人员故障前后设备运行的情况以及征状。

（2）看：看故障发生后电气元件外观是否有明显的灼伤痕迹、保护电器是否脱扣动作、接线是否脱落、触点是否熔焊等。

（3）听：在线路还能运行，又不损坏设备，不扩大故障范围的情况下，可通过通电试车的方法来听电动机、接触器和继电器的声音是否正常。

（4）摸：在切断电源的情况下尽快触摸电动机、变压器、电磁线圈、熔断器温度是否正常。

2. 故障分析

分析线路时，通常先从主线路入手，了解生产机械各运动部件和机构采用了几台电动机拖动，与每台电动机相关的电气元件有哪些，采用了何种控制，然后根据电动机主线路所用电气元件的文字符号、图区号及控制要求找到相应的控制线路。在此基础上，结合故障现象和线路工作原理进行认真分析排查，即可迅速判定故障发生的可能范围。

3. 用试验法进一步缩小故障范围

在不扩大故障范围、不损伤电气元件和机械设备的前提下进行直接通电试验，或除去负载（从控制箱接线端子板上卸下）通电试验，以分清故障可能是在电气部分还是在机械等其他部分、是在电动机上还是在控制设备上、是在主线路上还是在控制线路上。

具体做法是：操作某一只按钮或开关时，线路中有关的接触器、继电器将按规定的动作顺序进行工作。若依次动作至某一电气元件时，发现动作不符合要求，即说明该电气元件或其相关线路有问题。再在此线路中进行逐项分析和检查，一般便可发现故障。待控制线路的故障排除后，再接通主线路，检查控制线路对主线路的控制效果，观察主线路的工作情况有无异常等。

通电试验时，一定要注意下述情况。在通电试验时，必须注意人身和设备的安全。要遵守安全操作规程，不得随意触动带电部分，要尽可能切断电动机主线路线源，只在控制线路带电的情况下进行检查。如需电动机运转，则应使电动机空载运行，以避免工业机械的运动部分发生误动作和碰撞。要暂时隔断有故障的主线路，以免故障扩大，并预先充分估计到局部线路动作后可能发生的不良后果。

4. 故障检测

利用测试工具和仪表对线路带电或断电时的有关参数进行测量，以判断故障点。

5. 故障修复

修复故障，并作好记录。

四、注意事项

（1）故障设置时，应模拟成实际使用中出现的自然故障现象。

（2）故障设置时，不得更改线路或更换电气元件。

（3）指导教师必须在实训现场密切注意学生的检修，随时做好应急措施。

五、评分表

评分表见表4.1.2。

表 4.1.2 "CA6140 型卧式车床电气控制线路的检修"评分表

项目	技术要求	配分	评分细则	评分记录
设备调试	调试步骤正确	10	调试步骤不正确，每步扣1分	
	调试全面	10	调试不全面，每项扣3分	
	故障现象明确	10	故障现象不明确，每个故障扣2分	
故障分析	在电气控制原理图上分析故障可能的原因，思路正确	30	错标或标不出故障范围，每个故障点扣5分	
			不能标出最小的故障范围，每个故障点扣2分	
故障排除	正确使用工具和仪表，找出故障点并排除故障	40	实际排除故障中思路不清楚，每个故障点扣2分	
			每少查出一次故障点扣2.5分	
			每少排除一次故障点扣2.5分	
			排除故障方法不正确，每处扣1分	

续表

项目	技术要求	配分	评分细则	评分记录
其他	操作正确		排除故障时,产生新的故障后不能自行修复,每个扣4分;已经修复,每个扣2分	
			损坏电动机,扣10分	
	准时		每超过5 min,从总分中倒扣2分,但不超过5分	
安全、文明生产	满足安全、文明生产要求		违反安全、文明生产规定,从总分中倒扣5分	

维护操作

一、故障的检查方法与步骤

故障现象 1:接触器 KM1 不吸合,主轴电动机不工作。

首先根据故障现象在电气控制原理图上标出可能的最小故障范围,然后根据具体情况进行相应的检查处理。

(1)接通电源开关 QF,观察线路中各电气元件有无发热、焦味、异常声响等现象,如果有异常现象发生,应立即切断电源,重点检查异常部位,采取相应的措施。

(2)将万用表打到交流 500~750 V 挡,测量 1–6 和 1–PE 间的电压应为 127 V,以判断熔断器 FU6 及控制变压器 TC 是否有故障。

(3)用万用表的交流 500~750 V 挡分别测量 1–2、1–3、1–4、1–5 各点的电压值,检查安全行程开关 SQ1、停止按钮 SB2、热继电器 FR1 的动断触点以及接触器 KM1 的线圈是否有故障。

(4)切断电源开关低压断路器 QF,将万用表的电阻"$R \times 1$"挡位的表笔接到 6–3 两点,分别按启动按钮 SB1 及接触器 KM1 的触点架使之闭合,检查按钮 SB1 的触点、接触器 KM1 的自锁触点是否有接触不良、接线松脱、断线、虚接及错接情况。

(5)在断电的情况下,用万用表电阻"$R \times 1$"挡位分别测量 1–2、1–3、4–5 点的电阻值,用电阻"$R \times 10$"挡位测 5–6 点间的电阻值,分别检查 SQ1、SB2、FR1 和接触器线圈是否有故障。

故障检查及检修中的技术要求和注意事项如下:

(1)通电操作时应做好安全防护,穿绝缘鞋,身体各部位不得碰触机床,并在老师的监护下操作。

(2)正确使用仪表,测试各点时表笔的位置要准确,不能与相临点碰撞,以防发生短路事故。使用万用表的电阻挡位时,一定要在断电的情况下进行。

(3)发现故障部位后,必须用不同方法复查,检查准确无误后,才可修理或更换有故障的元件。更换时要采用原型号规格的元器件。

故障现象 2：CA6140 卧式车床电动机因缺相不能运转。

首先根据故障现象在电气控制原理图上标出可能的最小故障范围，然后按下面的步骤进行检查，直到找出故障点：

（1）启动车床主轴电动机 M1，接触器 KM1 吸合后，电动机 M1 不能运转，监听电动机有无嗡嗡声，外壳有无微微振动的感觉，如有即为缺相运行，此时应立即停机。

（2）用万用表的交流 500～750 V 挡，测量低压断路器 QF 的三相进、出线之间的电压是否在 380（1±10%）V 的范围内，以判断低压断路器 QF 是否有故障。

（3）拆除电动机 M1 的接线，启动车床。

（4）在主线路图中，用万用表的交流 500～750 V 挡，检查交流接触器 KM1 主触点的三相进、出线之间的电压是否在 380（1±10%）V 的范围内，以判断接触器 KM1 主触点是否有故障。

（5）若以上无误，则切断电源，拆开电动机定子绕组的三角形接线端子，用兆欧表检查电动机的三相定子绕组，主要检查各相间的绝缘及各相对地的绝缘是否符合要求。

故障检查和检修中的技术要求及注意事项如下：

（1）若电动机有嗡嗡声，则说明电动机缺相运行；若电动机不运行，则说明可能无电源。

（2）低压断路器 QF 的电源进线若缺相则应检查电源，而且出现缺相时应检查低压断路器 QF。

（3）若接触器 KM1 主触点进线电源缺相，则说明电动机 M1 主线路有断路；若出现缺相，则说明接触器 KM1 主触点损坏，应更换接触器 KM1 主触点或更换接触器 KM1。

（4）通电操作时，必须注意安全。正确选择仪表的功能、挡位和测试位置，防止仪表指针与相邻点接触造成短路或损耗万用表。

故障现象 3：CA6140 型卧式车床在运行中自动停车。

首先根据故障现象在电气控制原理图上标出可能的最小故障范围，然后按下面的步骤进行检查，直到找出故障点。

（1）检查热继电器 FR1 是否动作，观察停止按钮是否弹出。

（2）过数分钟待热继电器的温度降低后，按红色停止按钮使热继电器复位。

（3）启动车床。

（4）根据热继电器 FR1 的动作情况将钳形电流表卡在电动机 M1 的三相电源的进线上，检查三相定子电流是否平衡。

（5）根据电流的大小采取相应的解决措施。

故障检查和检修中的技术要求及注意事项如下：

（1）若电动机的电流等于或大于额定电流的 120%，则电动机为过载运行，此时应减小负载。

（2）若减小负载后电流仍很大，超过额定电流，则应检查电动机或机械传动部分是否有故障。

（3）若电动机的电流接近额定电流值时 FR1 动作，这是由于电动机启动时间过长，环境温度过高，机床振动造成热继电器误动作。

（4）若电动机的电流小于额定电流，可能是电动机的整定值偏移或过小，此时应重新校验，调整热继电器的动作值。

（5）钳形电流表应选用大于额定电流值 2～3 倍的挡位。

二、常见故障现象及处理方法

（1）故障现象：主轴电动机 M1 不能启动。其可能原因及处理方法见表 4.1.3。

表 4.1.3　可能原因及处理方法

可能原因	处理方法
熔断器 FU6 熔体熔断	更换同型号、同规格、同容量的熔断器
热继电器 FR1 触点动作或接线松脱	检查 FR1 动作的原因，若接线松脱，则紧固接线；若触点接触不良，则应处理修复
接触器 KM1 的线圈进、出线端子松脱	重新接线，使进、出线端子接线良好
按钮 SB1、SB2 的触点接触不良，导致接触器 KM1 不吸合	检查 SB1、SB2 触点接触不良的原因并处理，使其接触良好
熔断器 FU1 熔体熔断或接线松脱	更换同型号、同规格、同容量的熔断器或重新接线并紧固接线
接触器 KM1 主触点接触不良	检查主触点接触不良的原因并予以处理

（2）故障现象：主轴电动机启动后接触器 KM1 不能自锁，当按下启动按钮后，主轴电动机能启动运转，但松开启动按钮后，主轴电动机也随之停止。其可能原因及处理方法见表 4.1.4。

表 4.1.4　可能原因及处理方法

可能原因	处理方法
接触器 KM1 的自锁触点连接导线松脱或接触不良	紧固自锁触点的连接导线，修复接触器 KM1 的自锁触点

（3）故障现象：主轴电动机不能停止。其可能原因及处理方法见表 4.1.5。

表 4.1.5　可能原因及处理方法

可能原因	处理方法
接触器 KM1 的主触点出现熔焊现象	处理熔焊的主触点或更换接触器 KM1
停止按钮被击穿	更换停止按钮

（4）故障现象：电源总开关合不上。其可能原因及处理方法见表 4.1.6。

表 4.1.6　可能原因及处理方法

可能原因	处理方法
电气箱子盖没有盖好，导致 SQ2（1–11）行程开关被压下	将电气箱子盖盖好

续表

可能原因	处理方法
钥匙电源开关 SA2 没有右旋到 SA2 断开的位置	将钥匙电源开关 SA2 右旋到 SA2 断开的位置

（5）故障现象：指示灯亮，但各电动机均不能启动。其可能原因及处理方法见表 4.1.7。

表 4.1.7　可能原因及处理方法

可能原因	处理方法
熔断器 FU6 的熔体断开	更换熔断器 FU6 的熔体
挂轮架的皮带罩没有罩好	重新罩好挂轮架的皮带
行程开关 SQ1（1－2）断开	重新安装行程开关 SQ1（1－2），若有问题，则予以处理或更换

（6）故障现象：打开床头挂轮架的皮带罩时 SQ1（1－2）触点断不开或打开配电盘的壁龛门时 SQ2（1－11）不闭合。其可能原因及处理方法见表 4.1.8。

表 4.1.8　可能原因及处理方法

可能原因	处理方法
由于长期使用，行程开关 SQ1、SQ2 可能出现松动移位	调整 SQ1、SQ2 的位置，使其到合适的位置，以起到人身安全保护的作用

（7）故障现象：带钥匙开关 SA2 的低压断路器 QF 失去保护作用。其可能原因及处理方法见表 4.1.9。

表 4.1.9　可能原因及处理方法

可能原因	处理方法
带钥匙开关 SA2 的开关锁失灵	将开关锁 SA2 左旋时检查低压断路器 QF 能否自动跳闸，跳开后若又将 QF 合上，经过 0.1 s，检查断路器能否自动跳开，以排除故障为宜

任务 2　M7130 型平面磨床电气控制线路的分析与检修

任务目标

（1）熟悉 M7130 型平面磨床的主要结构、运动形式及电力拖动控制要求。

（2）熟悉 M7130 型平面磨床的电气控制原理图的分析方法。

（3）熟悉 M7130 型平面磨床电气控制线路的故障判断与处理方法。

（4）熟悉 M7130 型平面磨床电气控制线路的常见故障及处理方法。

知识储备

磨床的种类很多，应用广泛，按工作性质可分为外圆磨床、内圆磨床、平面磨床、工具磨床以及一些专用磨床（如齿轮磨床、无心磨床、花键磨床、螺纹磨床、导轨磨床与球面磨床等）。平面磨床是应用较为普遍的一种磨床，该磨床操作方便，磨削精度和光洁度都比较高，在磨具加工行业中得到广泛的应用。现以 M7130 型平面磨床为例进行介绍。

一、M7130 型平面磨床概述

1. 主要结构

M7130 型平面磨床是卧轴矩形工作台，其外部结构如图 4.2.1 所示。M7130 型平面磨床主要由床身、立柱、滑座、砂轮箱、工作台和电磁吸盘等部分组成。

2. 型号含义

M7130 型平面磨床的型号含义如图 4.2.2 所示。

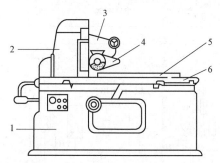

图 4.2.1　M7130 型平面磨床的外部结构
1—床身；2—立柱；3—滑座；4—砂轮箱；
5—电磁吸盘；6—工作台

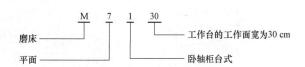

图 4.2.2　M7130 型平面磨床的型号含义

3. 运动形式

砂轮的旋转运动是主运动，进给运动有垂直进给（即滑座在立柱上的上下运动）、横向进给（即砂轮箱在滑座上的水平运动）和纵向进给（即工作台沿床身的往复运动）。磨床的进给运动要求有较宽的调速范围，很多磨床的进给运动都是采用液压驱动。工作台完成一次纵向往复运动，砂轮架横向进给一次，从而连续地加工整个平面。整个平面磨完一遍后，砂轮架在立柱导轨上向下移动一次（进刀），将工件加工到所需的尺寸。

4. 电力拖动控制要求

M7130 型平面磨床的运动部件较多，故采用多电动机拖动。其中，砂轮电动机拖动砂轮旋转；液压电动机驱动液压泵，供出压力油；冷却泵电动机拖动冷却泵，供给磨削加工时需要的冷却液。

平面磨床要求加工精度高，运行平稳，确保工作台往复运动换向时惯性小，采用液压传动，实现工作台往复运动及砂轮箱横向进给。

磨削加工时无调速要求，但要求速度高，通常采用 2 极高速笼型异步电动机。为提高砂轮主轴刚度和提高加工精度，采用了装入式电动机，砂轮可以直接装在电动机轴上使用。

为减小工件在磨削加工中的热变形，砂轮和工件磨削时须进行冷却，同时冷却液还能带走磨下的铁屑。

在加工工件时，一般将工件吸附在电磁吸盘上进行磨削加工。其目的是适应磨削小工件的需要，同时也为工件在磨削过程中受热能自由伸缩，采用电磁吸盘来吸持工件。

由此可见，M7130 型平面磨床由砂轮电动机、液压泵电动机、冷却泵电动机分别拖动，且只需单方向运行，而且冷却泵电动机与砂轮电动机具有顺序联锁关系。为保证安全，电磁吸盘与各电动机之间有电气联锁装置，即电磁吸盘充磁后，电动机才能启动。电磁吸盘不工作或发生故障时，3 台电动机均不能启动。在电力拖动系统中也有保护环节与工件退磁环节和照明线路。

二、M7130 型平面磨床电气控制线路分析

M7130 型平面磨床电气控制原理图如图 4.2.3 所示。该线路由主线路、控制线路、电磁吸盘线路和照明线路四部分组成。

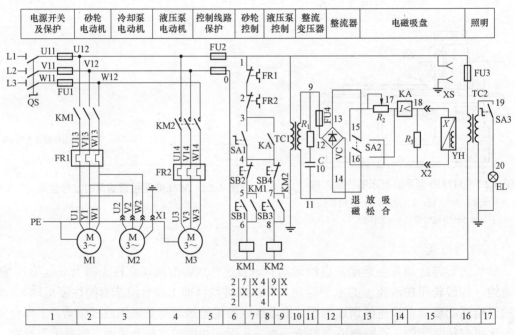

图 4.2.3　M7130 型平面磨床电气控制原理图

1. 主线路分析

刀开关 QS 为电源引入开关。主线路有 3 台电动机，分别是砂轮电动机 M1、冷却泵电动机 M2 和液压泵电动机 M3。其中，接触器 KM1 同时控制砂轮电动机 M1 和冷却泵电动机 M2，热继电器 FR1 对这两台电动机进行过载保护，熔断器 FU1 对主线路进行短路保护。由于冷却液箱和床身是分装的，所以冷却泵电动机 M2 通过插接器 X1 和砂轮电动机

M1 的电源线相连，并和砂轮电动机 M1 在主线路实现顺序控制。冷却泵电动机的容量较小，不单独设置过载保护。接触器 KM2 控制液压泵电动机 M3，热继电器 FR2 对 M3 实现过载保护。

2. 控制线路分析

由于控制线路所用电气元件较少，故控制线路采用交流 380 V 电压直接供电，由熔断器 FU2【5】作短路保护。砂轮电动机 M1【2】和液压泵电动机 M3【4】都采用了接触器自锁正转控制线路，控制按钮 SB2【6】、SB4【8】分别是它们的停止按钮，SB1【6】、SB3【8】分别是它们的启动按钮。

在电动机的控制线路中，串接着万能转换开关 SA1 的动合触点 SA1【6】和欠电流继电器 KA 的动合触点 KA【8】。因此，3 台电动机启动的必要条件是 SA1【6】或 KA【8】的动合触点闭合。欠电流继电器 KA 的线圈串接在电磁吸盘 YH 的工作线路中，所以电磁吸盘通电工作时，欠电流继电器 KA 线圈通电吸合，接通砂轮电动机 M1 和液压泵电动机 M3 的控制线路，这样只有在加工工件被电磁吸盘 YH【15】吸住的情况下，砂轮和工作台才能进行磨削加工，保证了安全。

3. 电磁吸盘线路分析

（1）电磁吸盘的结构及工作原理。电磁吸盘是用来固定被加工工件的一种装置。电磁吸盘有长方形和圆形两种，矩形平磨床采用长方形电磁吸盘。电磁吸盘由钢制吸盘体和在它中部凸起的芯体以及绕在芯体上的线圈、钢制盖板、隔磁层组成。工作时，在线圈中通入直流电流，芯体将被磁化，磁力线经由盖板、工件、盖板、吸盘体、芯体闭合，将工件牢牢吸住。盖板中的隔磁层的作用是增强吸盘体对工件的吸持力。

电磁吸盘与机械夹具相比，具有夹紧迅速，不损伤工件，能同时吸持多个工件，以及磨削中发热工件可自由伸缩、不会变形等优点。其不足之处是需要直流电源供电，且只能吸住铁磁材料的工件，不能吸住非铁磁材料的工件。

（2）电磁吸盘线路。电磁吸盘线路由整流装置、控制线路和保护线路三部分组成。

电磁吸盘整流装置由整流变压器 TC1【10】将 220 V 的交流电压降为 145 V 的交流电压，然后经桥式整流器 VC【12】后输出 110 V 的直流电压。

电磁吸盘由万能转换开关 SA2【13】控制，SA2【13】是电磁吸盘 YH【15】的转换开关（又称退磁开关）。SA2 有"吸合""放松"和"退磁" 3 个位置。当 SA2 打到"吸合"位置时，触点 13–16 和 14–17 接通，110 V 直流电压接入电磁吸盘 YH，工件被牢牢吸住。此时，欠电流继电器 KA 线圈通电吸合，KA 的动合触点闭合，接通砂轮和液压泵电动机的控制线路。待工件加工完毕，先把 SA2 打到"放松"位置，切断电磁吸盘 YH 的直流电源。此时，因工件具有剩磁而不能取下，所以必须进行退磁。将 SA2 打到"退磁"位置，这时，触点 13–15 和 14–16 闭合，电磁吸盘 YH 通入较小的（因串入退磁电阻 R_2【13】）反向电流进行退磁。退磁结束，将 SA2 打回到"放松"位置，即可将工件取下。

对于不易退磁的工件来说，可将附件退磁器的插头插入 XS，使工件在交变磁场的作用下进行退磁。若将工件夹在工作台上，而不需要电磁吸盘时，则应将电磁吸盘 YH 的 X2 插头从插座上拔下，同时将转换开关 SA2 打到"退磁"位置，这时，接在控制线路中 SA1 的动合触点 SA1（3–4）【6】闭合，接通电动机的控制线路。

（3）电磁吸盘的保护环节。电磁吸盘具有欠电流保护、过电压保护及短路保护等。

① 电磁吸盘的欠电流保护。为防止磨床磨削过程中出现断电和吸盘电流减小事故，在电磁吸盘线圈线路中串入欠电流继电器 KA【14】，只有当直流电压符合设计要求，吸盘具有足够吸力时，KA 才吸合，触点 KA（3-4）【8】闭合，为启动电动机 M1、M2 进行磨削加工准备，否则不能启动磨床进行加工。若已在磨削加工中，则 KA 因电流过小而释放，触点 KA（3-4）【8】断开，接触器 KM1、KM2 线圈断电，电动机 M1 和 M2 脱离电源而停止旋转，避免事故的发生。

② 电磁吸盘线圈的过电压保护。由于电磁吸盘的匝数多，电感大，通电工作时储有大量磁场能量。在电磁吸盘从"吸合"状态转变为"放松"状态的瞬间，线圈两端将产生很大的自感电动势，易使线圈或其他电器由于过电压而损坏，电阻 R_3 的作用是在电磁吸盘断电瞬间给线圈提供放电通路，吸收线圈释放的磁场能量。欠电流继电器 KA 用以防止电磁吸盘断电时工件脱出发生故障。

③ 电磁吸盘的短路保护。在整流变压器 TC1 二次侧装有熔断器进行短路保护。

除此之外，在整流装置中，还设有电阻 R_1【11】与电容器 C【11】，其作用是防止电磁吸盘回路交流侧的过电压，熔断器 FU4【11】为电磁吸盘提供短路保护。

4. 照明线路分析

照明线路所需的电压为 36 V 的安全电压，它是由照明变压器 TC2【16】将 380 V 的交流电源电压变换而来的。照明灯 EL【17】为磨床工作提供照明，且一端必须接地，另一端由转换开关 SA3【17】控制。熔断器 FU3【16】对照明线路实现短路保护，确保人身和设备安全。

三、M7130 型平面磨床电气元件介绍

M7130 型平面磨床电气元件明细表见表 4.2.1。

表 4.2.1　M7130 型平面磨床电气元件明细表

名称	代号	型号	规格	数量	用途
M1	砂轮电动机	W451-4	4.5 kW，220 V/380 V，1 440 r/min	1 台	驱动砂轮
M2	冷却泵电动机	JCB-22	125 W，220 V/380 V，2 790 r/min	1 台	驱动冷却泵
M3	液压泵电动机	J042-4	2.8 kW，220 V/380 V，1 450 r/min	1 台	驱动液压泵
QS	电源开关	HD1-25/3	—	1 个	控制接触器
SA1	万能转换开关	—	—	1 个	控制接触器
SA2	转换开关	HZ1-10/3	—	1 个	控制电磁吸盘
SA3	照明灯开关	—	—	1 个	控制照明灯
FU1	熔断器	RL1-60/30	60 A，熔体 30 A	3 个	电源保护
FU2	熔断器	RL1-15	15 A，熔体 5 A	2 个	控制电源短路保护

续表

名称	代号	型号	规格	数量	用途
FU3	熔断器	BLX－1	1 A	1个	照明线路短路保护
FU4	熔断器	RL1－15	15 A，熔体2 A	1个	保护电磁吸盘
KM1	接触器	CJ0－10	线圈电压380 V	1个	控制M1
KM2	接触器	CJ0－10	线圈电压380 V	1个	控制M3
FR1	热继电器	JR10－10	整定电流9.5 A	1个	M1过载保护
FR2	热继电器	JR10－10	整定电流6.1 A	1个	M3过载保护
TC1	整流变压器	BK－400	400 VA，200 V/145 V	1个	降压
TC2	照明变压器	BK－50	50 VA，380 V/36 V	1个	降压
VC	硅整流器	GZH	1 A，220 V	1个	输出直流电压
YH	电磁吸盘	—	1.2 A，110 V	1个	工件夹具
KA	欠电流继电器	JT3－11L	1.5 A	1个	保护用
SB1	按钮	LA2	绿色	1个	启动M1
SB2	按钮	LA2	红色	1个	停止M1
SB3	按钮	LA2	绿色	1个	启动M3
SB4	按钮	LA2	红色	1个	停止M3
R1	电阻	GF	6 W，125 Ω	1个	放电保护电阻
R2	电阻	GF	50 W，1 000 Ω	1个	去磁电阻
R3	电阻	GF	50 W，500 Ω	1个	放电保护电阻
C	电容	—	600 V，5μF	1个	保护用电容
EL	照明灯	JD3	24 V，40 W	1个	工作照明
X1	接插器	CY0－36	—	1个	M2用
X2	接插器	CY0－36	—	1个	电磁吸盘用
XS	插座	—	250 V，5 A	1个	退磁器用
附件	退磁器	TC1TH/H	—	1个	工作件退磁用

实训操作：M7130型平面磨床电气控制线路的检修

一、所需的工具、设备和技术资料

（1）常用电工工具、万用表。

（2）M7130型平面磨床或模拟台。

（3）M7130型平面磨床电气控制原理图和电气安装接线图。

二、磨床电气调试

1. 安全措施

在调试过程中，应做好保护措施，如有异常情况应立即切断电源。

2. 调试步骤

（1）接通电源，合上开关QF。

（2）将转换开关QS扳至"退磁"位置。

（3）按下启动按钮SB2，使砂轮电动机M1旋转一下，立即按下停止按钮SB1，观察砂轮旋转方向与要求是否相符。

（4）按下启动按钮SB4，使液压泵电动机运行，并观察运行情况。

（5）根据电动机功率设定过载保护值。

（6）根据要求调整欠电流继电器KA，使欠电流继电器KA在1.5 A时吸合。欠电流继电器的调整方法如下：

① 断开电源开关QF。

② 将欠电流继电器KA线圈一端断开，将万用表串联接入线路（注意极性）。

③ 将万用表旋至直流电流挡位（大电流挡5 A）。

④ 接入电磁吸盘。

⑤ 合上电源开关QF，并将转换开关QS扳至"吸合"位置。

⑥ 观察电流值在1.5 A时欠电流继电器KA是否吸合，如果不吸合则调整欠电流继电器KA的调整螺母，直到吸合。调整时，应缓慢进行，不要力度过大，以免损坏元件，同时注意安全，防止触电事故发生。

⑦ 调试过程中，如有异常情况，立即断开电源开关QF，排除故障或险情。

三、注意事项

（1）故障设置时，应模拟成实际使用中出现的自然故障现象。

（2）故障设置时，不得更改线路或更换电气元件。

（3）指导教师必须在实训现场密切注意学生的检修，随时做好应急措施。

四、评分表

评分表见表4.2.2。

表4.2.2 "M7130型平面磨床电气控制线路的检修"评分表

项目	技术要求	配分	评分细则	评分记录
设备调试	调试步骤正确	10	调试步骤不正确，每步扣1分	
	调试全面	10	调试不全面，每项扣3分	
	故障现象明确	10	故障现象不明确，每个故障扣2分	

续表

项目	技术要求	配分	评分细则	评分记录
故障分析	在电气控制原理图上分析故障可能的原因，思路正确	30	错标或标不出故障范围，每个故障点扣 6 分	
			不能标出最小的故障范围，每个故障点扣 3 分	
故障排除	正确使用工具和仪表，找出故障点并排除故障	40	实际排除故障中思路不清楚，每个故障点扣 3 分	
			每少查出一次故障点扣 3 分	
			每少排除一次故障点扣 3 分	
			排除故障方法不正确，每处扣 1 分	
其他	操作正确		排除故障时，产生新的故障后不能自行修复，每个扣 5 分；已经修复，每个扣 3 分	
			损坏电动机，扣 10 分	
	准时		每超过 5 min，从总分中倒扣 2 分，但不超过 5 分	
安全、文明生产	满足安全、文明生产要求		违反安全、文明生产规定，从总分中倒扣 5 分	

维护操作

一、M7130 型平面磨床电气控制线路的故障判断与处理

M7130 型平面磨床电气控制线路主要特点是电磁吸盘串接了欠电流继电器 KA，其目的是在保证电磁吸盘能够正常工作的前提条件下，才允许砂轮电动机工作，以保证安全。

另外，M7130 型平面磨床在砂轮电动机和液压泵电动机的控制线路方面增加联锁关系的目的是在保证液压泵电动机启动之后，才允许启动砂轮电动机。

二、M7130 型平面磨床使用时的注意事项

（1）检修前，要认真研读 M7130 型平面磨床的电气控制原理图和电气安装接线图，弄清相关电气元件的位置、作用及走线路径。

（2）停电时要验电，通电检查时，必须在指导老师的监护下，以确保人身和设备安全。

（3）正确选择使用工具和仪表，检修时必须按照电气控制原理图认真核对导线的线号，以免出错。

三、M7130 型平面磨床电气控制线路的常见故障现象及处理方法

（1）故障现象：3 台电动机都不能启动。其可能原因及处理方法见表 4.2.3。

表 4.2.3　可能原因及处理方法

可能原因	处理方法
欠电流继电器 KA 的动合触点【8】接触不良，接线松脱或有污垢	修理或更换欠电流继电器 KA 的触点【8】，紧固接线，清除污垢等
转换开关 SA1 的触点（3-4）【6】接触不良，接线松脱或有油垢	修理或更换转换开关 SA1 的触点（3-4）【6】，紧固接线，清除污垢等
热继电器 FR1（1-2）和 FR2（2-3）的触点接触不良，接线松脱或有油垢	修理或更换热继电器 FR1（1-2）和 FR2（2-3）的触点，紧固接线，清除污垢等

（2）故障现象：砂轮电动机的热继电器 FR1 经常脱扣。其可能原因及处理方法见表 4.2.4。

表 4.2.4　可能原因及处理方法

可能原因	处理方法
砂轮电动机 M 为装入式电动机，它的轴承是铜瓦，易磨损。磨损后易发生堵转现象，使电流增大，导致热继电器脱扣	修理或更换铜瓦
砂轮进刀量太大，电动机超负载运行，造成电动机堵转，使电流急剧增大，热继电器脱扣	应选择合适的进刀量，防止电动机超负载运行
更换后的热继电器规格选得过小或整定电流不合适，使电动机还未达到额定负载时，热继电器就已脱扣	热继电器必须按所保护电动机的额定电流进行选择和调整

（3）故障现象：冷却泵电动机烧坏。其可能原因及处理方法见表 4.2.5。

表 4.2.5　可能原因及处理方法

可能原因	处理方法
切削物进入电动机内部，造成匝间或绕组间短路，使电流增大	清除电动机内部的杂物
冷却泵电动机经多次修理后，电动机端盖轴间隙增大，造成转子在定子内不同心，工作时电流增大，使电动机长时间处于超负载运行状态	重新安装电动机或调整电动机端盖轴间隙，使转子在定子内同心
冷却泵被杂物塞住引起电动机堵转，电流急剧增大。由于该磨床的砂轮电动机与冷却泵电动机共用一个热继电器 FR1，而且两者容量相差太大，当发生上述故障时，电流增大不足以使热继电器 FR1 脱扣，从而造成冷却泵电动机堵转而烧坏	清除冷却泵电动机内的杂物，给冷却泵电动机加装热继电器，就可以避免发生这种故障

（4）故障现象：电磁吸盘无吸力。其可能原因及处理方法见表 4.2.6。

表 4.2.6　可能原因及处理方法

可能原因	处理方法
三相电源电压不正常	将三相电源电压调整至正常值
熔断器 FU4 熔体熔断，常见的熔断器 FU4 熔体熔断是硅整流器 VC 短路，使整流变压器 TC1 二次侧绕组流过很大的短路电流造成的，进而造成电磁吸盘线路断开，使吸盘无吸力	查找硅整流器 VC 短路的原因，并予以处理；更换熔断器 FU4 的熔体
整流器输出空载电压正常，而接上电磁吸盘后，输出电压下降不大，欠电流继电器 KA 不动作，电磁吸盘无吸力	依次检查电磁吸盘的线圈、接插器 X2、欠电流继电器 KA 的线圈有无断路或接触不良的现象，查出故障元件后，进行修理或更换

（5）故障现象：电磁吸盘吸力不足。其可能原因及处理方法见表 4.2.7。

表 4.2.7　可能原因及处理方法

可能原因	处理方法
若整流器空载输出电压正常，带负载时电压远低于 110 V，则表明电磁吸盘线圈已短路，短路点多发生在线圈各绕组间的引线接头处。这是由于电磁吸盘密封不好，切削液流入引起绝缘损坏，造成线圈短路。若短路严重，过大的电流会将整流元件和整流变压器烧坏	更换电磁吸盘线圈，处理好线圈绝缘，确保安装密封完好

故障现象分析提示：电磁吸盘损坏或硅整流器 VC 输出电压不正常。该磨床电磁吸盘的电源电压由硅整流器 VC 供给。空载时，硅整流器 VC 直流输出电压应为 130～140 V，带负载时不应低于 110 V。

（6）故障现象：电磁吸盘电源电压不正常。其可能原因及处理方法见表 4.2.8。

表 4.2.8　可能原因及处理方法

可能原因	处理方法
硅整流器 VC 元件短路或断路	应检查硅整流器 VC 的交流侧电压及直流侧电压，若交流侧电压正常，直流侧输出电压不正常，则表明硅整流器 VC 发生元件短路或断路故障，对短路或断路的元件进行检查或更换
某一桥臂的整流二极管发生断路，将使整流输出电压降低到额定电压的一半；若两个相邻的二极管都断路，将导致输出电压为零	检查整流二极管，若断路，应及时更换
硅整流器 VC 元件损坏，导致元件过热或过电压。如由于整流二极管热容量很小，在硅整流器 VC 过载时，元件温度急剧上升，烧坏二极管	更换烧坏的硅整流器 VC 元件
若放电电阻 R_3 损坏或接线断路时，电磁吸盘线圈电感会很大，在断开瞬间产生过电压将硅整流器 VC 元件击穿	可用万用表测量硅整流器 VC 的输出及输入电压，判断出故障部位，查出故障元件，更换或修理故障元件

（7）故障现象：电磁吸盘退磁不好，使工件取下困难。其可能原因及处理方法见表4.2.9。

表4.2.9 可能原因及处理方法

可能原因	处理方法
转换开关SA2接触不良，使退磁线路断路，根本没有退磁	修复转换开关，使接触良好
退磁电阻R_2损坏，使退磁线路断路，根本没有退磁	更换损坏的退磁电阻R_2
退磁电压过高	应调整退磁电阻R_2，使退磁电压降至5～10 V
退磁时间太长或太短，不同材质的工件所需的退磁时间不同	掌握好退磁时间，即调整好退磁时间

任务3　Z3040型摇臂钻床电气控制线路的分析与检修

任务目标

（1）熟悉Z3040型摇臂钻床的主要结构、运动形式及电力拖动控制要求。

（2）熟悉Z3040型摇臂钻床的电气控制原理图的分析方法。

（3）熟悉Z3040型摇臂钻床的电气控制线路的特点。

（4）熟悉Z3040型摇臂钻床的故障检查及维修方法。

知识储备

钻床的用途广泛，按结构可以分为立式钻床、卧式钻床、台式钻床、深孔钻床、摇臂钻床等。其中，摇臂钻床用途较为广泛，在钻床中具有一定的典型性。常用的有Z3040型摇臂钻床。

一、Z3040型摇臂钻床概述

1. 主要功能及特点

Z3040型摇臂钻床适用于加工中小零件，可以进行钻孔、扩孔、铰孔、刮平面及改螺纹等多种形式的加工；加装适当的工艺装备后还可以进行镗孔，其最大钻孔直径为40 mm。

2. 型号含义

Z3040型摇臂钻床的型号含义如图4.3.1所示。

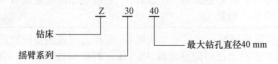

图4.3.1　Z3040型摇臂钻床的型号含义

3.主要结构

Z3040型摇臂钻床主要由底座、主轴箱、摇臂、外立柱、内立柱、工作台等组成。其结构如图4.3.2所示。内立柱固定在底座上，在它外面套着空心的外立柱，外立柱可绕着不动的内立柱回转一周。摇臂一端的套筒部分与外立柱滑动配合，通过丝杆摇臂可沿着外立柱上下移动，即摇臂只能和外立柱一起绕内立柱回转，但两者不能作相对运动。摇臂连同外立柱绕内立柱的回转运动必须先将外立柱松开，然后用手推动摇臂进行。

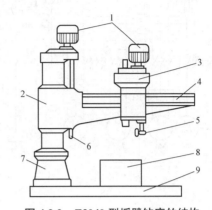

图4.3.2　Z3040型摇臂钻床的结构
1—电动机；2—摇臂；3—主轴箱；4—导轨；5—照明灯；6—丝杆；7—立柱；8—工作台；9—底座

4.运动形式

主轴箱由主传动电动机、主轴和主轴传动机构、进给和变速机构以及钻床操作机构等组成。可以通过操作手轮使主轴箱在摇臂上沿导轨作水平移动。当进行加工时，可利用夹紧机构将主轴箱紧固在摇臂上，将外立柱紧固在内立柱上，将摇臂紧固在外立柱上，然后进行钻削加工。

5.摇臂钻床的电力拖动特点

摇臂钻床的运动部件较多，常采用多台电动机拖动，可以简化传动装置的结构。整个机床由以下4台三相笼型异步电动机拖动。

（1）主轴电动机M1。M3040型摇臂钻床的主运动和进给运动都是主轴的运动，由一台三相笼型异步电动机拖动，再通过主轴传动机构和进给传动机构实现主轴的旋转和进给。主轴变速机构和进给变速机构都装在主轴箱内。为适应多种加工方式的要求，对M3040型摇臂钻床的主轴与进给都提出了较大的调速范围要求。用变速箱改变主轴的转速和进刀量，不需要电气调速。为加工螺纹，要求采用机械方法改变主轴的正反转，所以，主轴电动机只需要单方向的旋转。

（2）摇臂升降电动机M2。摇臂的升高或降低可通过摇臂升降电动机来实现，以保证工件与钻头的相对高度合适。摇臂升降的正反转采用点动控制。

（3）液压泵电动机M3。内、外立柱的夹紧放松，主轴箱的夹紧放松和摇臂的夹紧放松均可采用手柄机械操作、电气–机械装置、电气–液压装置等控制方法来实现。摇臂的夹紧放松若采用液压装置，则采用液压传动菱形块夹紧机构，夹紧用的高压油是由液压泵电动机带动高压油泵送出的。由于摇臂的夹紧装置与立柱的夹紧装置、主轴的夹紧装置不是同时动作的，因此，采用一台电动机拖动高压油泵，由电磁阀控制油路。摇臂的升降运动必须按照摇臂松开→升或降→摇臂夹紧的顺序进行，因此摇臂的夹紧放松与摇臂的升降按自动控制进行。

（4）冷却液泵电动机M4。刀具及工件的冷却由冷却液泵供给所需的冷却液，冷却液流量大小与电动机转速无关，而是由专用阀门调节的。

二、Z3040型摇臂钻床的电气控制线路分析

Z3040型摇臂钻床电气控制原理图如图4.3.3所示。

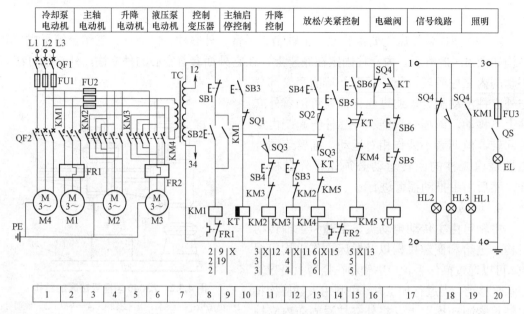

图 4.3.3　Z3040 型摇臂钻床电气控制原理图

1. 主线路

低压断路器 QF1【1】为总电源引入开关，采用熔断器 FU1 实现短路保护。接触器控制主轴电动机 M1、摇臂升降电动机 M2 及液压泵电动机 M3。低压断路器 QF2【1】控制冷却泵电动机 M4。采用熔断器 FU2 对摇臂升降电动机与液压泵电动机实现短路保护。由于主轴电动机及液压泵电动机属长期工作制运行，故采用热继电器实现过载保护。

2. 控制线路

接触器 KM2 和 KM3 分别控制摇臂的上升与下降，KM4 和 KM5 分别控制摇臂与立柱的放松与夹紧，SQ3【11、13】、SQ4【16、18】分别为松开与夹紧限位开关，SQ1【10】、SQ2【13】分别为摇臂上升与下降极限限位开关，SB3【10、12】、SB4【11、13】分别为上升与下降控制按钮，SB5【14、17】、SB6【15、17】分别为立柱、主轴箱夹紧装置的松开与夹紧按钮。

控制线路、照明线路及指示灯均由一台控制变压器 TC 将 380 V 的电源电压降为控制线路、照明线路及指示灯所需要的 127 V、36 V、6.3 V 三种电压。

（1）主轴电动机控制。按下启动按钮 SB2，接触器 KM1 线圈通电吸合并自锁，主触点闭合，使主轴电动机 M1 启动运转。停止时，按下停止按钮 SB1，接触器 KM1 线圈断电，衔铁释放，主轴电动机 M1 脱离电源而停止运转。主轴电动机的工作指示由接触器 KM1 的动合辅助触点控制指示灯 HL1 来实现，指示灯 HL1 亮，表示主轴电动机正在运行。

（2）摇臂升降控制。摇臂升降的控制包括摇臂的自动松开、上升或下降后再自动夹紧。摇臂升降对控制应满足如下要求：

① 摇臂的升降必须在摇臂放松的状态下进行。

② 摇臂的夹紧必须在摇臂停止时进行。

③ 按下上升（或下降）按钮，首先使摇臂的夹紧机构放松，放松后，摇臂自动上升（或下降），上升到位后，松开按钮，夹紧装置自动夹紧，夹紧后液压泵电动机停止。

④ 为保证调整的准确性，横梁的上升或下降操作应为点动控制。

⑤ 横梁升降应有极限保护。

线路的工作过程分析如下：

首先由摇臂的初始位置决定所要按下的启动按钮，若要求摇臂上升，则按下上升启动按钮 SB3；若要求摇臂下降，则按下下降启动按钮 SB4。当摇臂处于夹紧状态时，限位开关 SQ4 是处于被压状态的，即动合触点闭合，动断触点断开。

摇臂上升时，按下上升启动按钮 SB3，断电延时型时间继电器 KT 线圈通电，尽管此时 SQ4 的动断触点 SQ4【16】断开，但由于时间继电器 KT 的延时断开的动合触点 KT【17】瞬时闭合，电磁阀 YU【17】线圈通电，同时接触器 KM4 线圈通电，主触点闭合，接通液压泵电动机 M3 的正向电源，M3 启动正向旋转，供给的高压油进入摇臂，松开油腔，推动活塞和菱形块，使摇臂夹紧装置松开。当松开到适当位置时，活塞杆通过弹簧片压动限位开关 SQ3，其动断触点 SQ3【13】断开，接触器 KM4 线圈断电衔铁释放，主触点断开。

开始油泵电动机停止旋转，同时 SQ3 的动合触点 SQ3【11】闭合，接触器 KM2 线圈通电，主触点闭合接通升降电动机 M2，带动摇臂上升。由于此时摇臂已经松开，故 SQ4 被复位。

当摇臂上升到预定位置时，松开按钮 SB3，接触器 KM2、时间继电器 KT 的线圈同时断电，摇臂升降电动机脱离电源，断电延时型时间继电器开始断电延时 1～3 s。当延时结束，即升降电动机完全停止时，KT 的延时闭合动断触点 KT【15】闭合，接触器 KM5 线圈通电，液压泵电动机反相序接通电源而反转，压力油经另一条油路进入摇臂夹紧油腔，反方向推动活塞与菱形块，使摇臂夹紧。当夹紧到适当位置时，活塞杆通过弹簧片压动限位开关 SQ4，其动断触点 SQ4【16】动作断开接触器 KM5 及电磁阀 YU 的电源，电磁阀 YU 复位，液压泵电动机 M3 断电停止工作，摇臂上升过程结束。

摇臂下降时，按下下降启动按钮 SB4，各电气元件的动作次序与上升时类似，请读者自行分析。

3. 联锁保护环节

（1）为防止在夹紧状态下启动摇臂升降电动机，造成升降电动机电流过大，而烧毁电动机定子绕组，常采用限位开关 SQ3 实现保护，以保证摇臂松开后，升降电动机才能启动运行。

（2）为防止在升降电动机旋转时夹紧机构夹紧而造成磨损，用断电延时型时间继电器 KT 保证只有在升降电动机断电后完全停止旋转，即摇臂完全停止升降时，夹紧机构才能夹紧摇臂。

（3）摇臂的升降都设有限位保护，当摇臂上升到上极限位置时，限位开关 SQ1 动断触点 SQ1【10】断开，接触器 KM2 断电，使升降电动机 M2 脱离电源而停止旋转，上升运动停止。同样的，当摇臂下降到下限位置时，限位开关 SQ2 动断触点 SQ2【13】断开，使接触器 KM3 断电，断开 M2 的反向电源，M2 电动机停止旋转，下降运动停止。

（4）热继电器 FR2 用作液压泵电动机的过载保护。若夹紧限位开关 SQ4 调整不当，夹紧后仍无反应，则会使液压泵电动机长期过载而损坏电动机。尽管该电动机为短时运行，但也应考虑过载保护。

4．指示环节

（1）当主轴电动机工作时，接触器 KM1 通电，动合辅助触点闭合，使"主轴电动机工作"指示灯 HL1 亮。

（2）当摇臂放松时，限位开关 SQ4 动断触点闭合，使"松开"指示灯 HL2 亮。

（3）当摇臂夹紧时，限位开关 SQ4 动合触点闭合，使"夹紧"指示灯 HL3 亮。

（4）当需要照明时，接通开关 QS，照明灯 EL 亮。

5．主轴箱与立柱的夹紧与放松

立柱与主轴箱均采用液压操作夹紧与放松，二者同时进行工作，工作时要求电磁阀 YU 断电。

若要求立柱和主轴箱放松（或夹紧），则按下放松按钮 SB5（或夹紧按钮 SB6），接触器 KM4（或 KM5）吸合。控制液压泵电动机正转（或反转），压力油从一条油路（或另一条油路）推动活塞与菱形块，使立柱与主轴箱分别松开（或夹紧）。

三、Z3040 型摇臂钻床电气元件介绍

Z3040 型摇臂钻床电气元件明细表见表 4.3.1。

表 4.3.1　Z3040 型摇臂钻床电气元件明细表

符号	元件名称	型号	规格	数量	用途
M1	主轴电动机	J02－42－4	5.5 kW，1 440 r/min	1 台	主轴转动
M2	摇臂升降电动机	J02－22－4	5.5 kW，1 440 r/min	1 台	摇臂升降
M3	液压泵电动机	J02－21－6	0.9 kW，930 r/min	1 台	立柱夹紧松开
M4	冷却泵电动机	JCB－22－2	0.125 kW，2 790 r/min	1 台	控制主轴电动机
KM1	交流接触器	CJ0－20	20 A，127 V	1 个	控制主轴电动机
KM2	交流接触器	CJ0－20	10 A，127 V	1 个	摇臂上升
KM3	交流接触器	CJ0－20	10 A，127 V	1 个	摇臂下降
KM4	交流接触器	CJ0－10	10 A，127 V	1 个	主轴箱和立柱松开
KM5	交流接触器	CJ0－10	10 A，127 V	1 个	主轴箱和立柱夹紧
KT	时间继电器	JJSK2－4	127 V，50 Hz	1 个	提供数秒的延时断电
FU1	熔断器	RL1	60/25 A	3 个	电源总短路保护
FU2	熔断器	RL1	15/10 A	3 个	M3、M2 短路保护
FU3	熔断器	RL1	15/2 A	2 个	照明线路短路保护
FR1	热继电器	JR2－1	11.1 A	1 个	主轴 M1 过载保护
FR2	热继电器	JR2－1	1.6 A	1 个	液压泵电动机过载保护
YU	电磁阀	MFJ1－3	127 V，50 Hz	1 个	控制立柱夹紧机构
QF1	低压断路器	D25－20	380 V，20 A	1 个	电源总开关

续表

符号	元件名称	型号	规格	数量	用途
QF2	低压断路器	D25－I0	380 V，10 A	1个	冷却泵电动机的启停控制
SQ1	行程开关	LX5－11Q/1		1个	摇臂上升限位开关
SQ2	行程开关	LX5－11Q/1		1个	摇臂下降限位开关
SQ3	行程开关	LX5－11Q/1		1个	松开限位开关
SQ4	行程开关	LX5－11Q/1		1个	夹紧限位开关
SB1	按钮	LA2	5 A	1个	主轴停止按钮
SB2	按钮	LA2	5 A	1个	主轴启动按钮
SB3	按钮	LA2	5 A	1个	摇臂上升按钮
SB4	按钮	LA2	5 A	1个	摇臂下降按钮
SB5	按钮	LA2	5 A	1个	主轴箱和立柱松开按钮
SB6	按钮	LA2	5 A	1个	主轴箱和立柱夹紧按钮
TC	控制变压器	BK－150	380/127，36 V	1个	控制、照明线路的低压电源
HL1	指示灯	DX1－0	白色，配6 V、0.15 A灯泡	1个	主电动机旋转
HL2	指示灯	DX1－0	白色，配6 V、0.15 A灯泡	1个	松开指示
HL3	指示灯	DX1－0	白色，配6 V、0.15 A灯泡	1个	夹紧指示
EL	照明灯泡	—	36 V，40 W	1个	机床局部照明

实训操作：Z3040 型摇臂站床电气控制线路的检修

一、所需的工具、设备和技术资料

（1）常用电工工具、万用表。

（2）Z3040 型摇臂钻床或模拟台。

（3）Z3040 型摇臂钻床电气控制原理图和电气安装接线图。

二、钻床电气调试

（1）安全措施调试过程中，应做好保护措施，如有异常情况应立即切断开电源。

（2）调试步骤：

① 接通电源，合上开关 QS1。

② 根据电动机功率设定过载保护值。

③ 按下启动按钮 SB2，使主轴电动机 M1 旋转一下，立即按下停止按钮 SB1，观察主轴旋转方向与要求是否相符，观察主轴工作信号灯 HL1 是否亮。

④ 按下按钮 SB5（SB6），使主轴箱和立柱松开（夹紧），如不能松开（夹紧），查液压泵电动机旋转方向是否与要求方向相符。松开（夹紧）后，信号灯 HL2（HL3）应亮，如不亮，调整 SQ4 与弹簧片之间的距离。

⑤ 按下摇臂升降按钮 SB3（SB4），摇臂应上升（下降），如果下降（上升），则更换摇臂升降电动机 M2 的相序。

⑥ 摇臂上升或下降过程中，上推或下拉位置开关 SQ1 的操纵杆，使 SQ1−1 或 SQ1−2 断开。此时，摇臂应停止上升或下降，否则对调 SQ1 的接线（7#线）。

注意：

① 操纵位置开关 SQ1 应借助工具，以免伤手。

② 对调 SQ1 的接线时线号不能对调。

③ 对调接线后应再次试验，验证是否正确。

三、注意事项

（1）要充分观察和熟悉 Z3040 型摇臂钻床的工作过程。

（2）Z3040 型摇臂钻床的工作过程是由电气、机械以及液压系统紧密配合实现的。因此，在故障分析时要考虑电气与机械和液压部分的配合工作。

（3）立柱和主轴箱的夹紧机构采用的是菱形块结构，夹紧力过大或液压系统压力不够，会导致菱形块立不起来，电气系统工作时能夹紧，当电气系统不工作时就松开，但是菱形块和承压块角度、方向或距离不当也会出现类似故障现象。

（4）故障设置时，应模拟成实际使用中出现的自然故障现象。

（5）故障设置时，不得更改线路或更换电气元件。

（6）指导教师必须在现场密切注意学生的检修，随时做好应急措施。

四、评分表

评分表见表 4.3.2。

表 4.3.2　"Z3040 型摇臂钻床电气控制线路的检修"评分表

项目	技术要求	配分	评分细则	评分记录
设备调试	调试步骤正确	10	调试步骤不正确，每步扣1分	
	调试全面	10	调试不全面，每项扣3分	
	故障现象明确	10	故障现象不明确，每故障扣2分	
故障分析	在电气控制原理图上分析故障可能的原因，思路正确	30	错标或标不出故障范围，每个故障点扣5分	
			不能标出最小的故障范围，每个故障点扣2分	

项目	技术要求	配分	评分细则	评分记录
故障排除	正确使用工具和仪表，找出故障点并排除故障	40	实际排除故障中思路不清楚，每个故障点扣 2 分	
			每少查出一次故障点扣 2.5 分	
			每少排除一次故障点扣 2.5 分	
			排除故障方法不正确，每处扣 1 分	
其他	操作正确		排除故障时，产生新的故障后不能自行修复，每个扣 4 分；已经修复，每个扣 2 分	
			损坏电动机，扣 10 分	
	准时		每超过 5 min，从总分中倒扣 2 分，但不超过 5 分	
安全、文明生产	满足安全、文明生产要求		违反安全、文明生产规定，从总分中倒扣 5 分	

维护操作

（1）故障现象：主轴电动机不能启动。其可能原因及处理方法见表 4.3.3。

表 4.3.3 可能原因及处理方法

可能原因	处理方法
引入电源的低压断路器 QF1 有故障	检查 QF1 的触点是否良好，如 QF1 接触不良，应更换低压断路器或修复低压断路器的触点
熔断器 FU1 熔体熔断	更换熔断器 FU1 的熔体
电源电压过低	调整电源电压到合适值
接触器 KM1 的触点接触不良，接线松脱等	修复和切除接触器触点，紧固接线

（2）故障现象：主轴电动机不能停转。其可能原因及处理方法见表 4.3.4。

表 4.3.4 可能原因及处理方法

可能原因	处理方法
接触器的主触点熔焊在一起	更换熔焊的接触器主触点或更换接触器

（3）摇臂升降、松开夹紧线路故障。

① 故障现象：摇臂不能上升，由摇臂上升的动作过程分析可知，摇臂移动的前提是摇臂完全松开，此时活塞杆通过弹簧片压下行程开关 SQ3，电动机 M3 停止旋转，M2 启动。下面以 SQ3 有无动作来分析摇臂不能移动的原因及处理方法，见表 4.3.5。

表4.3.5 可能原因及处理方法

可能原因	处理方法
SQ3 安装位置不当或发生移动	重新安装 SQ3，使活塞杆压上 SQ3，以使摇臂能移动为宜
液压系统发生故障	配合机械、液压系统，调整好 SQ3 的位置并安装牢固，进而使摇臂完全松开，活塞杆压上 SQ3
电动机 M3 电源相序接反	对调电动机 M3 的电源相序，此时按下摇臂的上升按钮 SB4 时，压上 SQ3，使摇臂先放松后再上升。 注意：机床大修或安装完毕必须认真检查电源相序及电动机的正反转是否正确

② 故障现象：摇臂夹不紧。其可能原因及处理方法见表 4.3.6。

表4.3.6 可能原因及处理方法

可能原因	处理方法
SQ4 安装位置不当或松动移位，过早地被活塞杆压上动作，造成夹紧力不够	重新调整或安装开关 SQ4

故障现象分析提示：摇臂升降后，摇臂应自动夹紧，而夹紧动作的结束由开关 SQ4 控制。若摇臂夹不紧，则说明摇臂控制线路能够动作，只是夹紧力不够。这是由于 SQ4 动作过早，使液压泵电动机 M3 在摇臂还未充分夹紧时就停止旋转。这往往是由于 SQ4 安装位置不当或松动移位，过早地被活塞杆压上动作造成的。

③ 故障现象：摇臂无法移动。其可能原因及处理方法见表 4.3.7。

表4.3.7 可能原因及处理方法

可能原因	处理方法
电磁阀芯卡住，造成液压系统失灵	查找电磁阀芯卡住原因并予以处理
油路堵塞	处理堵塞使油路畅通

故障现象分析提示：有时电气系统工作正常，而电磁阀芯卡住或油路堵塞，造成液压系统失灵，也会造成摇臂无法移动。因此，在维修工作中应正确判断是电气控制线路故障还是液压系统的故障，然而，这两者之间是相互联系的，应相互配合共同排除故障。

任务4 X62W 型卧式万能铣床电气控制线路的分析与检修

任务目标

（1）熟悉 X62W 型卧式万能铣床的主要结构、运动形式及电力拖动控制要求。

（2）熟悉 X62W 型卧式万能铣床电气控制原理图的分析方法。

（3）熟悉 X62W 型卧式万能铣床电气控制线路的特点。

（4）熟悉 X62W 型卧式万能铣床的常见故障及其检查和维修方法。

知识储备

铣床主要用于金属切削，可用来加工平面、斜面和沟槽等，装上分度头后还可以铣切直齿齿轮和螺旋面，如果装上圆工作台还可以铣切凸轮和弧形槽。

铣床的种类很多，有卧铣、立铣、龙门铣、仿形铣及各种专用铣床等。本任务以 X62W 卧式万能铣床为例进行分析。

一、X62W 型卧式万能铣床概述

1. 主要结构及特点

X62W 型卧式万能铣床具有主轴转速高、调速范围宽、操作方便和加工范围广等特点，其结构如图 4.4.1 所示，主要由床身、主轴、横梁、刀杆、工作台、回转盘、横溜板和升降台等组成。

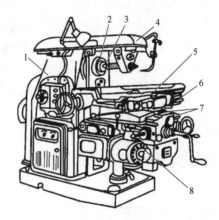

图 4.4.1　X62W 型卧式万能铣床的结构

1—床身；2—主轴；3—刀杆；4—横梁；5—工作台；6—回转盘；7—横溜板；8—升降台

2. 型号含义

X62W 型卧式万能铣床的型号含义如图 4.4.2 所示。

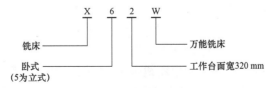

图 4.4.2　X62W 型卧式万能铣床的型号含义

3. 运动形式

X62W 型卧式万能铣床床身内装有主轴的传动机构和变速操作机构。主轴带动铣刀旋转运动，称为主运动，它同工作台的进给运动之间无速度比例协调的要求，故主轴的拖动由一台主电动机承担。床身前面有垂直导轨，升降台带动工作台可沿垂直导轨上下移动，完成垂直方向的进给，升降台上的水焦作台还可在左右（纵向）方向上移动进给以及横向移动进给；回转盘可单向转动。进给电动机经机械传动链传动，通过机械离合器在选定的进给方向驱动工作台移动进给。工作台上有固定工件的燕尾槽。这样，固定在工作台上的工件可作上下、前后及左右3个方向的移动。

此外，横溜板可绕垂直轴线左右旋转45°，因此工作台还能在倾斜方向进给，以加工螺旋槽。工作台上还可以安装圆工作台，使用圆工作台可铣削圆弧、凸轮，这时，其他3个方向的移动必须停止，要求通过机械和电气方式进行联锁。

4. 电力拖动形式及控制要求

铣床的主轴运动和工作台进给运动分别由单独的电动机拖动，并有不同的控制要求。

（1）主轴电动机 M1 空载时直接启动，为了实现顺铣和逆铣，要求在电气上能够实现正反转。为了提高工作效率，要求主轴电动机有停车制动控制，采用电动机定子绕组串电阻进行反接制动。为了减少负载波动对铣刀转速的影响，主轴上装有飞轮，使转动惯量很大。因此，为保证变速时齿轮易于啮合，要求变速时有主轴电动机冲动控制，并由机械变速系统来完成。

（2）工作台进给电动机 M2 采用直接启动，为满足纵向、横向、垂直方向的往返运动，要求电动机能正反转，各运动部件在3个方向上的运动由同一台进给电动机拖动正反转，并由手柄操作机械离合器选择进给运动的方向，即工作台的变速也由机械变速系统来完成，但是，在同一时间内，只允许一个方向上的运动，通过机械和电气方式来联锁。进给变速时，也需要变速冲动控制。为了提高工作效率，还需要各方向的快速移动。

（3）冷却泵电动机 M3 在铣削加工时提供切削液。

（4）加工零件时，为保证安全，要求主轴电动机启动以后，工作台电动机方能启动。

二、X62W 型卧式万能铣床电气控制原理图分析

1. 主线路分析

X62W 型卧式万能铣床电气控制原理图如图 4.4.3 所示。

在图 4.4.3 中，接触器 KM3 控制主轴电动机 M1 的启动及正常运行，组合开关 SA5 控制主轴电动机 M1 的正反转。接触器 KM2 的主触点串联两相电阻与速度继电器配合实现主轴电动机 M1 的反接制动停车，也可进行变速冲动控制。接触器 KM4、KM5 分别控制工作台电动机 M2 的正反转运动，接触器 KM6 控制快速移动电磁铁 YB 的通断。接触器 KM1 控制冷却泵电动机 M3 的启停。

2. 控制线路分析

（1）主轴电动机 M1 在不变速状态下的控制。由于该铣床设备多，线路复杂，为方便操作和确保安全，采用两地启停主轴电动机 M1。根据所用的铣刀，由万能转换开关 SA5 选择转向，合上电源刀开关 QS，按下按钮 SB1【11】或 SB2【12】两地操作按钮，接触器 KM3 线圈通电并自锁，使主轴电动机 M1 启动并运行。注意：在不变速状态下，同主轴变速手柄关联的主轴变速冲动限位开关 SQ7-1【8】和 SQ7-2【9】不受压。

当主轴电动机 M1 需要停止时，按下按钮 SB3【10、11】或 SB4【9、10】，接触器 KM3 线圈断电，主触点断开，主轴电动机停止转动，但速度继电器 KS 的正向触点 KS1【9】和

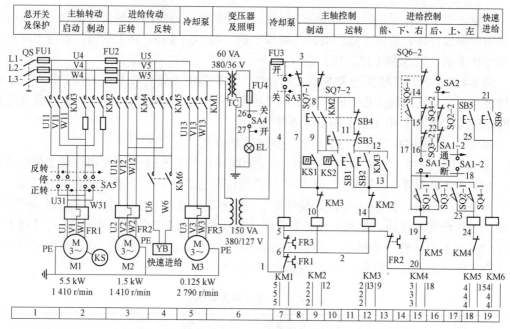

图 4.4.3　X62W 型卧式万能铣床电气控制原理图

反向触点 KS2【10】中有一个是闭合的，因此当接触器 KM3 断电后，反接制动接触器 KM2 立即通电，进行反接制动。

（2）主轴变速冲动控制。主轴变速时，首先将主轴变速手柄轻轻压下，使它从第一道槽内拔出，然后拉向第二道槽。当落入第二道槽内后，再旋转主轴变速盘，选好速度，将手柄以较快速度推回原位。若推不上时，再一次拉回来、推过去，直至手柄被推回原位，变速操作才完成。

在上述变速操作中，就在将手柄拉到第二道槽或从第二道槽推回原位的瞬间，通过变速手柄连接的凸轮将压下弹簧杆一次，而弹簧杆将碰撞变速冲动开关 SQ7-1【8】和 SQ7-2【9】，使其动作一次。这样，若原来主轴旋转着，则当变速手柄被拉到第二道槽时，主轴电动机 M1 被反接制动，速度迅速下降。当选好速度，将手柄推回原位时，冲动开关又动作一次，主轴电动机 M1 低速反转，有利于变速后的齿轮啮合。这样就实现了不停车直接变速。若主轴电动机原来处于停车状态，则在主轴变速操作中，SQ7 第一次动作时，主轴电动机 M1 反转一次，SQ7 第二次动作时，M1 又反转一次，故也可停车变速。当然，要求主轴在新的转速下运行时，需重新启动主轴电动机。

（3）工作台移动控制。从图 4.4.3 中可见，工作台移动控制线路电源的一端【13】串入接触器 KM3 的自锁触点 KM3（12-13）【13】，以保证只有主轴旋转后工作台才能进给的联锁要求。进给电动机 M2 由接触器 KM4 和 KM5 分别控制正反转。工作台移动方向由各自的操作手柄来选择。有两个操作手柄，一个为左右即纵向操作手柄，操作手柄有右、中、左 3 个位置，当将操作手柄转到右面时，通过其联动机构将纵向进给离合器挂上，同时将向右进给的按钮式限位开关 SQ1 压下，则 SQ1 动合触点 SQ1-1【15】闭合，而动断触点 SQ1-2【16】断开；当将操作手柄转到左面时，SQ2【16、17】受压。另一个为前后即横向和上下，亦即升降十字操作手柄，该手柄有 5 个位置，即上、下、前、后和中间零

239

位。当转动十字操作手柄时，通过联动机构，将控制运动方向的机械离合器合上，同时压下相应的限位开关，若向下或向前转动操作手柄，则 SQ3【15、16】受压；若向上或向后转动操作手柄，则 SQ4【15、18】受压。

图 4.4.3 中的万能转换开关 SA1【15、16、17】为圆工作台转换开关，它是一种二位式选择开关。当使用圆工作台时，SA1-2【17】闭合；当不使用圆工作台而使用普通工作台时，SA1-1【15】和 SA2【16】均闭合。

图 4.4.3 中的 SQ6【14、15】为进给变速冲动开关。

① 工作台左右（纵向）移动。此时除了万能转换开关 SA1 置于使用普通工作台位置外，十字手柄必须置于中间零位。十字手柄控制情况见表 4.4.1。若要工作台向右进给，则将纵向手柄扳向右，使 SQ1 受压，接触器 KM4 线圈通电，主触点闭合，进给电动机 M2 正转，工作台向右进给。如果操作者同时将十字手柄扳向工作位置，则 SQ4-2【15】和 SQ3-2【15】中必有一个断开，接触器 KM4 线圈就不能通电。由此，通过这种电气方式来实现工作台左右移动同前后及上下移动之间的互锁。

表 4.4.1　十字手柄控制情况

手柄位置	工作台运动方向	离合器连通的丝杆	压下的行程开关	接触器的动作	电动机的运转
上	向上进给或快速向上	垂直丝杆	SQ3	KM4	M2 正转
下	向下进给或快速向下	垂直丝杆	SQ4	KM3	M2 反转
前	向前进给或快速向前	横向丝杆	SQ4	KM3	M2 反转
后	向后进给或快速向后	横向丝杆	SQ3	KM4	M2 正转
中间零位	升降或横向进给停止	横向丝杆	—	—	—

如果要快速移动，则须按下按钮 SB5【18】或 SB6【19】不放，使接触器 KM6 以点动方式通电，快速电磁铁线圈 YB 通电，接上快速离合器，工作台向右快速移动。当松开按钮 SB5 或 SB6 以后，就恢复向右进给状态。

在工作台的左、右终端安装了撞块。当由于不慎向右进给至终端时，左右操作手柄就被右端撞块撞到中间停车位置，用机械方法使 SQ1 复位，从而使接触器 KM4 线圈断电，主触点断开，电动机 M2 停止转动，实现了限位保护。

工作台向左移动时线路的工作原理及分析方法与向右时相似，读者可自行分析。

② 工作台前后（横向）和上下（升降）移动。若要工作台向上进给，则将十字手柄转到"上"位，使 SQ4-1【18】和 SQ4-2【15】受压，接触器 KM5 线圈通电，进给电动机 M2 反转，工作台向上进给。在接触器 KM5 线圈通电的路径中，动断触点 SQ2-2【16】和 SQ1-2【16】用于工作台前后及上下移动同左右移动之间的互锁。

同理，若要快速上升，按下按钮 SB5 或 SB6 即可。另外，也设置了上、下限位保护用终端撞块。工作台的向下移动控制原理和分析方法与向上移动类似。

若要工作台向前进给，则只需将十字手柄扳向前，使 SQ3 受压，接触器 KM4 线圈通电，进给电动机 M2 正转，工作台向前进给。若要工作台向后进给，则将十字手柄向后扳动即可。

③ 主轴停车，快速移动工作台。可在主轴停止时进行快速移动，这时可将主轴电动机 M1 的换向开关 SA5【2】扳在停止位置，然后扳动所选方向的进给手柄，按下主轴启动按钮和快速按钮，KM4 或 KM5 及 KM6 通电，工作台便可沿选定方向快速移动。

（4）工作台各运动方向的联锁。在同一时间内，工作台只允许向一个方向移动，各运动方向之间的联锁是利用机械和电气两种方法来实现的。

工作台的向左、向右控制是同一手柄操作的，手柄本身起到左右移动的联锁作用。类似的，工作台的前、后、上、下 4 个方向的联锁是通过十字手柄本身来实现的。

工作台的左右移动同上下及前后移动之间的联锁是利用电气方法来实现的，电气联锁原理已在工作台移动控制原理分析中讲到了，此处不再赘述。

（5）工作台进给变速冲动控制。与主轴变速类似，为了使变速时齿轮易于啮合，控制线路中也设置了瞬时冲动控制环节。变速应在工作台停止移动时进行，操作过程是：先启动主电动机 M1，拉出蘑菇形变速手轮，同时转动到所需的进给速度，再把手轮用力往外一拉，并立即推回原位。

在手轮被拉到极限位置时，其连杆机构推动冲动开关 SQ6，使 SQ6-2【15】断开，SQ6-1【14】闭合。由于手轮被很快推回原位，故 SQ6 短时动作，接触器 KM4 线圈短时通电，电动机 M2 短时冲动。

可见，左右操作手柄和十字手柄中只要有一个不在中间停止位置，此电流通路便被切断。但是，在这种工作台朝某一方向运动的情况下进行变速操作，由于没有使进给电动机 M2 停转的电气措施，因而在转动手轮改变齿轮传动时可能会损坏齿轮，这种误操作必须严格禁止。

（6）圆工作台控制。在使用圆工作台时，要将圆工作台万能转换开关 SA1 置于圆工作台"接通"位置，而且必须将左右操作手柄和十字手柄置于中间停止位置。接着，按下主轴启动按钮 SB1【11】或 SB2【12】，主轴电动机 M1 便启动，而进给电动机 M2 也因 KM4 的通电而旋转。由于圆工作台的机械传动已链接上，故它也跟着旋转。

可见，在接触器 KM4 线圈接通的过程中 SQ1～SQ4 动断触点为互锁触点，起着圆工作台转动与工作台 3 种移动的联锁保护作用。圆工作台也可通过蘑菇形变速手轮变速。另外，当圆工作台的万能转换开关 SA1 置于"断开"位置，而左右操作手柄及十字手柄置于中间零位时，也可用手动机械方式使它旋转。

（7）冷却泵电动机的控制。冷却泵电动机 M3 的起停由万能转换开关 SA3【7】直接控制，无失压保护功能，不影响安全操作。

3. 辅助线路及保护环节分析

铣床的局部照明由控制变压器 TC【6】供给 36 V 安全电压，灯开关为 SA4【6】。

主轴电动机 M1、进给电动机 M2 和冷却泵电动机 M3 为连续工作制，由热继电器 FR1、FR2 和 FR3 分别实现过载保护。当主轴电动机 M1 过载时，FR1 动作，其动断触点 FR1（6-1）【7】切除整个控制线路的电源。当冷却泵电动机 M3 过载时，FR3 动作，其动断触点 FR3（5-6）【7】断开，切除进给电动机 M2 和冷却泵电动机 M3 的控制电源。当进给电动机 M2 过载时，热继电器 FR2 动作，其动断触点【13】断开，使冷却泵电动机脱离电源。

由熔断器 FU1【1】、FU2【2】实现主线路的短路保护，由熔断器 FU3【7】实现控制线路的短路保护，由熔断器 FU4【6】实现照明线路的短路保护。另外，还有工作台终端极限保护和各种运动的联锁保护，具体过程前面已详细叙述了。

三、X62W 型卧式万能铣床电气元件介绍

X62W 型卧式万能铣床电气元件明细表见表 4.4.2。

表 4.4.2 X62W 型卧式万能铣床电气元件明细表

符号	元件名称	型号	规格	数量	用途
M1	主轴电动机	JD02－51－4	5.5 kW, 1 440/2 880 r/min	1 台	主轴转动
M2	工作台进给电动机	JO2－22－4	1.5 kW, 1 410 r/min	1 台	工作台进给
M3	冷却泵电动机	JCB－22	0.125 kW, 2 790 r/min	1 台	进给冷却液
KM1	交流接触器	CJ0－20	10 A, 127 V	1 个	控制 M3
KM2	交流接触器	CJ0－20	20 A, 127 V	1 个	主轴电动机 M1 制动
KM3	交流接触器	CJ0－20	20 A, 127 V	1 个	主轴电动机 M1 启动
KM4	交流接触器	CJ0－10	10 A, 127 V	1 个	控制进给电动机 M2
KM5	交流接触器	CJ0－10	10 A, 127 V	1 个	控制进给电动机 M2
KM6	交流接触器	CJ0－10	10 A, 127 V	1 个	控制 YA
FU1	熔断器	RL1	60/35 A	3 个	总电源短路保护
FU2	熔断器	RL1	15/10 A	3 个	M2、M3 短路保护
FU3	熔断器	RL1	15/6 A	2 个	控制线路短路保护
FU4	熔断器	RL1	15/6 A	2 个	照明线路短路保护
QS	刀开关	HD11－60/3	60 A, 三级	1 个	电源总开关
SA1	组合开关	HZ1－10/2	10 A, 三级	1 个	原工作台转换
SA2	组合开关	HZ1－10/2	10 A, 二级	1 个	工作台转换
SA3	组合开关	HZ10－10/2	10 A, 二级	1 个	冷却泵开关
SA4	组合开关	HZ3－133/3	20 A, 三级	1 个	照明灯开关
SA5	组合开关	HZ10－10/2	10 A, 二级	1 个	M1 电源换相
SB1	按钮	LA2	5 A, 500 V	1 个	紧急停车按钮
SB2	按钮	LA2	5 A, 500 V	1 个	主轴运转
SB3	按钮	LA2	5 A, 500 V	1 个	主轴制动
SB4	按钮	LA2	5 A, 500 V	1 个	主轴制动
SB5	按钮	LA2	5 A, 500 V	1 个	工作台快速移动
SB6	按钮	LA2	5 A, 500 V	1 个	工作台快速进给

符号	元件名称	型号	规格	数量	用途
SQ1	行程开关	KX1－11K	开启式	1个	工作台向右进给
SQ2	行程开关	KX1－11K	开启式	1个	工作台向左进给
SQ3	行程开关	LX2－131	自动复位	1个	向前向下进给
SQ4	行程开关	LX2－131	自动复位	1个	向后向上进给
SQ6	行程开关	LX2－11K	开启式	1个	进给变速冲动
SQ7	行程开关	LX2－11K	开启式	1个	主轴变速冲动
R	制动电阻	ZB2	1.45 W，15.4 A	1个	限制制动电流
FR1	热继电器	JR0－40/3	额定电流16 A，整定电流14.85 A	1个	电动机 M1 过载保护
FR2	热继电器	JR0－40/3	热元件编号10，整定电流3.42 A	1个	电动机 M2 过载保护
FR3	热继电器	JR0－40/3	热元件编号1，整定电流0.415 A	1个	电动机 M3 过载保护
TC	控制变压器	BK－200	380/127，36	1个	控制、照明线路的低压电源
EL	照明灯泡	K－2，螺口	36 V，40 W	1个	铣床局部照明
KS	速度继电器	JY1	380 V，2 A	1个	反接制动控制
YB	牵引电磁铁	MQ1－5141	线圈低压380 V	1个	拉力150 N，工作台快速进给

四、X62W 型卧式万能铣床电气控制线路的特点

（1）电气控制线路与机械配合比较密切。例如，配有同方向操作手柄相关的限位开关和同变速手柄或手轮关联的冲动开关，各种运动之间的联锁既可通过电气方式也可通过机械方式来实现。

（2）进给控制线路中的各种开关进行了巧妙的组合，既达到了一定的控制目的，也实现了完善的电气联锁。

（3）控制线路中设置了变速冲动控制，有利于齿轮的啮合，使变速控制顺利进行。

（4）采用两地控制，操作方便。

实训操作：X62W 型卧式万能铣床电气控制线路的检修

一、所需的工具、设备和技术资料

（1）常用电工工具、万用表。

（2）X62W 型卧式万能铣床或模拟台。

（3）X62W 型卧式万能铣床电气控制原理图和电气安装接线图。

二、铣床电气调试

（1）安全措施调试过程中，应做好安全措施，如有异常情况应立即切断电源。

（2）调试步骤：

① 根据电动机功率设定过载保护值。

② 接通电源，合上开关 SQ1。

③ 将主轴换向开关 SA3 扳到"正转"位置，按下启动按钮 SB1 或 SB2，使主轴电动机 M1 旋转一下，立即轻轻按下停止按钮 SB5 或 SB6，使主轴电动机 M1 惯性旋转，观察主轴旋转方向与要求是否相符，如不相符，对调主轴电动机 M1 电源相序。

④ 将转换开关 SA1 扳向"接通"位置，借助换铣刀扳手看是否能扳动主轴，不能扳动说明主轴能够制动，制动离合器通电良好。

⑤ 在主轴电动机停止状态进行主轴变速。观察主轴变速时是否有冲动现象，如没有则检查、调整主轴变速冲动开关 SQ1 位置。

⑥ 启动主轴电动机 M1，将工作台左右操作手柄扳向左，观察工作台进给方向是否向左进给。如不向左而向右进给，将操作手柄扳到中间位置，再将工作台上、下、前、后操作手柄扳向前，观察工作台是否向前进给，如不向前而向后进给，说明进给电动机 M2 相序不正确，切断电源对调电动机 M2 相序。如向前进给，说明左、右进给位置开关 SQ5 上的 17#线和 SQ6 上的 21#线相互接错，对调接线即可。同理，如果能向左进给，不向前进给，而向后进给，说明下、前进给位置开关 SQ3 上的 17#线和上、后位置开关 SQ4 的上 21#线相互接错，对调即可。在调试过程中，如果工作台进给速度相当快，说明正常进给电磁离合器 YC2 的 107#线与快速进给电磁离合器 YC3 的 108 #线相互接错，对调接线即可。

注意：只能对调导线，不能对调导线编号！

⑦ 将工作台所有操作手柄置于中间位置，进行工作台变速，观察工作台变速时是否有冲动现象，如没有，则检查调整主轴变速冲动开关 SQ2 位置。

三、注意事项

（1）要充分观察和熟悉 X62W 型卧式万能铣床的工作过程。

（2）熟悉电气元件的安装位置、走线情况以及各操作手柄处于不同位置时位置开关的工作状态以及运动方向。

（3）检修前要认真阅读铣床电气控制原理图，熟悉、掌握各个控制环节的原理及作用。

（4）X62W 型卧式万能铣床的电气控制与机械结构的配合十分密切，因此在出现故障时应判明是机械故障还是电气故障。

（5）修复故障恢复正常时，要注意消除产生故障的根本原因，以避免频繁出现相同的故障。

（6）故障设置时，应模拟成实际使用中出现的自然故障现象。

（7）故障设置时，不得更改线路或更换电气元件。

（8）指导教师必须在现场密切注意学生的检修，随时做好应急措施。

四、评分表

评分表见表 4.4.3。

表 4.4.3 "X62W 型卧式万能铣床电气控制线路的检修"评分表

项目	技术要求	配分	评分细则	评分记录
设备调试	调试步骤正确	10	调试步骤不正确，每步扣 1 分	
	调试全面	10	调试不全面，每项扣 2 分	
	故障现象明确	10	故障现象不明确，每个故障扣 2 分	
故障分析	在电气控制原理图上分析故障可能的原因，思路正确	30	错标或标不出故障范围，每个故障点扣 4 分	
			不能标出最小的故障范围，每个故障点扣 2 分	
故障排除	正确使用工具和仪表，找出故障点并排除故障	40	实际排除故障中思路不清楚，每个故障点扣 2 分	
			每少查出一次故障点扣 2 分	
			每少排除一次故障点扣 2 分	
			排除故障方法不正确，每处扣 1 分	
其他	操作正确		排除故障时，产生新的故障后不能自行修复，每个扣 3 分；已经修复，每个扣 1.5 分	
			损坏电动机，扣 10 分	
	准时		每超过 5 min，从总分中倒扣 2 分，但不超过 5 分	
安全、文明生产	满足安全、文明生产要求		违反安全、文明生产规定，从总分中倒扣 5 分	

维护操作

（1）故障现象：主轴电动机停车后出现短时反向旋转的情况。其可能原因及处理方法见表 4.4.4。

表 4.4.4 可能原因及处理方法

可能原因	处理方法
速度继电器的弹簧调得过松，使触点分断过迟	重新调整速度继电器的弹簧到符合要求

（2）故障现象：按下停止按钮后主轴电动机不停。其可能原因及处理方法见表4.4.5。

表 4.4.5　可能原因及处理方法

可能原因	处理方法
在按下停止按钮后，接触器 KM3 不释放，说明接触器 KM3 主触点熔焊	处理接触器 KM3 被熔焊的主触点或更换接触器 KM3
在按下停止按钮后，KM3 能释放，KM2 吸合后有"嗡嗡"声，或转速过低，说明制动接触器 KM2 主触点只有两相接通，电动机不会产生反向转矩，使电动机缺相运行	重新接好接触器 KM2 主触点进、出线接头
在按下停止按钮后电动机能反接制动，但放开停止按钮后，电动机又再次启动，表明启动按钮在启动电动机 M1 后绝缘被击穿	更换主轴电动机的启动按钮

（3）故障现象：主轴不能变速冲动。其可能原因及处理方法见表4.4.6。

表 4.4.6　可能原因及处理方法

可能原因	处理方法
主轴变速行程开关 SQ7 位置移动、撞坏或断线	重新安装行程开关 SQ7，若有撞坏或断线现象，予以修复或更换

（4）故障现象：主轴电动机不能启动。其可能原因及处理方法见表4.4.7。

表 4.4.7　可能原因及处理方法

可能原因	处理方法
控制线路熔断器 FU3 或 FU4 熔体熔断	更换熔断器 FU3 或 FU4 的熔体
主轴换相开关 SA5 在停止位置	调整主轴换相开关 SA5 到合适的位置
按钮 SB1、SB2、SB3 或 SB4 的触点接触不良	紧固接触不良的按钮接线，修复、清理触点表面的氧化物和污垢
主轴变速冲动行程开关 SQ7 的动断触点接触不良	紧固行程开关 SQ7 的动断触点的接线，对触点进行修复及切除触点上的氧化物和污垢
热继电器 FR1、FR3 已经动作，但没有复位	重新调整热继电器 FR1、FR3 的触点

（5）故障现象：主轴停车时没有制动。其可能原因及处理方法见表4.4.8。

表 4.4.8　可能原因及处理方法

可能原因	处理方法
在按下停止按钮后反接制动接触器 KM2 不吸合	查找接触器 KM2 触点不吸合的原因并处理
速度继电器或按钮支路出现故障，导致在操作主轴变速冲动手柄时有冲动，但主轴停车时没有制动	处理速度继电器或按钮支路

可能原因	处理方法
KM2、R 的制动回路存在缺两相故障	查找缺两相的原因并予以处理
速度继电器的动合触点断开过早	查找速度继电器过早断开的原因,并予以处理

（6）故障现象：工作台各个方向都不能进给。其可能原因及处理方法见表 4.4.9。

表 4.4.9 可能原因及处理方法

可能原因	处理方法
控制线路电压可能不正常	用万用表检查各个线路的电压是否正常,若控制线路的电压正常,可扳动手柄到任一运动方向,观察其相关的接触器是否吸合,若吸合则控制线路正常
控制线路的接触器不吸合	查明接触器不吸合的原因,并予以处理
接触器主触点接触不良	紧固接触器主触点接线,清除表面污垢、氧化物以及修复触点
电动机接线脱落或绕组断路	重新接线或重新绕制,更换电动机绕组

（7）故障现象：工作台不能快速进给。其可能原因及处理方法见表 4.4.10。

表 4.4.10 可能原因及处理方法

可能原因	处理方法
线头脱落、线圈损坏或机械卡死导致牵引电磁铁线路不通	如线头脱落,则接好线;如线圈损坏,则更换线圈;如机械卡死,则查找卡死原因并予以处理
杠杆卡死或离合器摩擦片间隙调整不当	如杠杆卡死,则查找原因并予以处理;如离合器摩擦片间隙调整不当,则重新调整离合器的间隙,使其符合要求

（8）故障现象：工作台不能向上进给。其可能原因及处理方法见表 4.4.11。

表 4.4.11 可能原因及处理方法

可能原因	处理方法
接触器 KM5 不动作	找到接触器 KM5 不动作的原因并予以处理
行程开关 SQ4－1 未接通	查找行程开关 SQ4－1 未接通的原因并予以处理
接触器 KM4 的动断联锁触点接触不良	紧固接触器 KM4 的动断联锁触点的接线并清理或修复触点表面
热继电器不动作	查找热继电器不动作的原因并予以处理
手柄位置不正确	查找手柄位置不正确的原因并予以修正
机械磨损或位移使操作失灵,导致操作手柄的位置不正确	对机械磨损或位移使操作失灵故障予以修复

相关说明：检查时可依次进行快速进给、进给变速冲动或圆工作台向前进给、向左进

给及向后进给的控制，若上述操作正常则可缩小故障的范围，然后逐个检查故障范围内的各个元件和接点。

（9）故障现象：工作台左、右（纵向）不能进给。其可能原因及处理方法见表4.4.12。

表 4.4.12   可能原因及处理方法

可能原因	处理方法
纵向或垂直进给不正常，导致进给电动机M2、主线路、接触器KM5和KM4、行程开关SQ1和SQ3-1及与纵向进给相关的公共支路都不正常。此时 SQ6-2（13-14）、SQ4-2（14-15）、SQ3-2（15-16）中至少有一对触点接触不良或损坏，导致工作台不能向左或向右进给	应首先检查纵向或垂直进给是否正常。如果正常，则进给电动机M2、主线路、接触器KM1和KM4、SQ1、SQ3-1及与纵向进给相关的公共支路都正常；如果不正常，则应检查SQ6-2（13-14）、SQ4-2（14-15）、SQ3-2（15-16）等的触点，对其中有问题的触点进行清理修复，若损坏，应更换
SQ6 变速冲动开关常因变速时手柄操作过猛而损坏	若 SQ6 变速冲动开关损坏，应修复或更换

任务 5   T68 型卧式镗床电气控制线路的分析与检修

任务目标

（1）熟悉 T68 型卧式镗床的主要结构、运动形式及电力拖动控制要求。
（2）掌握 T68 型卧式镗床的电气控制原理图的分析方法。
（3）熟悉 T68 型卧式镗床电气控制线路的特点。
（4）熟悉 T68 型卧式镗床的常见故障现象及处理方法。

知识储备

镗床是一种精密加工机床，主要用于加工工件上要求精确度高的孔，通常这些孔的轴线之间要求有严格的垂直度、同轴度、平行度以及精确的间距。由于镗床本身刚性好，其可动部分在导轨上的活动间隙很小，且有附加支撑，因此镗床常用来加工箱体零件，如主轴箱、机床的变速箱等。

按用途不同，镗床可以分为立式镗床、卧式镗床、坐标镗床、金刚镗床和专门镗床等。本任务以 T68 型卧式镗床为例进行分析和讲解。

一、T68 型卧式镗床概述

1. T68 型卧式镗床的结构

T68 型卧式镗床的结构如图 4.5.1 所示。它主要由床身、前立柱、镗头架、后立柱、尾座、上溜板、下溜板、工作台、镗轴、平旋盘等组成。

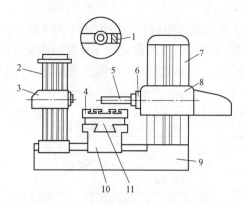

图 4.5.1　T68 型卧式镗床的结构

1—刀具溜手推车；2—后立柱；3—尾座；4—工作台；5—镗轴；6—平旋盘；
7—前立柱；8—镗头架；9—床身；10—下溜板；11—上溜板

2. 型号含义

T68 型卧式镗床的型号含义如图 4.5.2 所示。

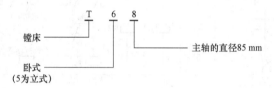

图 4.5.2　T68 型卧式镗床的型号含义

3. T68 型卧式镗床的运动形式

T68 型卧式镗床的主要运动有：

（1）主运动，包括镗轴和平旋盘的旋转运动。

（2）进给运动，包括镗轴的轴向进给、平旋盘刀具溜板的径向进给、镗头架的垂直进给、工作台的纵向进给以及横向进给。

（3）辅助运动，包括工作台的旋转运动、后立柱的轴向移动及尾座的垂直运动。

4. T68 型卧式镗床对电力拖动的要求

（1）T68 型卧式镗床的主运动和各种常速进给运动都由一台电动机拖动，快速进给运动由快速进给电动机拖动。

（2）主轴应有较大的调速范围，且要求恒功率调速，通常采用机械电气联合调速。

（3）变速时，为了使滑移齿轮顺利进入啮合，控制线路中还设有变速低速冲动环节。

（4）主轴能进行正反转低速点动调整，以实现主轴电动机的正反转控制。

（5）为了使主轴电动机能够迅速准确地停车，在主轴电动机中还应设有电气制动环节。

（6）由于镗床的运动部件较多，故须采取必要的联锁与保护。

二、T68 型卧式镗床的电气控制线路分析

T68 型卧式镗床电气控制原理图如图 4.5.3 所示。图中 M1 是主轴电动机，它通过变速箱等传动机构拖动镗床的主运动和进给运动，同时还拖动润滑油泵；M2 是快速移动电动机，它主要用来实现主轴箱与工作台的快速移动。

主轴电动机是一台 4/2 极的双速电动机，绕组接法为三角形/双星形，它可进行点动或连续正反转的控制，停车制动采用由速度继电器 KS 控制的反接制动。为了限制制动电流和减少机械冲击，M1 在制动、点动及主运动进给的变速冲动控制时均串入电阻。

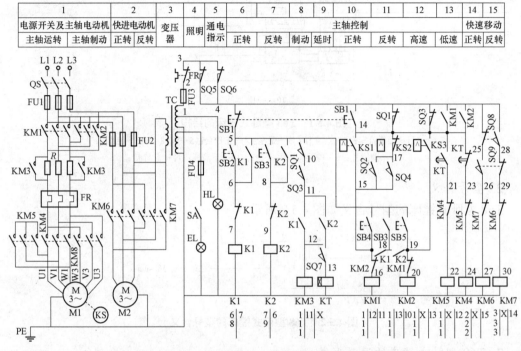

图 4.5.3　T68 型卧式镗床电气控制原理图

主轴电动机 M1 用 5 个接触器进行控制，其中接触器 KM1 和 KM2 分别控制主轴电动机正、反转运行，接触器 KM3 控制制动电阻 R 的短接，接触器 KM4、KM5 和 KM8 分别控制主轴电动机的低速和高速运转，速度继电器 KS 控制主轴电动机正反转停车时的反接制动。除此之外，由于快速进给电动机正反转运行时工作时间短，故不必用热继电器作过载保护。

接触器 KM6 和 KM7 分别控制快速进给电动机 M2 的正、反转运行，熔断器 FU2 对快速进给电动机 M2 实现短路保护。由于快速进给电动机 M2 为短时运行工作制，故不需设过载保护。

1. 主轴电动机启动前的准备

（1）合上电源开关 QS，以引入电源，此时电源指示灯 HL 亮，然后合上照明开关 SA【4】，局部照明灯 EL 亮。

（2）选择好所需的主轴转速和进给量，通常主轴变速行程开关 SQ1 是压下的（即其动合触点闭合，动断触点断开），主轴变速时才复位。行程开关 SQ2 是在主轴变速手柄推不上时被压下的。进给变速行程开关 SQ3 在平时是压下的（即其动合触点闭合，动断触点断开），而在进给变速时才复位。SQ4 是在进给变速手柄推不上时压下的。

（3）调整好主轴箱和工作台的位置。调整后行程开关 SQ5 和 SQ6 的动断触点均应处于接通状态。

2. 主轴电动机的控制

（1）主轴电动机的正反转控制。

准备就绪之后，就可以进行主轴电动机的正反转和点动控制过程的操作了。当需要主轴电动机正转时，按下主轴电动机正转时的启动按钮 SB2【6】，正转对应的中间继电器 K1 线圈通电并自锁，其动合触点 K1（11-12）【8】闭合，使接触器 KM3 线圈通电并吸合，KM3 的动合触点 KM3（5-18）【11】闭合，又使接触器 KM1 线圈通电吸合，其动合触点 KM1（4-14）【12】闭合，进而使接触器 KM4 的线圈随之通电吸合。主触点将电动机的定子绕组接成三角形，为此主轴电动机在额定电压下直接正向启动，此时接触器 KM3 的主触点闭合，将制动电阻 R 短接，电动机低速运行。

同理，当电动机需要反转时，按下反转启动按钮 SB3【7】，控制主轴电动机反转的中间继电器 K2 的线圈通电吸合，使接触器 KM3 线圈通电吸合，随之接触器 KM2、KM4 的线圈相继通电吸合，电动机反向启动，低速运行。

（2）主轴电动机的点动控制。

主轴电动机由正反转点动按钮 SB4【10】、SB5【11】和正反转接触器 KM1、KM2 以及低速接触器 KM4 构成低速点动控制环节。点动控制时，由于接触器 KM3 未通电，因此，主轴电动机串入电阻接成三角形低速启动。点动按钮松开后，主轴电动机自然停车，若此时电动机转速较高，则可将停止按钮 SB1 按到底，以实现快速停车。

（3）主轴电动机的低速/高速转换控制。

低速时主轴电动机 M1 的定子绕组接成三角形，而高速时主轴电动机 M1 的定子绕组接成双星形，转速提高一倍。

若电动机处于停车状态，且需要电动机高速启动旋转时，将主轴速度选择手柄 SQ7 打到调整挡位，此时行程开关 SQ7 被压下，其动合触点 SQ7（12-13）【9】闭合，此时再按下启动按钮 SB2，接触器 KM3 线圈通电的同时，时间继电器 KT 的线圈也通电吸合。经过 1～3 s 的延时后，其延时断开的动断触点 KT（14-23）【13】断开，接触器 KM4 线圈断电，主触点断开，主轴电动机脱离电源；同时时间继电器 KT 延时闭合的动合触点 KT（14-21）【12】闭合，使接触器 KM5 通电吸合，主触点闭合，将主轴电动机 M1 的定子绕组接成双星形并重新接通三相电源，从而使主轴电动机由低速运转变成高速运转，实现电动机从低速挡启动，然后再自动换接成高速挡运转的自动控制。

若电动机原来处于低速运转形态，则只需要将主轴速度选择手柄 SQ7 打到高速挡位，主轴电动机经过 1～3 s 的延时后，将自动换接成高速挡运行。

（4）主轴电动机的停车与制动控制。

在主轴电动机 M1 运行中可按下停止按钮 SB1 来实现主轴电动机 M1 的停车和制动控制。由 SB1，速度继电器 KS 的动合触点以及接触器 KM1、KM2 和 KM3 构成主轴电动机的正反转反接制动的控制环节。

以主轴电动机 M1 运行在低速正转状态为例，此时 K1、KM1、KM3、KM4 均通电吸合，速度继电器 KS 的正转动合触点 KS3（14-19）【12】闭合，为正转反接制动做准备。当按下停车按钮 SB1 时，其触点 SB1（4-5）【6】先断开，使 K1、KM3 断电释放，触点 K1【11】、KM3（5-18）【11】断开，使接触器 KM1 线圈断电释放，切断了主轴电动机正向电源。而另一触点 SB1（4-14）【10】闭合，经 KS3（14-19）【12】触点使接触器 KM2

断电，其触点 KM2（4—14）【13】闭合，使接触器 KM4 通电，于是主轴电动机定子串入限流电阻进行反接制动。当电动机转速降低到速度继电器 KS 释放值时触点 KS3（14—19）【12】断开，使接触器 KM2、KM4 相继断电，反接制动结束，主轴电动机 M1 自由停车。注意：在停车操作时，必须将停车按钮按到底，使 SB1 的动合触点闭合，否则将不能实现反接制动停车，而是自由停车。

若主轴电动机已运行在高速正转状态，当按下按钮 SB1 后，K1、KM3、KT 立即断电。随后使接触器 KM1 断电，KM2 通电，同时接触器 KM5 断电，KM4 通电。于是，主轴电动机串入电阻，电动机定子绕组接成三角形，进行反接制动，直到速度继电器 KS 释放，反接制动结束，以后主轴电动机自由停车。

（5）主轴电动机的主轴变速与进给变速控制。

T68 型卧式镗床的主运动与进给运动的速度变换，是用变速操作盘来调节改变变速传动系统而得到的。T68 型卧式镗床的主轴变速和进给变速既可在主轴与进给电动机中预选速度，也可在电动机运行中进行变速。变速时为便于齿轮的啮合，主轴电动机在连续低速的状态下运行。

① 变速操作过程。主轴变速时，首先将主轴变速操作盘上的操作手柄拉出，然后转动变速盘，选好速度后，将操作手柄推回。在拉出与推回的同时，与操作手柄有联系的行程开关 SQ1 不受压而复位，使 SQ1（5—10）【8】断开，SQ1（4—14）【11】闭合，在主轴变速操作盘的操作手柄拉出而没有推回时，SQ2 被压，其动合触点 SQ2（17—15）【11】闭合。推回操作手柄时压合情况正好相反。

② 主轴运行中的变速控制过程。主轴在运行中需要变速时，可将主轴变速操作手柄拉出，此时行程开关 SQ1（5—10）【8】不再被压而断开，使 KM3、KT 线圈断电而释放，接触器 KM1（或 KM2）线圈也随之断电释放，主轴电动机 M1 脱离电源而断电，但由于惯性的作用而继续旋转。由于 SQ1（4—14）【11】闭合，而速度继电器的正转动合触点 KS3（14—19）【12】或反转动合触点 KS1（14—15）【10】早已闭合，所以接触器 KM2（或 KM1）、KM4 线圈通电吸合，主轴电动机 M1 在低速状态下串入制动电阻 R 进行反接制动。当转速下降到速度继电器复位时的转速（约 100 r/min）时，速度继电器的动合触点断开，制动过程结束，此时便可以操作变速操作盘进行变速，变速后，将操作手柄推回复位，使 SQ1 被压，而 SQ2 不被压，SQ1、SQ2 的触点恢复到原来的状态，SQ1（5—10）【8】闭合，SQ1（4—14）【11】、SQ2（17—15）【11】断开，使接触器 KM3、KM1（或 KM2）、KM4 的线圈相继通电吸合。电动机按原来的转向启动，而主轴则在新的转速下运行。

变速时，若因齿轮啮合不上，操作手柄推不回时，行程开关 SQ2 处于被压下的状态，SQ2 的动合触点 SQ2（17—15）【11】闭合，速度继电器的动断触点 KS2（14—17）【11】也已经闭合，接触器 KM1 经触点 KS2（14—17）【11】、SQ1（4—14）【11】接通电源，同时接触器 KM4 通电，电动机在低速状态下串入降压电阻 R 正向启动。当转速升高到接近 120 r/min 时，速度继电器又动作，KS2（14—17）【11】又断开，接触器 KM1、KM4 线圈断电释放，主轴电动机 M1 断电，同时 KS3（14—19）【12】闭合，主轴电动机被反接制动。当转速降到 100 r/min 时，速度继电器复位，KS3（14—19）【12】断开，KS2（14—17）【11】再次闭合，使接触器 KM1、KM4 线圈通电而再次吸合，主轴电动机 M1 在低速状态下串入降压电阻 R 启动。由此主轴电动机 M1 在 100～120 r/min 的转速范围内重复动作，直到齿轮啮合后，主轴操作手柄被推回，SQ2 不被压，SQ1 被压为止，触点 SQ1（4–14）【11】断开，SQ2（17–15）【11】断开，变速冲动过程结束。

　　如果变速前主轴电动机处于停止状态，则变速后主轴电动机也处于停止状态；如果变速前主轴电动机处于低速运转状态，则由于中间继电器 K1 仍处于通电状态，变速后主轴电动机仍处于三角形连接的低速运转状态。如果电动机变速前处于高速正转状态，那么变速后，主轴电动机仍先接成三角形，经过延时后，才进入双星形的高速正转状态。

　　进给变速控制和主轴变速控制过程相同，只是拉开进给变速操作手柄时，与其联动的行程开关是 SQ3、SQ4。当操作手柄被拉出时，SQ3 不被压，SQ4 被压；操作手柄被推回复位时，SQ3 被压而 SQ4 不被压。

　　3. 快速进给电动机的控制

　　为了缩短辅助时间，镗床各部件的快速移动由快速移动操作手柄控制，通过快速移动电动机 M2 拖动。运动部件及其运动方向的确定由装设在工作台前方的操作手柄操作。控制则用镗头架上的快速移动操作手柄完成。当将快速移动操作手柄向里推时，压合行程开关 SQ9，接触器 KM6 线圈通电吸合，快速移动电动机 M2 正转，通过齿轮、齿条等机械机构实现正向快速移动。松开操作手柄，SQ9 复位，接触器 KM6 线圈断电释放，快速移动电动机 M2 停转。反之，将快速移动操作手柄向外拉时，压下行程开关 SQ8，接触器 KM7 线圈通电吸合，快速移动电动机 M2 反向启动，实现快速反向移动。

　　4. T68 型卧式镗床的联锁保护

　　T68 型卧式镗床的运动部件较多，为防止镗床或刀具损坏，保证主轴进给和工作台进给不能同时进行，将行程开关 SQ5、SQ6 并联接在主轴电动机 M1 和快速移动电动机 M2 的控制线路中。SQ5 是与工作台和镗头架自动进给操作手柄联动的行程开关，当手柄操作工作台和镗头架进给时，SQ5 受压，其动断触点断开。SQ6 是与主轴和平旋盘刀架自动进给操作手柄联动的行程开关，当手柄操作主轴和平旋盘刀架自动进给时，SQ6 被压，其动断触点 SQ6（3–4）【5】断开。而主轴电动机 M1、快速移动电动机 M2 必须在 SQ1、SQ2 中至少有一个处于闭合状态的情况下才能工作，如果两个操作手柄都处于进给位置，则 SQ1、SQ2 都断开，将控制线路切断，使主轴电动机停止，快速移动电动机也不能启动，从而实现联锁保护。

三、T68 型卧式镗床电气元件介绍

T68 型卧式镗床电气元件明细表见表 4.5.1。

表 4.5.1　T68 型卧式镗床电气元件明细表

符号	元件名称	型号	规格	数量	用途
M1	主轴电动机	JO02–51–4/2	55/7.5，1 440/2 880 r/min	1 台	主轴转动
M2	快速移动电动机	JO2–32–4	3 kW，1 430 r/min	1 台	工作台进给
KM1	交流接触器	CJ0–40	40 A，127 V	1 个	主轴电动机 M1 正转
KM2	交流接触器	CJ0–40	40 A，127 V	1 个	主轴电动机 M1 反转

符号	元件名称	型号	规格	数量	用途
KM3	交流接触器	CJ0－40	40 A，127 V	1 个	短接制动电阻 R
KM4	交流接触器	CJ0－40	40 A，127 V	1 个	把定子绕组接成三角形，低速
KM5	交流接触器	CJ0－40	40 A，127 V	1 个	把定子绕组接成双星形，高速
KM6	交流接触器	CJ0－40	40 A，127 V	1 个	快速移动电动机 M2 正转
KM7	交流接触器	CJ0－40	40 A，127 V	1 个	快速移动电动机 M2 反转
KM8	交流接触器	CJ0－40	40 A，127 V	1 个	把定子绕组接成双星形，高速
KT	时间继电器	JS7－2A	线圈电压 127 V 整定时间 3 s	1 个	主轴变速延时
FU1	熔断器	RL1－60	配熔体 40 A	3 个	电源总短路保护
FU2	熔断器	RL1－60	配熔体 15 A	3 个	M2 短路保护
FU3	熔断器	RL1－15	2 A	1 个	控制线路短路保护
FU4	熔断器	RL1－15	2 A	1 个	照明线路短路保护
FR	热继电器	JR0－40/3D	整定电流 16 A	1 个	电动机 M1 过载保护
QS	组合开关	HD2－60/3	60 A，三级	1 个	电源总开关
SA	组合开关	HZ2－10/3	10 A，三级	1 个	照明灯开关
SB1	按钮	LA2	复合按钮，5 A，500 V	1 个	停车按钮
SB2	按钮	LA2	5 A，500 V	1 个	主轴正向启动
SB3	按钮	LA2	5 A，500 V	1 个	主轴反向启动
SB4	按钮	LA2	5 A，500 V	1 个	主轴正向点动
SB5	按钮	LA2	5 A，500 V	1 个	主轴反向点动
SQ1	行程开关	LX1－11K	开启式	1 个	主轴变速行程开关，主轴变速时复位
SQ2	行程开关	LX1－11K	开启式	1 个	在主轴变速操作手柄推回上时压下
SQ3	行程开关	LX1－11K	开启式	1 个	进给变速行程开关，进给变速时复位
SQ4	行程开关	LX1－11K	开启式	1 个	进给变速操作手柄推不回时压下
SQ5	行程开关	LX1－11K	保护式	1 个	工作台和镗头架进给时受压

符号	元件名称	型号	规格	数量	用途
SQ6	行程开关	LX3－11K	开启式	1个	主轴和平旋盘刀架自动进给时受压
SQ7	行程开关	LX5－11K	自动复位	1个	主轴速度选择高速时被压下
SQ8	行程开关	LX3－11K	自动复位	1个	快速反向移动时压下
SQ9	行程开关	LX3－11K	自动复位	1个	快速正向移动时压下
R	制动电阻	ZB2－0.9	0.9 Ω	1个	限制制动电流
TC	控制变压器	BK－300	380/127，24，6	1个	控制、照明、指示线路的低压电源
EL	照明灯泡	K－1，螺口	24 V，40 W	1个	镗床局部照明
HL	指示灯	DX1－0	白色，配6 V，0.15 A 灯泡	1个	电源指示灯
KS	行程开关	JY1	380 V，2 A	1个	反接制动控制

实训操作：T68 型卧式镗床电气控制线路的检修

一、所需的工具、设备和技术资料

（1）常用电工工具、万用表。

（2）T68 型卧式镗床或模拟台。

（3）T68 型卧式镗床电气控制原理图和电气安装接线图。

二、镗床电气调试

（1）安全措施调试过程中，应做好安全措施，如有异常情况应立即切断电源。

（2）调试步骤：

① 根据电动机功率设定过载保护值。

② 接通电源，合上开关 QS。

③ 将主轴变速操作手柄置于高速挡位，按下启动按钮 SB2 或 SB3，启动主轴电动机 M1，观察主轴在低速时的旋转方向。当主轴电动机进入高速运转状态时，观察主轴在高速时的旋转方向与低速时的旋转方向是否相符。如不相符，对调主轴电动机 M1 的 1U1 和 1V1 的相序，使主轴电动机高、低速的旋转方向一致。

当高、低速的旋转方向一致后，应当确认是否符合机械要求方向，如不符合，对调 U14 和 W14 相序。

④ 将主轴变速操作手柄置于低速挡位，按下启动按钮 SB2 或 SB3，使主轴电动机启动并达到额定转速，然后按下停止按钮 SB1，此时主轴电动机应迅速制动停车。如果不能

停车，仍然运转，说明速度继电器 KS 的两对常开触点（13-14）【12】、（13-18）【14】的接线相互接错，对调即可。

对调速度继电器常开触点接线时，KS 常闭触点（13-15）【12】也应对调到相应的常闭触点位置。

⑤ 在主轴电动机停止状态进行主轴变速，观察主轴变速时是否有冲动现象，如没有，检查调整主轴变速冲动开关 SQ5 的位置。

⑥ 在主轴电动机停止状态进行进给变速，观察进给变速时是否有冲动现象，如没有，检查调整主轴变速冲动开关 SQ6 的位置。

⑦ 将工作台进给操作手柄扳到工作台自动进给位置，同时将镗轴进给操作手柄扳到自动进给位置。

注意：此过程必须先切断主轴电动机主线路的电源，保证在任何情况下主轴电动机不能旋转，否则会损坏机械部件。

此时，按下启动按钮 SB2 或 SB3，控制线路中的接触器、继电器等都不能动作。如果动作，应调整 SQ1 和 SQ2 的位置，直到不能动作为止。

⑧ 将快速移动操作手柄扳到正向（反向）移动位置，观察快速进给移动方向是否符合要求。如果与要求方向相反，对调快速移动电动机 M2 的相序。

三、注意事项

（1）要充分观察和熟悉 T68 型卧式镗床的工作过程。

（2）熟悉电气元件的安装位置、走线情况以及各操作手柄处于不同位置时位置开关的工作状态以及运动方向。

（3）检修前，要认真阅读电气控制原理图，熟悉、掌握各个控制环节的原理及作用。

（4）T68 型卧式镗床的电气控制与机械动作的配合十分密切，因此在出现故障时应注意电气元件的安装位置是否移动。

（5）修复故障恢复正常时，要注意消除产生故障的根本原因，以避免频繁出现相同的故障。

（6）故障设置时，应模拟成实际使用中出现的自然故障现象。

（7）主轴变速操作手柄被拉出后主轴电动机不能冲动；或变速完毕，推回主轴变速操作手柄后主轴电动机不能自动开车。

（8）指导教师必须在现场密切注意学生的检修，随时做好应急措施。

四、评分表

评分表见表 4.5.2。

表 4.5.2　"T68 型卧式镗床电气控制线路的检修"评分表

项目	技术要求	配分	评分细则	评分记录
设备调试	调试步骤正确	10	调试步骤不正确，每步扣 0.5 分	
	调试全面	10	调试不全面，每项扣 1 分	

续表

项目	技术要求	配分	评分细则	评分记录
设备调试	故障现象明确	10	故障现象不明确，每个故障扣1分	
故障分析	在电气控制原理图上分析故障可能的原因，思路正确	30	错标或标不出故障范围，每个故障点扣2分	
			不能标出最小的故障范围，每个故障点扣1分	
故障排除	正确使用工具和仪表，找出故障点并排除故障	40	实际排除故障中思路不清楚，每个故障点扣1分	
			每少查出一次故障点扣1分	
			每少排除一次故障点扣1分	
			排除故障方法不正确，每处扣0.2分	
其他	操作正确		排除故障时，产生新的故障后不能自行修复，每个扣2分；已经修复，每个扣1分	
			损坏电动机，扣10分	
	准时		每超过5 min，从总分中倒扣2分，但不超过5分	
安全、文明生产	满足安全、文明生产要求		违反安全、文明生产规定，从总分中倒扣5分	

维护操作

（1）故障现象：主轴的实际转速比转速表指示转速增加1倍或减小1/2。其可能原因及处理方法见表4.5.3。

表 4.5.3　可能原因及处理方法

可能原因	处理方法
微动开关 SQ7 安装调整不当	重新安装调整微动开关 SQ7

故障现象分析提示：对上述故障现象产生的原因可以这样理解——因为 T68 型卧式镗床有 18 种转速挡，是采用双速电动机和机械滑移齿轮来实现的。变速后 1、2、4、6、8……挡使电动机以低速运转驱动，而 3、5、7、9……挡使电动机以高速运转驱动。由电气控制原理图分析可知，主轴电动机的高低速转换是靠微动开关 SQ7 的通断来实现的，SQ7 安装在主轴调整操作手柄的旁边，主轴调整机构转动时推动一个撞钉，撞钉推动簧片，使微动开关 SQ7 接通或者断开，如果安装调整不当，使 SQ7 的动作恰好相反，则会发生主轴

的实际转速比转速表的指示数增加 1 位或减小 1/2 的现象。

（2）故障现象：电动机的转速没有高速挡或者没有低速挡。其可能原因及处理方法见表 4.5.4。

表 4.5.4　可能原因及处理方法

可能原因	处理方法
行程微动 SQ7 的安装位置移动，造成 SQ7 始终处于接通或者断开的状态	重新安装调整微动开关 SQ7
时间继电器 KT 或微动开关 SQ7 的触点接触不良或接线脱落，使主轴电动机 M1 只有低速；若 SQ7 始终处于接通状态，则导致主轴电动机 M1 只有高速	修复微动开关 SQ7 或时间继电器 KT 的触点，紧固接线

（3）故障现象：主轴变速操作手柄拉出后，主轴电动机不能产生冲动。其可能原因及处理方法见表 4.5.5。

表 4.5.5　可能原因及处理方法

可能原因	处理方法
行程开关 SQ1 的动合触点 SQ1（5-10）【81】由于质量等原因绝缘被击穿而无法断开	更换被击穿的行程开关
行程开关 SQ1、SQ2 由于安装不牢固、位置偏移、触点接触不良，使触点 SQ1（4-14）【11】、SQ2（17-15）【10】不能闭合，这样使变速操作手柄拉出后，M 能反接制动，但到转速为 0 时，不能进行低速冲动	将行程开关 SQ1 和 SQ2 安装牢固，修复行程开关 SQ1 和 SQ2 的触点
速度继电器 KS 的动断触点 KS2（14-17）【11】不能闭合	查找速度继电器 KS 触点不能闭合的原因，如有故障则予以处理

（4）故障现象：主轴电动机不能制动。其可能原因及处理方法见表 4.5.6。

表 4.5.6　可能原因及处理方法

可能原因	处理方法
速度继电器损坏，其正转动合触点 KS3（14-19）【12】和反转动合触点 KS1（14-15）【10】不能闭合	更换速度继电器
接触器 KM2 或 KM3 的动断触点接触不良	修复接触器 KM2 或 KM3 的动断触点

（5）故障现象：主轴变速操作手柄被拉出后不能制动。其可能原因及处理方法见表 4.5.7。

表 4.5.7　可能原因及处理方法

可能原因	处理方法
主轴变速行程开关 SQ1 或进给变速行程开关 SQ3 的位置移动，以致主轴变速操作手柄被拉出时 SQ1 或进给变速行程开关 SQ3 不能复位	重新调整行程开关 SQ1 和 SQ3，使其安装在合适位置

（6）故障现象：在镗床安装接线后进行调试时产生双速电动机的电源进线错误。其可能原因及处理方法见表 4.5.8。

表 4.5.8　可能原因及处理方法

可能原因	处理方法
将三相电源在高速运行和低速运行时都接成同相序，造成电动机在高速运行时的转向与低速运行时的转向相反	重新引入三相电源线，注意区别高、低速接线
电动机在三角形接线时，把三相电源从 U3、V3、W3 引入，而在双星形接线时，把三相电源从 U1、V1、W1 引入，这样将导致电动机不能启动，使电动机发出"嗡嗡"声并将熔体熔断	重新引入三相电源线，对熔断的熔体进行更换

任务6　QE15/3 t 型中级通用吊钩桥式起重机电气控制线路的分析与检修

任务目标

（1）熟悉 QE15/3 t 型中级通用吊钩桥式起重机的主要结构、运动形式及电力拖动控制要求。

（2）掌握 QE15/3 t 型中级通用吊钩桥式起重机电气控制原理图的分析方法。

（3）熟悉 QE15/3 t 型中级通用吊钩桥式起重机电气控制线路的特点。

（4）熟悉 QE15/3 t 型中级通用吊钩桥式起重机的常见故障现象及处理方法。

知识储备

起重机是一种用来起吊和下放重物，以及在固定范围内装卸、搬运物料的起重机械设备。它广泛应用于工矿企业、港口、车站、仓库、建筑工地等，它对降低工人劳动强度、提高劳动生产率起着重要作用，是现代化生产中不可缺少的机械设备。常用的起重机按结构类型分为桥架型、臂架型及缆索型等，其中桥架型即桥式起重机在工业企业中应用较为广泛，本项目以桥式起重机为主，介绍桥式起重机的电气控制。

一、桥式起重机概述

桥式起重机俗称"天车"，它是由桥架（又称大车式桥架）、起重小车（小车提升机构）、大车拖动电动机（大车移行机构）及操作室等几部分组成的，如图 4.6.1 所示。桥架沿着车间起重机梁上的轨道纵向移动，起重小车沿着桥架上的轨道横向移动，提升机构安装在小车上作上下运行。根据工作需要，可安装不同的取物装置，例如吊车、抓斗起重电磁铁、夹钳等。

　　根据负载的特性要求，有些起重机上安装两台起重小车，也有的在起重小车上安装两个提升机构。提升机构又分为主提升（主钩）和辅助提升（副钩）。

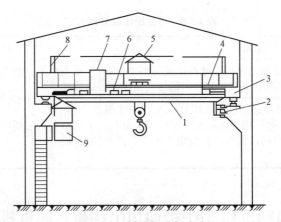

图 4.6.1　桥式起重机示意

1—主梁；2—主滑线；3—端梁；4—大车拖动电动机；5—起重小车；6—电阻箱；
7—交流控制屏；8—辅助滑线架；9—操作室

二、型号含义

　　QE15/3 t 型中级通用吊钩桥式起重机的型号含义如图 4.6.2 所示。

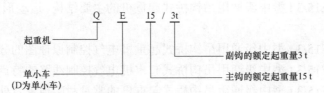

图 4.6.2　QE15/3 t 型中级通用吊钩桥式起重机的型号含义

三、桥式起重机的供电特点

　　交流起重机电源由公共的交流电网供电，由于起重机是经常移动的，因此其与电源之间不能采用固定连接方式，对于小型起重机供电方式采用软电缆供电，随着大车或起重小车的移动，供电电缆随之伸展和叠卷。对于一般桥式起重机常用滑线和电刷供电。三相交流电源接到沿车间长度架设的 3 根主滑线上，再通过大车上的电刷引入操作室中保护箱的总电源刀开关 QS 上，由保护箱再经穿管导线送到大车电动机、大车电磁抱闸及交流控制站，送到大车一侧的辅助滑线，主钩、副钩、起重小车上的电动机、电磁抱闸、提升限位的供电和转子电阻的连接，则由架设在大车侧的辅助滑线与电刷实现。

四、桥式起重机总体控制线路

　　以 QE15/3 t 型中级通用吊钩桥式起重机电气控制为例，其有两个吊钩，主钩 15 t，副钩额定起重量为 3 t。下面介绍桥式起重机的总体控制线路。

　　QE15/3 t 型中级通用吊钩桥式起重机电气控制原理图如图 4.6.3 所示。

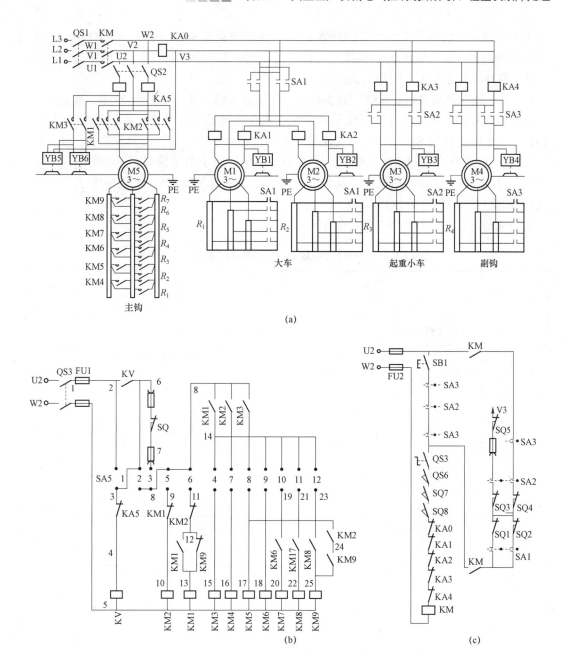

图 4.6.3　QE15/3 t 型中级通用吊钩桥式起重机电气控制原理图

大车运行机构由两台 JZR231-6 型电动机联合拖动，用 KT14-60J/2 型凸轮控制器控制；起重小车运行机构由一台 JZR216-6 型电动机拖动，用 KT14-25J/1 型凸轮控制器控制；副钩升降机构由一台 JZR241-8 型电动机拖动，用 KT14-25J-1 型凸轮控制器控制；这 4 台电动机由 XQB1-150-4F 型交流保护箱进行保护。主钩升降机构由一台 JZR262-10 型电动机拖动，用 PQR10B-150 型交流控制屏与 LK1-12-90 型主令控制器组成的磁力控制器控制。上述控制原理在前面均已分析过，在此不再赘述。

图 4.6.3 中 M5 为主钩电动机，M4 为副钩电动机，M3 为起重小车电动机，M1、M2

为大车电动机，它们分别由主令控制器 SA5 和凸轮控制器 SA3、SA2、SA1 控制。SQ 为主钩提升限位开关，SQ5 为副钩提升限位开关，SQ3 和 SQ4 为起重小车两个方向的限位开关，SQ1、SQ2 为大车两个方向的限位开关。

3 个凸轮控制器 SA1、SA2、SA3 和主令控制器 SA5，交流保护箱 XQB，紧急开关等安装在操作室中。电动机各转子电阻 $R_1 \sim R_5$，大车电动机 M1、M2，大车电磁抱闸 YB1、YB2，大车限位开关 SQ1、SQ2，交流控制屏均放在大车的一侧。在大车的另一侧，装设了 21 根辅助滑线以及起重小车限位开关 SQ3、SQ4。起重小车上装有起重小车电动机 M3、主钩电动机 M5、副钩电动机 M4 及其他各自的电磁抱闸 YB3～YB6、主钩提升限位开关 SQ 和副钩提升限位开关 SQ5。

表 4.6.1 列出了该起重机的主要电气元件。

表 4.6.1　QE15/3 t 型中级通用吊钩桥式起重机电气元件表

符号	名称	型号及规格	数量
M5	主钩电动机	JZR^2，62～1 045 kW，577 r/min	1 台
M4	副钩电动机	JZR^2，41～813.2 kW，703 r/min	1 台
M1、M2	大车电动机	JZR^2，31～611 kW，953 r/min	2 台
M3	起重小车电动机	JZR^2，12～64.2 kW，855 r/min	1 台
SA5	主令控制器	LK1 – 12/90	1 个
SA3	副钩凸轮控制器	KT14 – 25J/1	1 个
SA1	大车凸轮控制器	KT14 – 60J/2	1 个
SA2	起重小车凸轮控制器	KT14 – 25J/1	1 个
XQB	交流保护箱	XQB1 – 150 – 4F	1 台
PQR	交流控制屏	PQR10B – 150	1 个
KM	接触器	CJ12 – 250	1 个
KA0	总过流继电器	JL12 – 150 A	1 个
KA1～KA4	过电流继电器	JL12 – 60 A，15 A，30 A，30 A	4 个
KA5	过电流继电器	JL12 – 150 A	1 个
SQ1～SQ4	大车、起重小车限位开关	LX1 – 11	4 个
SQ5	副钩限位开关	LX19 – 001	1 个
SQ6	舱口安全限位开关	LX19 – 001	1 个
SQ7、SQ8	横梁栏杆安全限位开关	LX19 – 111	2 个
SQ11、SQ12	主钩提升限位开关	LX19 – 001	2 个
YB5、YB6	主钩制动电磁抱闸	MS21 – 15H	2 个
YB4	副钩制动电磁抱闸	MZD1 – 300	1 个
YB3	起重小车制动电磁抱闸	MZD1 – 100	1 个

续表

符号	名称	型号及规格	数量
YB1、YB2	大车制动电磁抱闸	MZD1－200	2 个
R_5	主钩电阻	2P^{5}62－10/9D	1 个
R_4	副钩电阻	RT41－8/1B	1 个

实训操作：QE15/3 t 型中级通用吊钩桥式起重机电气控制线路的检修

一、所需的工具、设备和技术资料

（1）常用电工工具、万用表、兆欧表。
（2）安全带。
（3）QE15/3 t 型中级通用吊钩桥式起重机或模拟台。
（4）QE15/3 t 型中级通用吊钩桥式起重机电气控制原理图和电气安装接线图。

二、起重机电气调试

1. 安全措施

调试过程中，应做好安全措施，如有异常情况应立即拉下紧急开关 QS4 切断电源。如果在生产车间进行实物调试，由于桥式起重机电气元件比较分散，又是高空作业，应两人为一组。指导教师应加强监护，充分利用好栅栏、安全带等安全防护用具，做好安全防护措施，还应当做好工具防坠落措施，以及在桥式起重机下设立安全隔离带，并有专人看护。每进行一个调试步骤，都要发布口令，确认接受口令人复口令无误，做好安全防护措施后方可进行调试。调试过程中，桥式起重机移动时人员不得走动。

2. 调试步骤

（1）根据电动机功率调节过流继电器，设定保护值。
（2）将所有控制器置于"0"位。
（3）合上开关 QS1、QS4 后，按下启动按钮 SB，使接触器 KM 得电吸合，接通主线路电源和控制线路电源。
（4）转动大车凸轮控制器 AC3 到向后方向"1"位，桥式起重机应向后方向移动，如果方向不正确，对调电动机 M3 和 M4 的电源相序。

如果桥式起重机不移动，而桥架有扭曲动作的现象，说明大车两台拖动电动机 M3，M4 旋转方向不同，只需要对调 M3、M4 任意一台电动机的相序。对调后通电再试，使大车行进方向与要求方向相同。

注意：如果出现桥架扭曲动作、不移动的现象，应将凸轮控制器立即退回"0"位，以免发生意外事故和桥架扭曲变形。

方向调整后，转动大车凸轮控制器 AC3 到向后方向"1"位，使大车保持低速移动。按下位置开关 SQ3，此时接触器 KM 应立即断电释放，切断桥式起重机电源。如果接触器

KM 不能断电释放，再按下位置开关 SQ4。按下 SQ4 后，接触器 KM 能断电释放，切断桥式起重机电源，应对调 SQ3 和 SQ4 的接线。对调导线时，只对调导线，不要对调线号。

注意：在车间调试实物桥式起重机时，按压位置开关的人员应系安全带，并注意防碰撞。

（5）转动起重小车凸轮控制器 AC2 到向左方向"1"位，起重小车应向左方移动，如果方向不正确，对调电动机 M2 的电源相序。

方向调整后，转动起重小车凸轮控制器 AC2 到向左方向"1"位，使起重小车保持低速移动。按下位置开关 SQ1，此时接触器 KM 应立即断电释放，切断桥式起重机电源。如果接触器 KM 不能断电释放，再按下位置开关 SQ2，按下 SQ2 后，接触器 KM 能断电释放，切断桥式起重机电源，应对调 SQ1 和 SQ2 的接线。

（6）转动副钩凸轮控制器 AC1 到向下方向"1"位，副钩应下降，如果方向不正确，对调电动机 M1 的电源相序。

注意：如果方向错误，应将凸轮控制器立即回退"0"位，以防副钩充顶，卷断钢丝绳。

（7）将主令控制器 AC4 置于"0"位，合上 QS2、QS3，接通主钩主线路电源和控制线路电源。

（8）转动主钩主令控制器 AC4 到向上方向"1"位，主钩应向上提升，如果方向不正确，对调电动机 M5 的电源相序。

三、注意事项

（1）要充分观察和熟悉 QE15/3 t 型中级通用吊钩桥式起重机的工作过程。

（2）熟悉电气元件的安装位置、走线情况以及位置开关的工作状态。

（3）检修前，要认真阅读电气控制原理图以及控制器触头分合表，熟悉并掌握各个控制环节的原理及作用。

（4）QE15/3 t 型中级通用吊钩桥式起重机的电气元件分布较宽，又是高空作业，要特别注意安全防护。

（5）修复故障并恢复正常时，要注意消除产生故障的根本原因，以避免频繁出现相同的故障。

（6）故障设置时，应模拟成实际使用中出现的自然故障现象。

（7）故障设置时，不得更改线路或更换电气元件。

（8）指导教师必须在现场密切注意学生的检修，随时做好应急措施。

四、评分表

评分表见表 4.6.2。

表 4.6.2　"QE15/3 t 型中级通用吊钩桥式起重机电气控制线路的检修"评分表

项目	技术要求	配分	评分细则	评分记录
设备调试	调试步骤正确	10	调试步骤不正确，每步扣 0.5 分	
	调试全面	10	调试不全面，每项扣 1 分	
	故障现象明确	10	故障现象不明确，每个故障扣 1.5 分	

续表

项目	技术要求	配分	评分细则	评分记录
故障分析	在电气控制原理图上分析故障可能的原因，思路正确	30	错标或标不出故障范围，每个故障点扣3分	
			不能标出最小的故障范围，每个故障点扣1.5分	
故障排除	正确使用工具和仪表，找出故障点并排除故障	40	实际排除故障中思路不清楚，每个故障点扣1.5分	
			每少查出一次故障点扣1.5分	
			每少排除一次故障点扣1.5分	
			排除故障方法不正确，每处扣0.5分	
其他	操作正确		排除故障时，产生新的故障后不能自行修复，每个扣3分；已经修复，每个扣1.5分	
			损坏电动机，扣10分	
	准时		每超过5 min，从总分中倒扣2分，但不超过5分	
安全、文明生产	满足安全、文明生产要求		违反安全、文明生产规定，从总分中倒扣5分	

维护操作

桥式起重机的结构复杂，工作环境恶劣，同时工作频繁，故障率较高。为了保证人身与设备的安全，必须坚持经常性地维护保养和检修。

一、QE15/3 t型中级通用吊钩桥式起重机使用时的注意事项

（1）由于在空中作业，检修时必须保证安全，防止发生坠落事故；

（2）检修时，应集中精力，准备好所需要的工具、仪表；

（3）使用工具时，要防止工具落下造成伤人事故；

（4）在起重机移动时不能走动，检修时也应扶着栏杆走动，并注意建筑物上部横梁，以防发生碰伤事故。

二、QE15/3 t型中级通用吊钩桥式起重机的日常维修内容

为了保证电气设备的安全运行，必须坚持经常性的维护保养，一般可采取下列形式：每天巡检，由起重工在其工作时间内进行；每月检查，由维修电工进行。特别注意：维护工作只允许在起重机停止运行并断开总电源的条件下进行。

日常维修的对象及内容如下。

1. 电动机

（1）测量电动机转子、定子的绕组对地的绝缘电阻，要求定子的绝缘电阻大于0.5 MΩ，

转子的绝缘电阻大于 0.25 MΩ；

（2）测量电动机定子绕组的相间绝缘电阻；

（3）检查集电环有无凹凸不平的痕迹及过热现象；

（4）检查电刷是否磨损、与集电环接触是否吻合；

（5）检查电刷接线是否相碰、电刷压力是否适当；

（6）检查前、后轴承有无漏油及过热现象；

（7）用塞尺测量电动机的电磁气隙，上、下、左、右应不超过 10%；

（8）用扳手拧紧电动机各部分的螺栓及底脚螺栓；

（9）用汽油拭净电动机内的油污。

2. 凸轮控制器和主令控制器

（1）测量各触点对地的绝缘电阻应大于 0.5 MΩ；

（2）更换磨损严重的动、静触点；

（3）刮净灭弧罩内的电弧铜屑及黑灰；

（4）调整各静、动触点的接触面，使其在同一直线上，各触点的压力应相等；

（5）检查手柄转动是否灵活，不得过松或卡住；

（6）检查棘轮机构和拉簧部分；

（7）检查各凸轮片是否磨损严重，严重时应调换；

（8）用砂布擦去动、静触点的弧痕；

（9）调整或更换主令控制器动触点的压簧；

（10）给各传动部分加适量润滑油。

3. 电磁制动器

（1）测量线圈对地的绝缘电阻应大于 0.5 MΩ；

（2）检查制动电磁铁上下活动时与线圈内部芯子是否产生摩擦；

（3）检查制动电磁铁上、下部铆钉是否裂开；

（4）检查缓冲器是否松动；

（5）检查制动器刹车片衬料是否磨损太多，磨损超过 50%时应更换；

（6）检查并更换制动器各开口销子与螺栓等；

（7）检查制动器闸轮表面是否光滑，并用汽油清洗表面，除去污物；

（8）检查制动系统各联杆动作是否准确灵活，并在各部分加适量润滑油；

（9）检查各制动器闸瓦张开时与闸轮两侧空隙是否相等；

（10）重新校准制动器各部分的弹簧和螺栓。

4. 保护屏和控制屏

（1）检查并更换弧坑很深的触点；

（2）刮净并清理灭弧罩内的电弧痕和黑灰；

（3）测量电磁线圈与铁芯的绝缘电阻值；

（4）用汽油擦净接触器底板上的污垢或油污；

（5）测量接触器主触点及触点对地间的绝缘电阻；

（6）检查进线熔断器及熔体是否完好；

（7）用砂纸擦净刀口的电弧痕，并在刀口各处涂上工业用凡士林；

（8）在电磁铁口上涂适量工业用凡士林；

（9）往各传动部分加适量润滑油。

（10）检查并拧紧大小螺栓。

5. 行程开关和安全开关

（1）测量接线板或接线柱对地的绝缘电阻；

（2）检查开关内的动、静触点，并用砂纸打光；

（3）检查高速开关平衡锤及传动臂的角度；

（4）给各传动机构添加适量润滑油。

6. 滑线

（1）测量各滑线对地的绝缘电阻；

（2）擦净并检查绝缘子的表面情况；

（3）用钢丝刷及粗砂纸磨去滑线的弧坑及不平处；

（4）检查或更换集电环架上的集电极与导线间的连接线；

（5）检查并拧紧各绝缘穿心螺栓及导线接头螺栓。

7. 电阻

（1）紧固电阻四周的压紧螺栓，检查四周的绝缘子；

（2）测量电阻对地的绝缘电阻是否符合要求；

（3）拧紧各接线螺栓及四周的底脚螺栓。

三、QE15/3 t 型中级通用吊钩桥式起重机的常见故障现象、可能原因及对应的处理方法

（1）故障现象：主接触器 KM 吸合后，过电流继电器 KA1～KA5 立即动作。其可能原因及处理方法见表 4.6.3。

表 4.6.3 可能原因及处理方法

可能原因	处理方法
凸轮控制器 SA1、SA2、SA3 线路有接地情况	不能用通电法判断故障点，应断开总电源开关 QS 后，先观察接线端子板、凸轮控制器接线端子和连接导线有无接地情况，如果未发现异常情况，再将凸轮控制器手柄放在"0"位，并将连接各电动机的 V3 号导线拆开
相关电动机 M1～M5 绕组有接地情况	查找接地部位及原因并处理
电磁抱闸 YB1～YB6 线圈有接地情况或接线端子板有接地情况	用兆欧表检查电磁抱闸 YB1～YB6 线圈或接线端子板的接地情况，如接地，进行修复或更换新的电磁抱闸或更换接线端子板

（2）故障现象：凸轮控制器在工作过程中卡住或转不到位。其可能原因及处理方法见表 4.6.4。

表 4.6.4 可能原因及处理方法

可能原因	处理方法
凸轮控制器动触点卡在静触点下面；定位机构松动	应打开凸轮控制器防护罩，仔细观察情况，并调整好触点或定位机构

（3）故障现象：转动凸轮控制器后，电动机启动运转，但不能输出额定功率且转速明显减小。其可能原因及处理方法见表 4.6.5。

表 4.6.5 可能原因及处理方法

可能原因	处理方法
线路压降太大，供电质量差	测量电源电压，检查凸轮控制器的触点是否接触良好、机械部分是否有问题，提高供电的可靠性
制动器未完全松开	查找制动器未完全松开的原因并处理
转子线路中的附加电阻未完全切除	查找故障原因并加以处理
电磁抱闸或减速机构有卡阻现象	采用合适的方法处理电磁抱闸或减速机构

（4）故障现象：合上电源总开关 QS 并按下启动按钮 SB1 后，主接触器 KM 不吸合。其可能原因及处理方法见表 4.6.6。

表 4.6.6 可能原因及处理方法

可能原因	处理方法
线路无电	观察在控制室内的有关电气元件的动作情况是否正常，查找无电的真正原因，并处理产生故障的元器件
熔断器 FU2 熔断	更换熔断器 FU2 的熔体
紧急开关 QS1 或安全开关 SQ6、SQ7、SQ8 未合上或接触不良	检查相关元器件，如有问题，应对应处理
主接触器 KM 线圈断路	更换接触器 KM
凸轮控制器手柄没在零位，零位联锁触点 SA1、SA2、SA3 的触点断路等	切断总电源开关再检查凸轮控制器的电气元件是否断路，并加以排除

（5）故障现象：制动电磁铁线圈过热。其可能原因及处理方法见表 4.6.7。

表 4.6.7 可能原因及处理方法

可能原因	处理方法
电磁铁线圈电压与供电电压不符	仔细检查电磁铁规格和工作情况，应选择与供电电压相符的电磁铁线圈电压
电磁铁的动、静铁芯间隙过大	将电磁铁的动、静铁芯间隙调整合适
电磁铁过载运行，线圈有局部短路情况	减轻负载，如短路，应处理故障，并更换相关的元器件

（6）故障现象：制动电磁铁噪声大。其可能原因及处理方法见表4.6.8。

表4.6.8 可能原因及处理方法

可能原因	处理方法
交流电磁铁短路环开路	检查铁芯上的短路环，若断裂应拆下重新焊接后再使用
动、静铁芯松动	调整紧固电磁铁
铁芯端面不平及变形	修整铁芯端面
电磁铁过载	减轻负载

（7）故障现象：当电源接通并转动凸轮控制器后，电动机不启动。其可能原因及处理方法见表4.6.9。

表4.6.9 可能原因及处理方法

可能原因	处理方法
凸轮控制器主触点接触不良	针对这种情况，首先应检查引入控制室的电源是否有问题，如没问题，再切断电源检查凸轮控制器主触点是否导通
滑线与集电环接触不良	检查滑线与集电环，看其是否接触良好，如接触不良，应处理以排除故障
电动机定子绕组或转子绕组断路	重新绕线并嵌线，以排除断路故障
电磁抱闸线圈断路或制动器不能放松	检查电磁抱闸部分，针对性地修复、调整或更换电磁抱闸线圈或电动机

（8）故障现象：凸轮控制器在转动过程中火花过大。其可能原因及处理方法见表4.6.10。

表4.6.10 可能原因及处理方法

可能原因	处理方法
动、静触点接触不良	修复动、静触点
被控负载容量过大	核对负载情况，并调整合适

（9）故障现象：合上开关，操作线路的熔断器熔断。其可能原因及处理方法见表4.6.11。

表4.6.11 可能原因及处理方法

可能原因	处理方法
操作线路中与保护机构相连接的一相接地	检查绝缘并处理接地现象

（10）故障现象：控制器合上后，电动机仅能作一个方向转动。其可能原因及处理方法见表4.6.12。

表 4.6.12　可能原因及处理方法

可能原因	处理方法
一相断电，电动机发出响声	查找断电原因并处理
转子线路断线	检查转子线路并修复
集电环出现故障	检修集电环
控制器动、静触点接触不良或未接触	修理控制器触点
限位开关故障	修理限位开关
线路上无电压	查找无电压的原因并处理

（11）故障现象：限位开关的杠杆动作时，相应的电动机不断电。其可能原因及处理方法见表 4.6.13。

表 4.6.13　可能原因及处理方法

可能原因	处理方法
限位开关线路出现短路现象	查找短路原因并处理
接到控制器的导线次序错乱	重新按线路图接线

（12）故障现象：控制器手柄转不动或转不到位。其可能原因及处理方法见表 4.6.14。

表 4.6.14　可能原因及处理方法

可能原因	处理方法
定位机构有故障	修理定位机构以排除故障
动、静触点位置不对	调整触点到合适位置

（13）故障现象：控制器触点冒火冒烟。其可能原因及处理方法见表 4.6.15。

表 4.6.15　可能原因及处理方法

可能原因	处理方法
触点接触不良	调整触点压力或修复触点
控制器过载	减轻负载或更换控制器

（14）故障现象：起重机运行中接触器短时断电。其可能原因及处理方法见表 4.6.16。

表 4.6.16　可能原因及处理方法

可能原因	处理方法
接触器的联锁触点压力不足	调整联锁触点压力

注意：检修必须在起重机停止工作而且在切断电源时进行，禁止通电操作。

思考与练习

4-1　CA6140 型卧式车床主轴电动机 M1 的工作状态和控制要求是什么？

4-2　CA6140 型卧式车床主轴电动机的控制特点是什么？

4-3　在 Z3040 型摇臂钻床线路中，断电延时型时间继电器 KT 的作用是什么？

4-4　在 Z3040 型摇臂钻床线路中，SQ1、SQ2、SQ3、SQ4 各开关的作用是什么？结合线路工作情况进行说明。

4-5　在 X62W 型卧式万能铣床线路中，有哪些联锁与保护？为什么要有这些联锁与保护？它们是如何实现的？

4-6　X62W 型卧式万能铣床的工作台有几个方向的进给？工作台各个方向的进给控制是如何实现的？它们之间是如何实现联锁保护的？

4-7　在 M7130 型平面磨床中，为什么采用电磁吸盘来吸持工件？

4-8　M7130 型平面磨床的电磁吸盘吸力不足会造成什么后果？吸力不足的原因有哪些？

4-9　在 T68 型卧式镗床的主轴电动机的高低速转换的控制中，如何保证主轴电动机的高、低速转换后主轴电动机的转向不变？

4-10　在 T68 型卧式镗床的主轴电动机停车制动的控制中，分析主轴电动机不能制动的原因。

项目五　电气控制系统的设计

项目描述

科学技术的发展，使人们的很多梦想都变成了现实，但随之而来的是各种生产设备趋于复杂和精密，操纵这些设备的难度也急剧升高。为此，人们设计出了各种各样的控制系统。在学习了电动机的起动、调速、制动等控制线路及一些典型生产机械比如车床、铣床、钻床、磨床等的控制线路后，读者应该已经初步具有阅读和分析某一具体控制线路的能力，也加深了对基本控制环节的理解。但更为重要的是，读者应能根据生产机械的工艺要求，设计出合乎要求的、经济的电气控制系统的线路，这正是学习电气控制的最终目的。本项目系统地介绍继电接触式控制系统的设计内容、设计原则、设计的方法以及电气控制线路的设计等。

本项目主要包括以下两个任务：

任务 1　电气控制系统设计的基本内容、基本原则和方法；

任务 2　电气控制线路设计举例。

任务 1　电气控制系统设计的基本内容、基本原则和方法

任务目标

（1）理解电气控制线路设计的目的和意义。

（2）理解电气控制线路设计的内容、方法和步骤。

（3）掌握电气控制线路设计的基本原则。

（4）掌握满足生产工艺和生产机械要求的可靠性和安全性措施。

知识储备

一、电气控制系统设计的基本内容

电气控制系统设计的基本内容是根据控制要求，设计和编制出电气设备制造和使用维修中必备的图样和资料等。图样包括电气控制原理图、电气系统的组件划分图、电气元件布置图、电气安装接线图、电气简图、控制面板图、电气元件安装底板图和非标准件加工图等。资料有外购件清单、材料消耗清单及设备说明书等。

电气控制系统设计内容主要包括电气原理设计和电气工艺设计两部分。以电力拖动控制设备为例，分别叙述如下。

1. 电气原理设计内容

（1）拟定电气设计任务书。

（2）选择电气拖动方案和控制方式。

（3）确定电动机的类型、型号、容量、转速。

（4）设计电气控制原理图，确定各部分之间的关系，拟定各部分的技术指标与要求。

（5）绘制电气控制原理图，计算主要技术参数。

（6）选择电气元件，制定电气元件目录清单。

（7）编写设计说明书。

电气控制原理图是整个设计的中心环节，是工艺设计和制定其他技术资料的依据。

2. 电气工艺设计内容

电气工艺设计是为了便于组织电气控制装置的制造与施工，实现电气控制原理图设计功能和各项技术指标，为设备的制造、调试、维护、使用提供必要的技术资料。电气工艺设计的主要内容如下：

（1）根据设计出的电气控制原理图及选定的电气元件，设计电气设备的总体配置，绘制电气控制系统的总装配图及总接线图。总图应反映出电动机、执行电器、电气箱各组件、操作台、电源以及检测电气元件的分布情况和各部分之间的接线关系及连接方式，以供总装、调试及日常维护使用。

（2）按照电气控制原理图或划分的组件，对总原理图进行编号，绘制各组件原理线路图，列出各部件的元件目录表，并根据总图编号列出各组件的进出线号。

（3）根据组件原理线路图及选定的元器件目录表，设计组件电器装配图（电气元件布置图）、电气安装接线图，图中应反映出各电气元件的安装方式和接线方式。这些资料是组件装配和生产管理的依据。

（4）根据组件装配要求，绘制电气元件安装底板和非标准件加工图。这些图纸是机械加工的技术资料。

（5）设计电气箱，根据组件尺寸及安装要求确定电气柜的结构与外形尺寸，设置安装支架标。

（6）汇总总原理图、总装配图及各组件原理图等资料，列出外构件清单、标准件清单、主要材料消耗定额等。这些是生产管理和成本核算必备的技术资料。

（7）编写使用维护说明书。

根据机电设备的总体技术要求和电气系统的复杂程度，以上步骤可增可减，某些图纸或技术文件的内容可适当合并或增删。

二、电气控制系统设计的基本原则

当机械设备的电力拖动方案和控制方案确定后，就可以进行电气控制线路的设计。电气控制线路的设计是电力拖动方案和控制方案的具体化实施，一般应遵循以下原则。

1. 最大限度地满足生产机械和工艺对电气控制的要求

电气控制线路是为整个设备和工艺服务的，因此设计前，电气设计人员应调查清楚生产要求，对机械设备的工作性能、结构特点和实际加工情况有充分的了解，同时应深入现场调查研究，搜集资料，并结合技术人员及现场操作人员的经验来考虑控制方式，设置各种联锁及保护装置，最大限度地实现生产机械和工艺对电气控制的要求。

2. 电气控制线路力求简单、经济

（1）尽量选用标准的、常用的或经过实际考验的典型环节和基本控制线路。

（2）尽量减少电气元件的品种、规格和数量，尽可能选用价廉物美的新型电气元件和标准件，同一用途尽量选用相同型号的电气元件。

（3）尽量减少不必要的触点以简化线路，降低故障概率，提高可靠性。

① 合并同类触点：如图 5.1.1 所示，在获得相同功能的情况下，图 5.1.1（b）比图 5.1.1（a）少用了一对触点，但要注意触点容量要大于两个线圈电流之和。

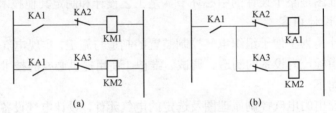

图 5.1.1 合并同类触点

（a）合并前线路（b）合并后线路

② 在弱电直流线路中利用半导体二极管的单向导电性有效减少触点数量，如图 5.1.2（b）所示，这样做既经济又可靠。

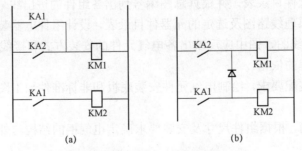

图 5.1.2 利用二极管减少触点

（a）使用前线路（b）使用后线路

③ 设计完成后，利用逻辑代数对线路进行化简，得到简化的线路。

（4）尽量缩短连接导线的数量和长度。设计电气控制线路时，应合理安排各电气元件的位置，尽可能合理安排电气柜、操作台、限位开关、按钮等设备之间的连线。如图 5.1.3 所示，虽然原理上图 5.1.3（a）和图 5.1.3（b）相同，但由于按钮安装在操作台上，而接触器安装在控制柜内，图 5.1.3（a）从控制柜到操作台要引 4 根导线，而图 5.1.3（b）由于启动按钮和停止按钮相连，保证了两个按钮之间导线最短，且从控制柜到操作台只要 3 根导线。

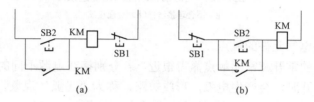

图 5.1.3　合理安排电气控制原理图中电气元件的位置

（a）不合理接法；（b）合理接法

（5）尽量减少电气元件不必要的通电时间。使电气元件只在必要时通电，在不必要时尽量不通电。这样既可节约电能，又可延长电气元件的工作寿命。图 5.1.4 所示是以时间原则的电动机降压启动线路。图 5.1.4（a）中接触器 KM2 得电后，接触器 KM1 和时间继电器 KT 就失去了作用，不必继续通电，但仍处于带电状态。图 5.1.4（b）合理，KM2 得电后，切断了 KM1 和 KT 的电源。

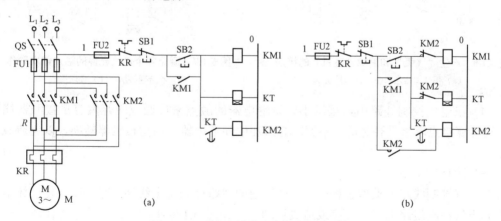

图 5.1.4　减少元器件不必要的通电时间

（a）存在不必要通电；（b）合理的控制线路

3. 保证电气控制线路工作的可靠性

（1）选用的电气元件要可靠、牢固、动作时间短、抗干扰性能好。

（2）电气元件的线圈应正确进行连接。

在交流电气控制线路中，必须按照电气元件的额定电压对线圈进行供电，即使外加电压是两个线圈额定电压之和，也不允许两个线圈串联使用。如图 5.1.5 所示，由于两个电气元件动作有先后，不可能同时吸合，先吸合者电压降显著增加，远大于额定值，造成烧毁线圈。后吸合者线圈电压达不到动作电压，触点不能动作。因此，若两个电器同时动作，其线圈应当并联。

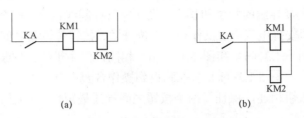

图 5.1.5　同时动作线圈的正确连接

（a）不合理接法；（b）合理接法

（3）正确连接电气元件的触点。

同一电气元件的常开和常闭触点靠得很近，若分别接在电源不同的相上，由于各相电位不等，当触点断开时，会产生电弧，形成短路，称为"飞弧"现象。如图 5.1.6（a）所示，若将其改接为图 5.1.6（b）所示线路，由于 SQ1 两个触点间的电位相同，就不会产生"飞弧"，且可减少导线的数量。

另外应尽量避免多个电气元件触点依次动作才能接通某线圈，以增加可靠性，如图 5.1.7 所示。

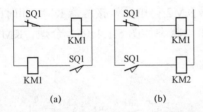
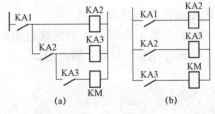

图 5.1.6　产生"飞弧"和消除"飞弧"的接法　　图 5.1.7　避免多个电气元件的触点依次动作

（a）不合理接法；（b）合理接法　　　　　　　　（a）不合理接法；（b）合理接法

（4）在电气控制线路中，采用小容量继电器的触点来接通或断开大容量接触器线圈时，要计算接点容量是否足够，不够时必须加中间继电器或小型接触器转换，以免造成工作不可靠。

（5）防止产生寄生线路。

在电气控制线路的动作过程中，意外接通的线路称为寄生线路。寄生线路将破坏电气元件和电气控制线路的工作顺序或造成误动作。如图 5.1.8 所示，线路正常工作时，热继电器 FR 不动作，能够满足正反转工作需要，但当热继电器动作时，便出现图 5.1.8（a）中所示寄生线路，使信号灯和接触器错误通电。

避免产生寄生线路的方法是：在设计电气控制线路时，按照"线圈、耗能元件左边接控制触点，右边接电源零线"的原则，如改为图 5.1.8（b）所示线路，还可以采用联锁接点进行隔离消除寄生线路。

（6）避免发生触点"竞争"与"冒险"现象。

通常分析电气控制线路中电气元件的动作及触点的接通或断开，都是指静态分析的逻辑关系，而未考虑电气元件的动作时间。电磁线圈的通断过程固有时间一般为几十毫秒到几百毫秒，其时间是不确定、不可调的。线路从一个状态转换到另一个状态时，常常有几

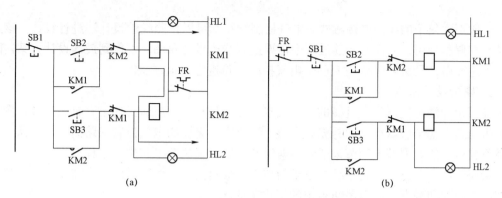

图 5.1.8 防止产生寄生线路

（a）寄生线路 （b）正确接法

个电气元件的状态发生变化，有的未按预定时序而发生触点的争先动作，称为触点的"竞争"，结果导致开关电器不按要求的逻辑功能转换状态出现，这种现象称为"冒险"。"竞争"与"冒险"导致控制不按要求动作，引起控制失灵。图 5.1.9（a）所示为时间继电器组成的反身关断线路。当 SB2 被按下时，KT 线圈得电，瞬时动作触点 KT 经 t_1 秒吸合自锁，经延时 t_S 秒常闭接点延时断开线圈线路实现反身关断并解除自锁。若出现 $t_S < t_1$，则时间继电器 KT 线圈出现振荡得电现象，不能完成反身关断。

避免发生触点"竞争"与"冒险"现象的方法是尽量避免相互矛盾逻辑关系的触点同时出现或相邻出现；当多个电气元件依次动作才接通另一个电气元件的控制线路时，要防止因电气元件固有特性引起的动作时间影响电气控制线路的动作程序。应将可能产生触点"竞争"与"冒险"的触点加以联锁隔离。如图 5.1.9（b）所示，采用中间继电器 KA 代替时间继电器的瞬时触点就可消除触点"竞争"与"冒险"现象。

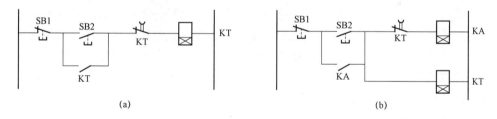

图 5.1.9 反身关断线路

（a）触电"竞争"与"冒险"线路 （b）消除触点"竞争"与"冒险"线路

4. 操作、维修方便

电气设备应力求使用安全，维修方便。电气元件应留有备用触点，必要时应留有备用电气元件，以便检修、修改接线。应设置电气隔离，避免带电检修。控制结构应操作简单，能迅速、方便地实现控制方式的切换，如自动控制和手动控制的切换。

三、电气控制线路设计的基本方法

电气控制线路的设计方法有两种：经验设计法和逻辑设计法。

经验设计法又称一般设计法或分析设计法，它是根据生产机械设备的工艺要求，选择适当的基本环节，如单元线路或典型线路综合而成的电气控制线路。

一般不太复杂的（继电接触式）电气控制线路都可以按照经验设计法进行设计。该方法易于掌握和使用，但在设计的过程中需要反复修改设计草图，以得到最佳设计方案，因此设计速度慢，且必要时还需对整个电气控制线路进行模拟试验。

1. 经验设计法

经验设计法是根据生产机械的工艺要求和工作过程，选用适当的已有典型环节，将它们有机地结合起来加以适当的补充和修改，综合成所需要的电气控制线路的设计方法。若选择不到适当的典型基本环节，则应根据生产机械的工艺要求和生产过程自行设计，边分析边绘图，将输入的主令信号经过适当的转换，得到执行元件所需的工作需要信号。随时增减电气元件和触点，以满足所给定的工作条件。

一般的生产机械设备电气控制线路设计包括主线路、控制线路和辅助线路等的设计，通常都采用经验设计法，其基本步骤如下：

（1）主线路设计：主要考虑电动机的启动、正反转、制动和调速要求。

（2）控制线路设计：主要考虑如何满足电动机各种运转功能和生产工艺的要求，包括基本控制线路和控制线路特殊部分的设计以及参量的选择和控制原则的确定。

（3）联锁保护环节设计：主要考虑如何完善整个电气控制线路的设计，其中包括各种联锁环节以及短路、过载、过流、失压等保护环节。

（4）电气控制线路的综合审查：反复审查所设计的电气控制线路是否满足设计原则和生产工艺要求。在条件允许的情况下，进行模拟试验，逐步完善整个电气控制线路的设计，直到满足生产工艺要求。

2. 逻辑设计法

所谓逻辑设计，是指参照在控制要求中由机械或液压系统设计人员给出的执行元件及主令电器工作状态表，找出执行元件线圈同主令电器触点间的逻辑关系，将主令电器的触点作为逻辑自变量，执行元件线圈作为逻辑因变量，写出有关逻辑代数式；当无法写出全部逻辑代数式时，只能凭经验逐个增设中间继电器，将它们的触点也当作逻辑自变量，直至能写出全部逻辑代数式为止；另一方面，还要写出中间继电器自身的逻辑代数式；最后，根据逻辑代数式设计出对应线路。但是，一般当系统较复杂时才采用逻辑设计法，而在当前条件下，较复杂的系统应采用可编程序控制器（PLC）控制，而这种控制另有设计方法，故对逻辑设计法本书不作详细介绍。

实训操作：电气控制线路设计的步骤

一、拟定电气设计任务书

电气设计任务书是整个电气控制线路设计的依据，拟定电气设计任务书，应聚集电气、机械工艺、机械结构三方面的人员，得出一份合理的电气设计任务书。

对电气设计任务书的要求是，能反映所设计的机械设备的型号、用途、工艺过程、技术性能和使用环境等。除此之外，还应说明以下技术指标及要求：

（1）用户所使用的电源种类、电压等级、频率及容量要求等；

（2）电动机的数量、用途、负载特性、调速范围以及对转向、启动和制动等的要求；

（3）电气保护、联锁条件、动作程序等自动控制要求；

（4）控制精度，生产效率、目标成本、经费限额、验收标准及方式等的要求。

二、电力拖动方案确定的原则和控制方式

电力拖动方案与控制方式的确定是电气控制线路各部分设计内容的基础和前提条件。

电力拖动方案是指依据生产工艺过程要求，生产机械设备的结构，运动部件的数量、运动要求、负载特性、调速要求以及经济要求等条件，来选择电动机的类型、数量、拖动方式以及电动机的各种控制特性要求。电力拖动方案是电气控制原理图设计及电气元件选择的依据。

三、电动机的选择

在确定好电力拖动的方案后，就可以选择电动机的类型、数量、结构形式以及容量、额定电压、额定转速等。电动机的选择应遵循以下基本原则：

（1）电动机的机械特性应满足生产机械的要求，要与负载特性相适应，以确保在一定负载下运行时有较稳定的转速，一定的调速范围和良好的启动、制动性能。

（2）电动机在运行过程中，应使其额定功率得到充分发挥，即温升接近而又不会超过电动机自身所允许的额定温升。

（3）电动机的结构形式应满足生产机械提出的安装要求和适应周围环境的工作条件。

（4）根据电动机所带负载和工作方式，正确合理地选择电动机的容量。

正确合理地选择电动机的容量具有非常重要的意义。选择电动机的容量时可以从以下4个方面进行考虑：

① 对于工作制是恒定负载长期运行的电动机，其容量的选择应能保证电动机的额定功率大于或等于负载所需要的功率。

② 对于工作制是变动负载长期运行的电动机，其容量的选择应能保证当负载变到最大时，电动机仍能给出所需要的功率，同时电动机的温升不超过允许值。

③ 对于工作制是短时运行的电动机，其容量应按照电动机的过载能力来选择。

④ 对于工作制是重复短时运行的电动机，其容量原则上按照电动机在一个工作循环内的平均功耗来选择。

（5）电动机电压的选择应根据安装使用地点的电源电压来确定，常用的有交流 380 V、220 V。

（6）在无特殊要求的场合，均选用交流电动机。

四、电气控制方案的确定

在有几种线路结构及控制形式均能满足相同的控制技术指标的情况下，究竟选择哪一种电气控制方案，就要综合考虑各个电气控制方案的性能、设备投资、使用周期、维护检修、发展等方面的因素。确定电气控制方案应遵循以下原则：

（1）控制方式应考虑设备的通用性及专业化。对于专业机械设备，由于其工作程序比较固定，而且很少改变原有工作过程，可采用继电接触式控制系统，电气控制线路在结构上一般接成"固定"式的；对于要求较复杂的控制设备或者要求经常变换工作过程和加工

对象的机械设备，可采用 PLC 控制系统。

（2）控制系统的控制方式力求在经济、安全可靠的前提下，能最大限度地满足生产工艺过程的要求；此外，电气控制方案的确定还应考虑采用联锁、限位保护、故障报警、信号指示等。

（3）设计出符合实际要求的电气控制原理图，编制电气元件目录清单。

（4）设计出电气设备制造、安装、调试及维修所必需的相关施工图，并以此为依据列出相关设备、电气元件等的数目、定额清单。

（5）在完成上述各项的基础上，编写电气控制方案说明书。

任务 2　电气控制线路设计举例

任务目标

通过 CW6163 型卧式车床电气控制线路设计，进一步熟悉电气控制线路设计的方法与步骤。

知识储备

下面介绍 CW6163 型卧式车床电气控制线路设计。

一、设计要求

CW6163 型卧式车床属于普通的小型车床，性能优良，应用较广泛。其主轴运行的正、反转由两组机械式摩擦片离合器控制，主轴的动作采用液压制动器控制，进给运动的纵向左右运动、横向前后运动及快速移动均由一个手柄操作控制。该车床可完成工件最大车削直径为 630 mm，工件最大长度为 1 500 mm。

二、对电气控制的要求

（1）根据工件的最大长度要求，为缩短辅助工作时间，要求配备一台主轴电动机和一台刀架快速移动电动机，主轴运动的启、停要求两地控制操作。

（2）车削时产生的高温可由一台普通冷却泵电动机加以控制。

（3）根据整个生产线状况，要求配备一套局部照明装置及必要的工作状态指示灯。

实训操作

一、电动机的选择

根据设计要求，可知需配备 3 台电动机：主轴电动机 M1、冷却泵电动机 M2 和快速移动电动机 M3。通常电动机的选择在机械设计时确定。

（1）主轴电动机 M1 确定为 Y160M–4（11 kW，380 V，22.6 A，1 460 r/min）；

（2）冷却泵电动机 M2 确定为 JCB–22（0.125 kW，0.43 A，2 790 r/min）；

（3）快速移动电动机 M3 确定为 Y90S–4（1.1 kW，2.7 A，1 400 r/min）。

二、电气控制原理图的设计

1. 主线路设计

（1）主轴电动机 M1。M1【2】的功率超过 10 kW，但是由于车削在设备启动以后才进行，并且主轴的正反转通过机械方式进行，所以 M1 采用单向直接启动控制方式，用接触器 KM 进行控制。在设计时还应考虑到过载保护，并采用电流表 PA 监视车削量，就可得到图 5.2.1 所示的控制 M1 的主线路。从该图中可看到主轴电动机 M1 未设置短路保护，它的短路保护可由机床的前一级配电箱中的熔断器实现。

（2）冷却泵电动机 M2 和快速移动电动机 M3。由于冷却泵电动机 M2 和快速移动电动机 M3 的功率都较小，额定电流分别为 0.43 A 和 2.7 A，为了节约成本和减小体积，可分别用交流中间继电器 K1 和 K2（额定电流都为 5 A，动合动断触点都为 4 对）替代接触器进行控制。由于快速电动机 M3 属短时运行，故不需过载保护，这样可得到图 5.2.1 所示控制冷却泵电动机 M2 和快速移动电动机 M3 的主线路。

2. 控制电源的设计

考虑到安全可靠和满足照明及指示灯的要求，采用控制变压器 TC 供电，其一次侧为交流 380 V，二次侧为交流 127 V、36 V 和 6.3 V。其中 127 V 提供给接触器 KM 和中间继电器 K1 及 K2 的线圈线路，用于给 M1、M2、M3 供电；36 V 交流安全电压提供给局部照明线路；6.3 V 提供给指示灯线路。接线情况可参考图 5.2.1。

3. 控制线路的设计

（1）主轴电动机 M1 的控制。由于机床比较大，考虑到操作方便，主轴电动机 M1 可在车床床头操作板上和刀架拖板上分别设置启动按钮 SB3【7】和 SB4【7】、停止按钮 SB1【7】和 SB2【7】进行操作，实现两地控制，可得到主轴电动机 M1 的控制线路如图 5.2.1 所示。

（2）冷却泵电动机 M2 和快速移动电动机 M3 的控制。M2 采用单向启停控制方式，而 M3 采用点动控制方式，线路如图 5.2.1 所示。

4. 局部照明与信号指示线路的设计

设置照明灯 EL、灯开关 SA 和照明线路熔断器 FU3，具体如图 5.2.1 所示。

可设三相电源接通指示灯 HL2（绿色），在电源开关 QS 接通以后立即发光显示，表示车床电气线路已处于供电状态。另外，设置指示灯 HL1（红色）表示主轴电动机的运行情况。指示灯 HL1 和 HL2 可分别由接触器 KM 的动合和动断触点进行切换通电控制，线路如图 5.2.1 所示。

在操作板上设有交流电流表 PA，并将它串联在主轴电动机的主线路中（见图 5.2.1），用以指示车床的工作电流。这样可根据电动机的工作情况调整切削用量使主轴电动机尽量满载运行，以提高生产效率，并能提高电动机的功率因数和发挥电动机的过载能力。

三、电气元件的选择

1. 电源开关的选择

电源开关 QS 的选择主要考虑电动机 M1～M3 的额定电流和启动电流，而在控制变压器 TC 二次侧的接触器及继电器线圈、照明灯和指示灯在 TC 一次侧产生的电流相对来说较小，因此可不作考虑。已知 M1、M2 和 M3 的额定电流分别为 22.6 A、0.43 A、2.7 A，易算得额定电流之和为 25.73 A，由于只有功率较小的冷却泵电动机 M2 和快速移动电动机 M3 为满载启动，如果这两台电动机的额定电流之和放大 5 倍，所通电流为 15.65 A，而功率最大的主轴电动机 M1 为轻载启动，并且电动机 M3 为短时工作，因此电源开关的额定电流确定为 25 A 左右，具体选择 QS 为：三级转换开关，HD10－25/3 型，额定电流 25 A。

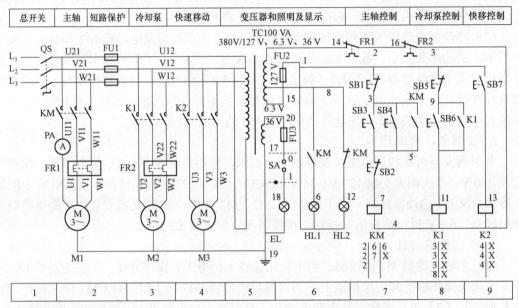

图 5.2.1　CW6163 型卧式车床电气控制原理图

2. 热继电器的选择

热继电器的选择应根据电动机的工作环境、启动情况、负载性质等因素综合考虑，在本车床控制线路中，根据电动机 M1 和 M2 的额定电流选择热继电器如下：

FR1 应选用 JR0－40 型热继电器。热元件额定电流为 25 A，额定电流调节范围为 16～25 A，工作时调整为 22.6 A。

FR2 也应选用 JR0－40 型热继电器，但热元件额定电流为 0.64 A，电流调节范围为 0.40～0.64 A，整定为 0.43 A。

3. 接触器的选择

选择接触器主要依据电源种类（交流与直流），负载线路的电压，主触点额定电流，辅助触点的种类、数量和触点的额定电流、额定操作频率等。

在该车床设计的控制线路中，接触器 KM 主要对主轴电动机 M1 进行控制，因主轴电动机 M1 的额定电流为 22.6 A，控制线路电压为 127 V，需 3 对主触点，2 对辅助动合触点，

1 对辅助动断触点，所以接触器 KM 应选用 CJ10–40 型接触器，主触点额定电流为 40 A，线圈电压为 127 V。

4. 中间继电器的选择

冷却泵电动机 M2 和快速移动电动机 M3 的额定电流都较小，分别为 0.43 A 和 2.7 A，所以 K1 和 K2 都可以选用普通的 JZ7–44 型交流中间继电器代替接触器进行控制，每个中间继电器各有 4 对动合、动断触点，额定电流为 5 A，线圈电压为 127 V。

5. 熔断器的选择

根据熔断器的额定电压、额定电流和熔体的额定电流等进行熔断器的选择。

本设计中的熔断器有 3 个：FU1、FU2、FU3。在此主要讲述熔断器 FU1 的选择，其余类似。FU1 主要对冷却泵电动机 M2 和快速移动电动机 M3 进行短路保护，M2 和 M3 的额定电流分别为 0.43 A、2.7 A。由此可得，熔断器 FU1 熔体的额定电流为

$$I_{FU1} \geqslant (1.5 \sim 2.5)I_{Nmax} + \sum I_N$$

计算可得 $I_{FU1} \geqslant 7.18$ A，因此，FU1 选择 RL1–15 型熔断器，熔体额定电流为 10 A。至于熔断器 FU2 和 FU3 的选择将同控制变压器的选择结合进行。

6. 按钮的选择

3 个启动按钮 SB3、SB4 和 SB6 可选择 LA–18 型按钮，颜色为黑色；3 个停止按钮 SB1、SB2 和 SB5 也选择 LA–18 型按钮，但颜色为红色；点动按钮 SB7 型号相同，颜色为绿色。

7. 照明灯及灯开关的选择

照明灯 EL 和灯开关 SA 成套购置，EL 可选用 JC2 型（交流 36 V、40 W）。

8. 指示灯的选择

指示灯 HL1 和 HL2 都选用 ZSD–0 型（6.3 V、0.25 A），颜色分别为红色和绿色。

9. 电流表 PA 的选择

电流表 PA 可选用 62T2 型（0～50 A）。

10. 控制变压器的选择

控制变压器可实现高、低压电路隔离，保证控制线路中的电气元件同电网电压不直接连接，提高了安全性。常用控制变压器一次侧电压一般为交流 380 V 和 220 V，二次侧电压一般为交流 6.3 V、12 V、24 V、36 V 和 127 V。具体选用控制变压器时要考虑所需电压的种类并进行容量的计算，计算从略。

本设计中控制变压器 TC 可选用 BK 100 VA，380 V，220 V/127 V、36 V、6.3 V。易算得 KM、K1 和 K2 线圈电流及 HL1、HL2 电流之和小于 2 A，EL 的电流也小于 2 A，故熔断器 FU2 和 FU3 均选 RL1–15 型，熔体额定电流为 2 A。

基于以上选择，可在电气控制原理图上作出电气元件目录表，见表 5.2.1。

表 5.2.1　CW6163 型卧式车床电气元件目录表

符号	型号	规格	数量
M1	Y160M–4	11 kW，380 V，22.6 A，1 460 r/min	1 台
M2	JCB–22	0.125 kW，0.43 A，2 790 r/min	1 台

符号	型号	规格	数量
M3	Y90S－4	11.1 kW，2.7 A，1 400 r/min	1 台
QS	HD10－25/3	三极，500 V，25 A	1 个
KM	CJ10－40	40 A，线圈电压 127 V	1 个
K1、K2	J27－44	5 A，线圈电压 127 V	2 个
FR1	JR0－40	热元件额定电流 25 A，整定电流 22.6 A	1 个
FR2	JR0－40	热元件额定电流 0.64 A，整定电流 0.3 A	1 个
FU1	RL1－15	500 V，熔体额定电流 10 A	3 个
FU2、FU3	RL－15	500 V，熔体额定电流 2 A	2 个
TC	BK－IOO	100 VA，380 V/127 V、36 V、6.3 V	1 个
SB3、SB4、SB6	LA－18	5 A，黑色	3 个
SB1、SB2、SB5	LA－18	5 A，黑色	3 个
SB7	LA－18	5 A，黑色	1 个
HL1、HL2	ZSD－O	6.3 V，绿色 1，红色 1	2 个
EL、SA	—	36 V，40 W	各 1 个
PA	62T2	0－50 A，直接接入	1 个

依据电气控制原理图的布置原则，并结合 CW6163 型卧式车床电气控制原理图的控制顺序对电气元件进行合理布局。

四、电气元件布置图和电气安装接线图的设计和绘制

具体的方法已在项目二中讲过，在此不再赘述。

该车床的电气安装接线图如图 5.2.2 所示，它反映了电气设备、电气元件间的接线情况。

CW6163 型卧式车床电气安装接线图中管内敷线明细表见表 5.2.2。

表 5.2.2　CW6163 型卧式车床电气安装接线图中管内敷线明细表

序号	穿线用管（或电缆类型）内径/m	导线		接线号
		截面面积/mm²	根数	
1	内径 15 聚氯乙烯软管	4	3	U1，V1，W1
2	内径 15 聚氯乙烯软管	4	2	U1，U11
		1	7	1，3，5，6，9，11，12
3	内径 25 聚氯乙烯软管	1	13	U2，V2，W2，U3，V3，W3
4	G3/4（in）[①]螺纹管			1，3，5，7，13，17，19

① 1 in（英寸）= 0.025 4 m（米）。

续表

序号	穿线用管（或电缆类型）内径/m	导线		接线号
		截面面积/mm²	根数	
5	内径 15 金属软管	1	10	U3，V3，W3，1，3，5，7，13，17，19
6	内径 15 聚氯乙烯软管	1	8	U3，V3，W3，1，3，5，7，13
7	18 mm×16 mm 铝管			
8	内径 11 金属软管	1	2	17，19
9	内径 8 聚氯乙烯软管	1	2	1，13
10	YHZ 橡套电缆	1	3	U3，V3，W3

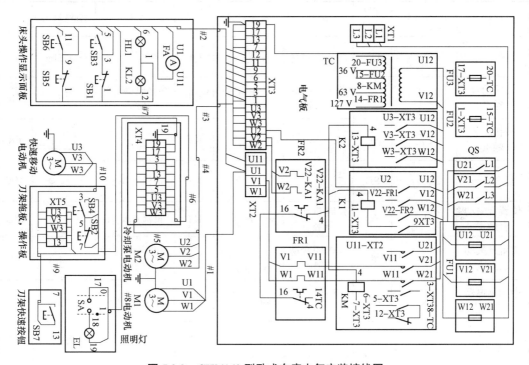

图 5.2.2 CW6163 型卧式车床电气安装接线图

思考与练习

5-1 电气控制线路的设计原则是什么？其设计内容包含哪些方面？

5-2 如何根据设计要求选择电气拖动方案与控制方式？

5-3 正确选择电动机容量有何重要意义？

5-4 经验设计法的内容是什么？如何应用经验设计法设计电气控制线路？

附录 电气控制线路图中常用的图形符号和文字符号

名称	图形符号	文字符号	名称	图形符号	文字符号	名称	图形符号	文字符号
三极刀开关	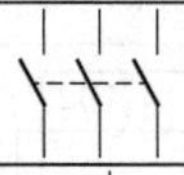	QS	三极断路器	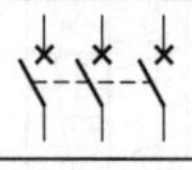	QF	可变电阻		*R*
按钮动合触点	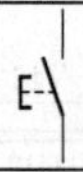	SB	断电延时缓放线圈	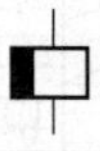	KT	热继电器动断触点	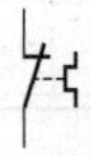	FR
按钮动断触点	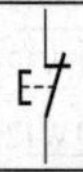	SB	通电延时缓吸线圈	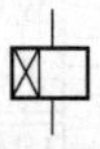	KT	热继电器热元件	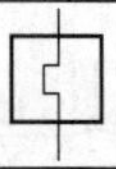	FR
复合按钮		SB	延时断开动合触点	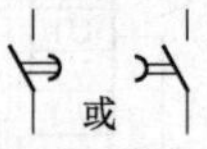 或	KT	电流互感器	 或	TA
位置开关动合触点		SQ	延时断开动断触点	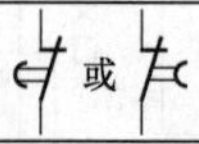 或	KT	直流电动机	 M	MD
位置开关动断触点		SQ	延时闭合动合触点	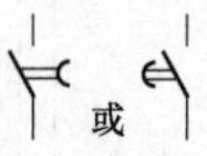 或	KT	三相笼型异步电机	 M 3~	MC
中间继电器动合触点		KA	延时闭合动断触点	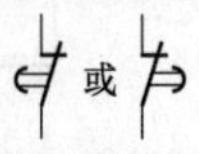 或	KT	电抗器		*L*
中间继电器动断触点		KA	信号灯		HL	电铃		HA
中间继电器线圈	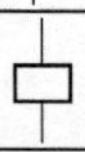	KA	熔断器	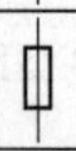	FU	负载开关		QS
过流继电器线圈	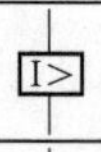 I>	KA	单极开关		SA	隔离开关		QS
欠压继电器线圈	 U<	KV	接触器动合触点		KM	电磁铁	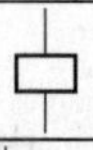	YA
速度继电器动合触点	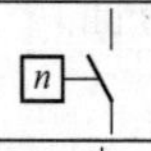 n	KS	接触器动断触点		KM	电磁制动器	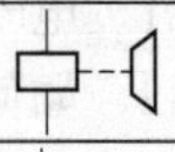	YB
速度继电器动断触点	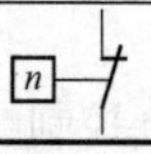 n	KS	交流接触器线圈	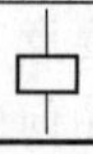	KM	电磁离合器	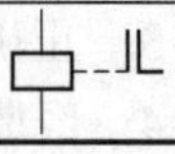	YC

注：图形符号标准为 GB 4728—1984；文字符号标准为 GB 7159—1987。

参 考 文 献

[1] 邱俊，陈英，谢海明. 工厂电气控制技术 [M]. 北京：水利水电出版社，2019.

[2] 张建，马明. 工厂电气控制技术 [M]. 北京：机械工业出版社，2020.

[3] 汤煊琳. 工厂电气控制技术 [M]. 北京：北京理工大学出版社，2009.

[4] 刘文胜，康永泽. 机床电气控制与 PLC 应用 [M]. 郑州：黄河水利出版社，2014.

[5] 王振臣，李海滨. 机床电气控制技术 [M]. 北京：机械工业出版社，2020.

[6] 王炳实. 机床电气控制 [M]. 北京：机械工业出版社，2006.

[7] 田淑珍. 工厂电气控制设备及技能训练 [M]. 北京：机械工业出版社，2007.

[8] 代佳乐. 电力拖动控制线路与技能训练 [M]. 西安：西北工业大学出版社，2008.

[9] 刘玉. 工厂电气控制技术 [M]. 北京：冶金工业出版社，2011.

[10] 张鹤鸣. 工业电气控制技术教程 [M]. 北京：北京理工大学出版社，2010.

[11] 程寿国，丁如春. 工厂电气控制技术 [M]. 北京：清华大学出版社，2015.

[12] 张桂金. 电气控制线路故障分析与处理 [M]. 西安：西安电子科技大学出版社，2009.

[13] 佟冬. 数控机床电气控制入门 [M]. 北京：化学工业出版社，2020.

[14] 田建苏. 电力拖动控制线路与技能训练 [M]. 北京：科学出版社，2009.

[15] 刘建功. 机床电气控制与 PLC 实践 [M]. 北京：机械工业出版社，2013.

[16] 李道霖. 电气控制与 PLC 原理及应用（西门子系列）[M]. 北京：电子工业出版社，2006.

[17] 齐占庆. 机床电气控制技术（第 4 版）[M]. 北京：机械工业出版社，2009.

[18] 吕厚余. 工业电气控制技术 [M]. 北京：科学出版社，2007.

[19] 李仁. 电气控制技术（第 3 版）[M]. 北京：机械工业出版社，2008.

[20] 王洪，史中生，孙香梅. 机床电气控制 [M]. 北京：科学出版社，2018.